# 面向对象分析与设计
## ——应用导向与任务驱动

姚敦红 著

电子科技大学出版社
University of Electronic Science and Technology of China Press
·成都·

图书在版编目（CIP）数据

面向对象分析与设计：应用导向与任务驱动 / 姚敦红著. — 成都：电子科技大学出版社，2020.8
ISBN 978-7-5647-8128-6

Ⅰ. ①面… Ⅱ. ①姚… Ⅲ. ①面向对象语言－程序设计 Ⅳ. ①TP312

中国版本图书馆CIP数据核字(2020)第139276号

**面向对象分析与设计——应用导向与任务驱动**

**姚敦红　著**

策划编辑　杜　倩　李述娜

责任编辑　李述娜

出版发行　电子科技大学出版社
　　　　　成都市一环路东一段159号电子信息产业大厦九楼　邮编　610051

主　　页　www.uestcp.com.cn

服务电话　028-83203399

邮购电话　028-83201495

印　　刷　石家庄汇展印刷有限公司

成品尺寸　170mm × 240mm

印　　张　21

字　　数　386千字

版　　次　2020年8月第1版

印　　次　2020年8月第1次印刷

书　　号　ISBN 978-7-5647-8128-6

定　　价　78.00元

# 前言 Preface

在20世纪90年代，面向对象技术以其显著的优势成为计算机软件领域的主流技术，随后该技术在大多数领域中得到了广泛的应用。

面向对象方法与技术起源于面向对象的编程语言，但面向对象开发技术的焦点不仅仅是编程阶段，还应该包括面向对象的其他阶段，即面向对象的分析和设计阶段。

为了体现面向对象分析设计与编程的全过程，本书全面介绍了面向对象分析设计的方法与面向对象程序设计的基本理论和技术，并且通过实例加深读者对理论知识的掌握和学习。全书思路清晰，结构严谨，在内容的叙述上按照软件设计的流程，由分析设计到编程再到实例，循序渐进，用语规范；在结构上特别注重前后内容的连贯性，做到了抓住关键、突出重点，体现了“理论性、技术性、实用性”的特色。

本书共分为12章。第1章主要介绍面向对象方法的相关概念；第2章为面向对象的分析与设计；第3章主要对UML进行了简单介绍，包括其内涵、发展历程以及应用范围；第4章主要阐述了面向对象的相关原则；第5章从用例分析的角度对面向对象进行分析；第6章从静态分析的角度对其进行分析，并介绍了类图的相关概念；第7章主要介绍了对象图的相关内容；第8章主要介绍了交互图，包括协作图与顺序图；第9章将状态图与活动图的相关概念作为主要内容；第10章对面向对象中的物理图进行分析，包括包图、组件图和部署图；第11章对面向对象中的问题域、人机交互系统、控制驱动系统和数据接口等子系统的设计进行了阐述；第12章则以小型网上书店系统、保险索赔系统和汽车服务系统等现实世界中的应用为例，阐述了面向对象在现实中的实际开发与应用。

本书的编写参考了大量的文献资料，在这一过程中也得到了许多老师和同学的帮助，在此一并表示由衷的感谢。尽管作者在写作过程中投入了大量的时间和精力，但是由于水平有限，书中不足之处在所难免，恳请广大读者批评指正。

著者<br>2020 年 4 月

# 目录 Contents

# 第 1 章　面向对象方法相关概述

本章重点讨论面向对象的基本思想、主要概念和基本原则，论述面向对象方法的主要优点，并对面向对象方法进行简介。

通过对本章的学习，读者要了解面向对象方法的主要内容，掌握基本知识，为进一步学习与应用面向对象分析和设计方法打下基础。

## 1.1　面向对象的基本思想

面向对象方法已深入计算机软件领域的几乎所有分支。它不仅是一些具体的软件开发技术与策略，而且是一整套关于如何看待软件系统与现实世界的关系，用什么观点来研究问题并进行问题求解，以及如何进行软件系统构造的软件方法学。因而，本节主要叙述面向对象方法的基本思想。

面向对象方法解决问题的思路是从现实世界中的客观对象（如人和事物）入手，尽量运用人类的自然思维方式从不同的抽象层次和方面来构造软件系统，这与传统开发方法构造系统的思想是不一样的。特别是，面向对象方法把一切都看成是对象。下面以开发一个开发票的软件为例来说明这种观点。发票的样本如图 1-1 所示。

| 编号 | 名称 | 规格 | 单位 | 数量 | 单价 | 金额 |
| --- | --- | --- | --- | --- | --- | --- |
| | | | | | | |
| | | | | | | |
| 合计 | | | | | | |

图 1-1　发票样本

按非面向对象思路，要定义数据结构[①]以及编写根据数据结构进行计算的函数或过程。而按面向对象思路，先把发票看成一个对象，其中有若干属性，如编号、名称和规格等，还有若干操作，如计算一种商品金额的操作“单项金额计算”和计算金额合计的操作“发票金额合计”，然后根据具体编程语言考虑怎样实现这个对象。人们已经形成共识：面向对象方法是一种运用对象、类、继承、聚合、关联、消息和封装等概念和原则来构造软件系统的开发方法。下面具体地阐述面向对象方法的基本思想：

（1）客观世界中的事物都是对象（Object）[②]，对象间存在一定的关系。面向对象方法要求从现实世界中客观存在的事物出发来建立软件系统，强调直接以问题域（现实世界）中的事物以及事物间的联系为中心来思考问题和认识问题，并根据这些事物的本质特征和系统责任，把它们抽象地表示为系统中的对象，作为系统的基本构成单位。这可以使系统直接映射到问题域，保持问题域中的事物及其相互关系的本来面貌。

（2）用对象的属性（Attribute）表示事物的数据特征；用对象的操作（Operation）表示事物的行为特征。

（3）对象把它的属性与操作结合在一起，成为一个独立的、不可分的实体，并对外屏蔽它的内部细节。

（4）通过抽象对事物进行分类，把具有相同属性和相同操作的对象归为一类，类[③]（Class）是这些对象的抽象描述，每个对象是它的类的一个实例。

（5）复杂的对象可以用简单的对象作为构成部分。

（6）在不同程度上运用抽象原则，可以得到较一般的类和较特殊的类。特殊类继承一般类的属性与操作。

（7）对象之间通过消息进行通信，以实现对象之间的动态联系。

（8）通过关联表达类之间的静态关系。

图 1–2 为上述部分思想的一个示意图。

---

① 数据结构（Data Structure）是计算机存储、组织数据的方式，指相互之间存在一种或多种特定关系的数据元素的集合，往往同高效的检索算法和索引技术有关。大多数数据结构都由数列、记录、可辨识联合、引用等基本类型构成。通常情况下，精心选择的数据结构可以带来更高的运行或者存储效率。

② 对象是编程术语，其广义上指的是在内存中的一段有意义的区域。在 C 语言中，具有特定长度的类型，可以称为对象类型。函数不具有特定长度，所以不是对象类型。

③ 类（Class）是面向对象程序设计语言中的概念，是对某种类型的对象定义变量和方法的原型。它表示对现实生活中一类具有共同特征的事物的抽象，是面向对象编程的基础。

利用抽象原则从客观世界中发现对象以及对象间的关系，其中包括整体对象和部分对象，进而再把对象抽象成类，把对象间的关系抽象为类之间的关系。通过继续运用抽象原则，确定类之间存在的继承关系。上述简略地说明了建立系统的静态结构模型的思想，系统其他模型的建立原则也与此类似。通过以图形的方式作为建模的主要方式之一，分别建立系统的分析与设计模型，进而得到可运行的程序。正是通过面向对象建模，对所要解决的问题有了深刻且完整的认识，进而把其转换成可运行的程序，使得程序所处理的对象是对现实世界中对象的抽象。

从上述可以看出，面向对象方法强调充分运用人类在日常逻辑思维中经常采用的思想方法与原则，如抽象、聚合、封装和关联等。这使得软件开发者能更有效地思考问题，并以其他人也能看得懂的方式把自己的认识表达出来。为了更全面和清楚地表达认识，面向对象方法要用多种图来详述模型，即从多方面来刻画模型。像一些开发方法一样，面向对象方法也要求从分析、设计和实现等不同抽象层次（开发阶段）来开发复杂的软件系统。

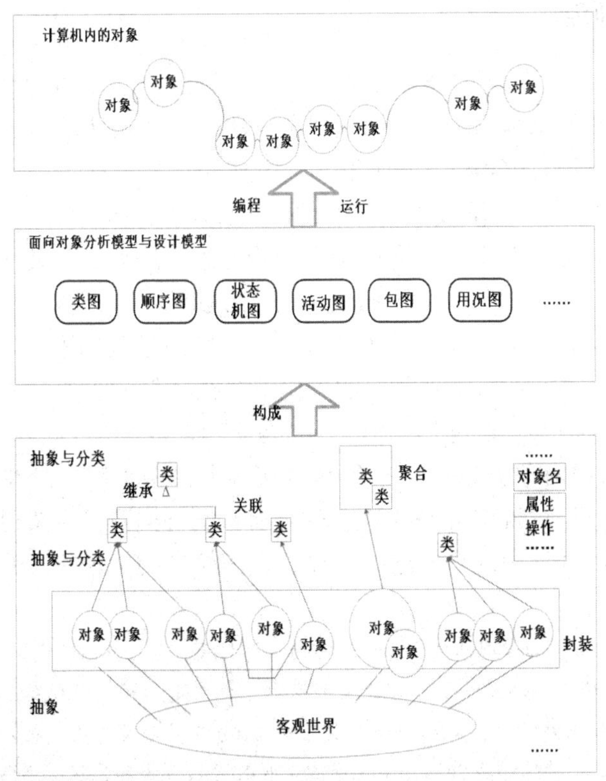


图 1-2　面向对象基本思想（部分）的示意图

面向对象方法也是多种多样的，尽管各种面向对象方法不同，但都是以上述基本思想为基础的。还要指出的是，一种方法要包含一组概念和相应的表示法以及用其构造系统的过程指导，面向对象方法也不例外。贯穿于本书的面向对象概念及表示法大多取自 UML2.4；至于过程指导，国内外尚无统一标准，本书给出的是基于特定活动而组织的，其特点是易学易用，且不失应用的普遍性。

## 1.2 面向对象的基本原则

面向对象的基本原则主要有抽象、分类、封装、消息通信、多态性、行为分析和复杂性控制。

### 1.2.1 抽象

抽象（Abstraction）是指从事物中舍弃个别的、非本质的特征，而抽取共同的、本质特征的思维方式。在面向对象方法中，可从几个方面来理解抽象：

（1）编程语言的发展呈现抽象层次提高的趋势。例如，用 C++ 编程[①]，不用考虑 CPU 寄存器和堆栈[②]中存放的内容，因为大多数编程语言都是从这些细节中抽象出来的。对于一个完成确定功能的语句序列，其使用者都可把它看作单一的实体（如函数），这种抽象就是过程抽象。在面向对象编程语言中，存在着过程抽象和数据抽象。在类的范围内，使用过程抽象来形成操作。数据抽象是指把数据类型和施加在其上的操作结合在一起，形成一种新的数据类型。类就是一种数据抽象，栈也是一种数据抽象。

（2）在面向对象方法中，对象是对现实世界中事物的抽象，类是对对象的抽象，一般类是对特殊类的抽象。有的抽象是根据开发需要进行的。例如，就对象是对现实世界中的事物的抽象而言，高校中的学籍管理系统和伙食管理

① C++ 是在 C 的基础上创建的，它比 C 的功能更强大，它是一门面向对象程序设计语言。

② 在计算机领域，堆栈是一个不容忽视的概念，堆栈是两种数据结构。堆栈都是一种数据项按序排列的数据结构，只能在一端 ( 称为栈顶 (top)) 对数据项进行插入和删除。在单片机应用中，堆栈是个特殊的存储区，主要功能是暂时存放数据和地址，通常用来保护断点和现场。

系统中所使用的学生的信息就是不一样的；再如，一个现实事物可能要担任很多角色，只有与问题域有关的角色，在系统中才予以考虑。

（3）在面向对象的不同开发阶段需要进行不同程度的抽象。典型的，在面向对象分析阶段，先定义类的属性和操作，而与实现有关的因素在设计阶段再考虑。例如，对自动售货机建模，在分析阶段先定义一个类“自动售货机”，根据其收钱和发货的职责定义其属性和操作，其中对外提供的操作为收钱口、选择按钮和发货口（三者形成一个接口），而对于如何根据实现条件来设计它的内部细节是设计阶段的任务。这与现实生活中一样，我们可以在较高的抽象层次上分析与解决问题，然后再逐步地在较低抽象层次上予以落实。

从上述自动售货机的例子中能看到，使用抽象至少有如下好处：一是便于访问，外部对象只需知道几个操作（作为接口）即可使用自动售货机对象；二是便于维护，如自动售货机的某部分有变化而其接口没有发生变化，只需在机器内部对该部分进行修改甚至可用更优的具有相同接口的售货机对其进行替换，而不影响使用者的使用方式。

### 1.2.2　分类

分类（Classification）的作用是按照某种原则划分出事物的类别，以有助于认识复杂世界。在面向对象（Object Oriented，OO）中，分类就是把具有相同属性和相同操作的对象划分为一类，用类作为这些对象的抽象描述。如果一个对象是分类（类）的一个实例，它将符合该分类的模式。分类实际上是把抽象原则运用于对象描述时的一种表现形式。在 OO 中，还可以运用分类原则，通过不同程度的抽象，形成一般 / 特殊结构。

运用分类原则，清楚地表示了对象与类的关系，以及特殊类与一般类的关系。

### 1.2.3　封装

封装（Encapsulation）有两个含义：

（1）把描述一个事物的性质和行为结合在一起，对外形成该事物的一个界限。面向对象方法中的封装就是用对象把属性和操纵这些属性的操作包装起来，形成一个独立的单元。封装原则使对象能够集中而完整地对应并描述具体的事物，体现了事物的相对独立性。

（2）信息隐蔽，即外界不能直接存取对象的内部信息（属性）以及隐藏起来的内部操作，外界也不用知道对象对外操作的内部实现细节。在原则上，对象对外界仅定义其什么操作可被其他对象访问，而其他的对象不知道所要访问的对象的内部属性和隐藏起来的内部操作以及它是如何提供操作的。

通过封装，使得在对象的外部不能随意访问对象的内部数据和操作，而只允许通过由对象提供的外部可用的操作来访问其内部，这就降低了对象间的耦合度，还可以避免外部错误对它的“交叉感染”。另外，这样对象的内部修改对外部的影响变小，减少了修改引起的“波动效应”。图 1–3 所示的是封装的原理图，其中的一部分操作是外部可用的。

严格的封装也会带来问题，如编程麻烦，有损执行效率。有些语言不强调严格的封装和信息隐蔽，而实行可见性控制，以此来解决问题。例如，C++ 和 Java 就是这样的语言，通过定义对象的属性和操作的可见性，对外规定了其他对象对其属性和操作的可访问性；另外，一个对象也可以提供仅局限于特定对象的属性和操作，这可以通过把相应的可见性指定为受保护的或私有的来做到。

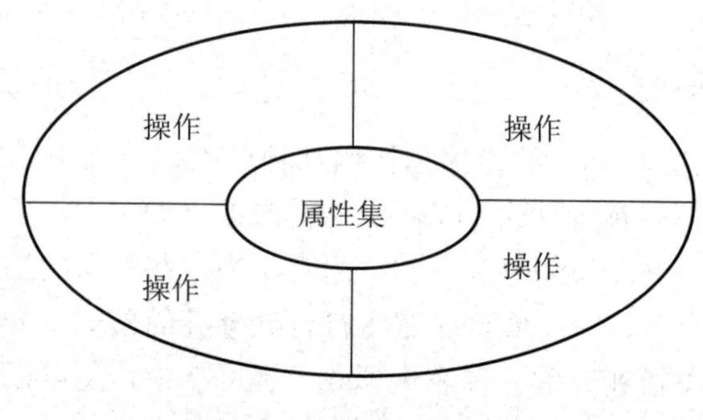


图 1–3　封装的原理图

### 1.2.4　消息通信

原则上，对象之间只能通过消息（Message）进行通信，而不允许在对象之外直接地访问它内部的属性，这是由封装原则引起的。

消息必须直接发给特定的对象，消息中包含所请求服务的必要信息，且遵守所规定的通信规格说明。一条消息的规格说明至少包括：消息名、入口参数和可能的返回参数。一个对象可以是消息的发送者，也可以是消息的接收者，还可以作为消息中的参数。

### 1.2.5　多态性

多态性（Polymorphism）是指一般类和特殊类可以有相同格式的属性或操作，但这些属性或操作具有不同的含义，即具有不同的数据类型或表现出不同的行为。这样，针对同一个消息，不同的对象可对其进行响应，但所体现出来的行为是不同的。

### 1.2.6　行为分析

关系机制提供了用关联、继承和聚合等组织类的方法。很多面向对象学者把系统模型的这部分结构称作静态模型，也有的称其为结构模型。通常，对系统还需要进行行为分析。

对于一个对象，由于其内的属性值在不断地发生着变化，按一定的规则根据属性值可把对象划分为不同的状态。在请求对象操作时，可能会使对象的状态发生改变，而对象的当前状态对随后的执行是有影响的。通过状态机图可以分析对象的状态变迁情况。

系统中的对象是相互协作的，通过发消息共同完成某项功能。这种协作的交互性可以用交互图来描述。

很多系统具有并发行为。从事物的并发行为的起因上看，事物的每个并发行为是主动发生的。体现在对象上，就是有一种对象是主动的，每个对象代表着一个进程或线程。在交互图上也能体现出对象间的并发行为。

### 1.2.7　复杂性控制

为了控制系统模型的复杂性，引入了包（Package）的概念。使用包可以把模型元素组织成不同粒度的系统单位，也可以根据需要用包来组织包。例如，用分析包和设计包来分别组织分析模型和设计模型，以显式地描述不同抽象层次的模型；对复杂类图也可以按类之间关系的紧密程度用包来组织类。

## 1.3　面向对象方法的主要优点

本节从认识论的角度和软件工程方法的角度看一下面向对象方法带来的益

处，并把面向对象方法与传统方法进行比较，看面向对象方法有什么优点。

### 1.3.1 从认识论的角度面向对象方法改变了开发软件的方式

面向对象方法从对象出发认识问题域，对象对应着问题域中的事物，其属性与操作分别刻画了事物的性质和行为，对象的类之间的继承、关联和依赖关系能够刻画问题域中事物之间实际存在的各种关系。因此，无论是系统的构成成分，还是通过这些成分之间的关系而体现的系统结构，都可直接地映射到问题域。这使得运用面向对象方法有利于正确理解问题域及系统责任。

### 1.3.2 面向对象语言使得从客观世界到计算机的语言鸿沟变窄

图 1–4 为一个示意图，说明了面向对象语言如何使得从客观世界到计算机的语言鸿沟变窄。

机器语言是由二进制的“0”和“1”构成的，离机器最近，虽然能够直接执行，却没有丝毫的形象意义，离人类的思维最远。汇编语言以易理解的符号表示指令、数据以及寄存器、地址等物理概念，稍稍适合人类的形象思维，但仍然相差很远，因为其抽象层次太低，仍需考虑大量的机器细节。非 OO 的高级语言隐蔽了机器细节，使用有形象意义的数据命名和表达式，这可以把程序与所描述的具体事物联系起来。特别是结构化编程语言更便于体现客观事物的结构和逻辑含义，与人类的自然语言更接近，但仍有不小差距。面向对象编程语言能比较直接地反映客观世界的本来面目，并使软件开发人员能够运用人类认识事物所采用的一般思维方法来进行软件开发，从而缩短了从客观世界到计算机实现的语言鸿沟。

### 1.3.3 面向对象方法使分析与设计之间的鸿沟变窄

本书所讲的传统软件工程方法是指面向对象方法出现之前的各种软件工程方法，此处主要讨论结构化的软件工程方法。图 1–5 是结构化的软件工程方法的示意图。

在结构化方法中，对问题域的认识与描述并不以问题域中的固有事物作为基本单位，并保持它们的原貌，而是打破了各项事物间的界限，在全局的范围内以功能、数据或数据流为中心来进行分析。所以运用该方法得到的分析结果不能直接地映射到问题域，而是经过了不同程度的转化和重新组合。这样就容易隐藏一些对问题域理解的偏差。此外，由于分析与设计的表示体系不一致，导致了设计文档与分析文档很难对应，在图 1-5 中表现为分析与设计的鸿沟。实际上并不存在可靠的从分析到设计的转换规则，这样的转换有一定的人为因素，从而往往因理解上的错误而埋下隐患。正是由于这些隐患，使得编程人员经常需要对分析文档和设计文档进行重新认识，以产生自己的理解再进行工作，而不维护文档，这样使得分析文档、设计文档和程序代码之间不能较好地衔接。由于程序与问题域和前面的各个阶段产生的文档不能较好地对应，对于维护阶段发现的问题的每一步回溯都存在着很多理解上的障碍。

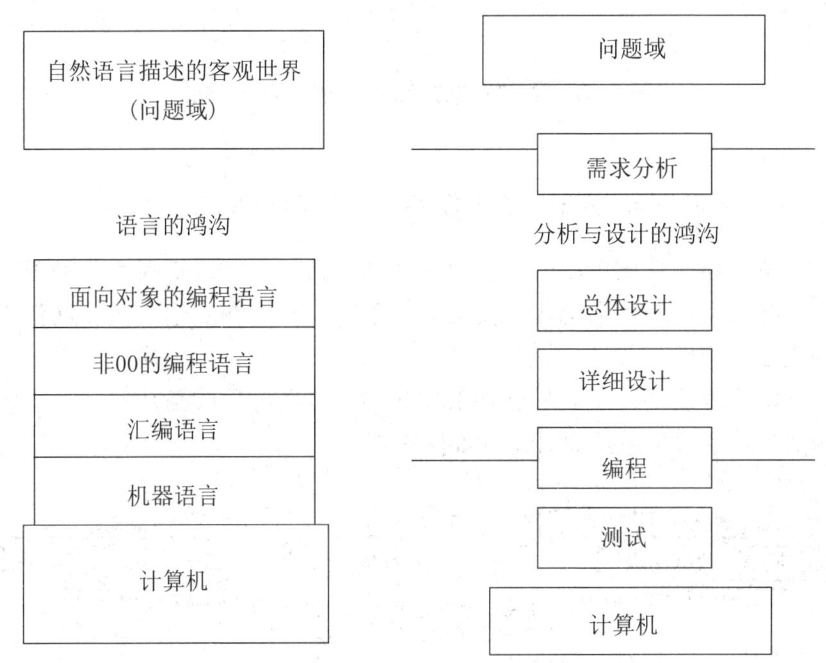


图 1-4　语言的发展时鸿沟变窄　　图 1-5 结构化的软件工程方法示意图

面向对象开发过程的各个阶段都使用了一致的概念与表示法，而且这些概念与问题域的事物是一致的，这对整个软件生命周期的各种开发和管理活动都具有重要的意义。首先是分析与设计之间不存在鸿沟，从而可减少人员的理解错误并避免文档衔接得不好的问题。从设计到编程，模型与程序的主要成分是严格对应的，这不仅有利于设计与编程的衔接，而且还可以利用工具自动生成程序的框架和（部分）代码。对于测试而言，面向对象的测试工具不但可以依据类、继承和封装等概念与原则提高程序测试的效率与质量，而且可以测试程序与面向对象分析和设计模型不一致的错误。这种一致性也为软件维护提供了从问题域到模型再到程序的良好对应。

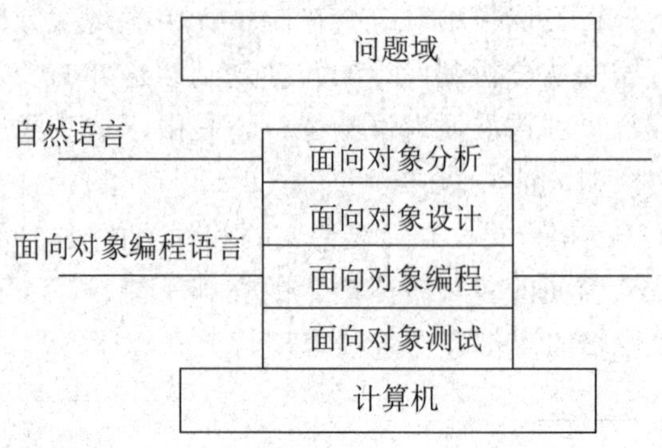


图 1-6　面向对象的软件工程方法示意图

### 1.3.4　面向对象方法有助于软件的维护与复用

需求是不断变化的（尽管可阶段性地“冻结”），这是因为业务需求、竞争形式、技术发展和社会的规章制度等因素都不断地在发生变化。这就要求系统对变化要有弹性。

在结构化方法中，所有的软件都按功能（可用过程或函数实现）来划分其主要构造块，最终的系统设计往往如图 1-7 所示。

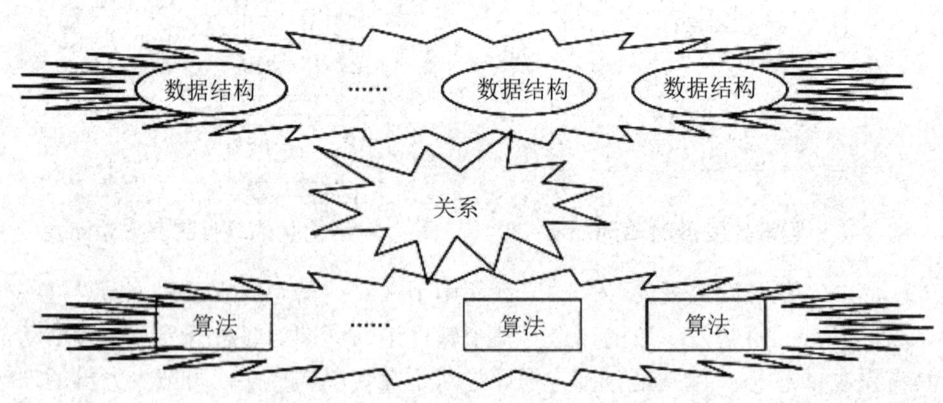


图 1-7　结构方法中的数据结构、算法及其间的关系

从图 1-7 中能够看出，数据结构与算法是分别组织的，对一处修改，可能会引起连锁反应。这种建模的缺点是模型脆弱，难以适应不可避免的错误修改

以及需求变动，以至于系统维护困难。算法和数据的分离，是造成这种状况的根本原因。算法和数据间可能存在的紧密耦合，也使得复用难以实现。

在面向对象方法中，把数据和对数据的处理作为一个整体，即对象。该方法以对象及交互模式为中心，如图 1-8 所示。

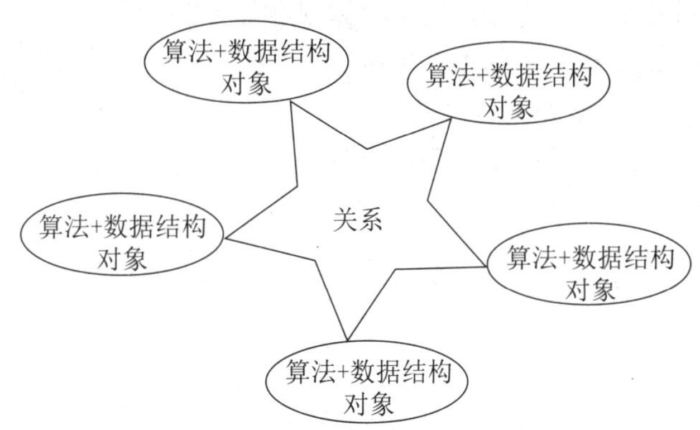


**图 1-8　面向对象方法中的数据结构、算法及其间的关系**

通过与结构化方法的比较，能够看出，面向对象方法还具有如下的主要优点：

（1）把易变的数据结构和部分算法封装在对象内并加以隐藏，仅供对象自己使用，这保证了对它们的修改并不会影响其他的对象。这样对需求的变化有较强的适应性，有利于维护。对象的接口（供其他对象访问的那些操作）的变化会影响其他的对象，若在设计模型时遵循了一定的原则，这种影响可局限在一定的范围之内。此外，由于将操作与实现的细节进行了分离，这样若接口中的操作仅在实现上发生了变化，也不会影响其他对象。对象本身来自客观事物，是较少发生变化的。

（2）封装性和继承性有利于复用对象。把对象的属性和操作捆绑在一起，提高了对象（作为模块）的内聚性，减少了与其他对象的耦合，这为复用对象提供了可能性和方便性。在继承结构中，特殊类对一般类的继承，本身就是对一般类的属性和操作的复用。

### 1.3.5　面向对象方法有助于提高软件的质量和生产率

按照现今的质量观点，不仅仅要在编程后通过测试排除错误，而是要着眼于软件开发过程的每个环节开展质量保证活动，包括分析和设计阶段。系统的高质量不是仅指系统没有错误，而是系统要达到好用、易用、可移植和易维护等，让用户由衷地感到满意。采用 OO 方法进行软件开发，相对而言更容易做到这些。

有很多数据表明，使用 OO 技术从分析到编程阶段能大幅度地提高开发效率，在维护阶段提高得就更多。这主要体现在如下几方面：

·OO 方法使系统更易于建模与理解。

·需求变化引起的全局性修改较少。

·分析文档、设计文档、源代码对应良好。

·有利于复用。

# 第 2 章　面向对象分析与设计

面向对象分析（Object-Oriented-Analysis，OOA），就是运用面向对象方法进行系统分析。它是软件生命周期的一个阶段，具有一般分析方法所共同具有的内容、目标及策略。OOA 强调运用面向对象方法，对问题域和系统责任进行分析与理解，找出描述问题域和系统责任所需要的对象，定义对象的属性、操作以及对象之间的关系，建立一个符合问题域、满足用户需求的 OOA 模型。

OOA 对问题域的观察、分析和认识是很直接的，对问题域的描述也是很直接的。它所采用的概念与问题域中的事物保持了最大程度的一致，不存在语言上的鸿沟。问题域中有哪些值得考虑的事物，OOA 模型中就有哪些对象，而且对象、对象的属性与操作的命名都强调与客观事物一致。另外，OOA 模型也保留了问题域中事物之间关系的原貌。

面向对象分析与面向对象设计（Object-Orient-Design，OOD）的职责是不同的。在 OOA 阶段，我们用面向对象的建模语言对系统要实现的需求进行建模。OOA 不考虑与系统的具体实现有关的因素（例如采用什么编程语言、图形用户界面和数据库等），从而使 OOA 模型独立于具体的实现环境。OOD 则是针对系统的一组具体的实现条件，继续运用面向对象的建模语言进行系统设计。其中包括两方面的工作，一是根据实现条件对 OOA 模型做某些必要的修改和调整，作为 OOD 模型的一个部分；二是针对具体实现条件，建立人机界面、数据存储和控制驱动等模型。

## 2.1　分析面临的主要问题

自从软件工程学问世以来，多种分析方法先后出现。各种分析方法从不同的观点提出了认识问题域并建立系统模型的理论与技术，使软件开发走上了工程化和规范化的轨道。然而，分析工作仍然面临着许多难题。随着时代的发展和科技的进步，人们对软件的要求越来越高，分析所面临的问题也越来越突出。主要的问题包括：对问题域和系统责任的正确理解、人与人之间的正确交流、如何应对需求的不断变化以及软件复用对分析的要求。

### 2.1.1 问题域和系统责任

在过去的几十年中，人们都认为大规模的软件开发是一项冒险的活动。人们之所以这么认为，其根本原因在于软件的复杂性，而且这种复杂性还在不断地增长。

软件的复杂性首先源于问题域（Problem Domain）[①] 和系统责任（System Responsibility）的复杂性。

问题域：被开发系统的应用领域，即在现实世界中这个系统所涉及的业务范围。

系统责任：被开发系统应该具备的职能。

这两个术语的含义在很大部分上是重合的，但不一定完全相同。例如，要为银行开发一个金融业务处理系统，银行就是这个系统的问题域。银行的日常业务（如金融业务、个人储蓄、国债发行和投资管理等）、内部管理及与此有关的人和物都属于问题域。尽管银行内部的人事管理属于问题域，但是在当前的这个系统中它并不属于系统责任。像对计算机信息的定期备份这样的功能属于系统责任，但不属于问题域。图 2-1 是对本例的一个图示。

图 2-1 中，左边的椭圆所示的范围为问题域部分，右边的椭圆所示的范围为系统责任部分，二者之间有很大的交集。

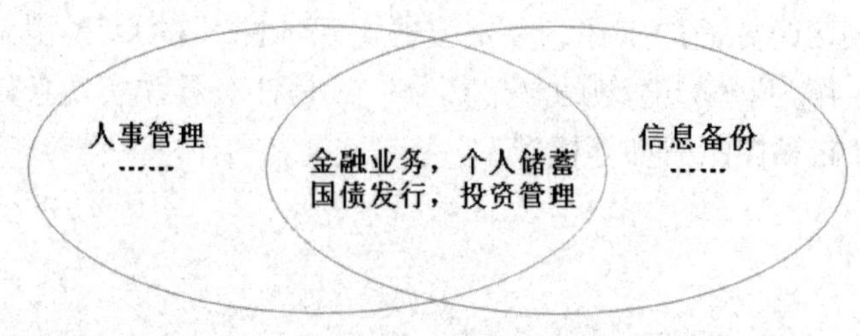


**图 2-1 问题域与系统责任示例**

对问题域和系统责任进行深入的调查研究，产生准确透彻的理解是成功地

---

① 问题域（Problem Domain）指提问的范围、问题之间的内在的关系和逻辑可能性空间。

开发一个系统的首要前提，也是开发工作中的第一个难点。这项工作之所以困难是因为以下 2 个方面。

（1）软件开发人员要迅速、准确、深入地掌握领域知识。

俗话讲，隔行如隔山。要开发出正确而完整的系统，就要求软件开发人员必须迅速地了解领域知识，而不能要求领域专家懂得全部的软件开发知识。这对软件开发人员来说是一个挑战。不但如此，分析员对问题域的理解往往需要比这个领域的工作人员更加深刻和准确。许多领域的工作人员长期从事某一领域的业务，却很少考虑他们司空见惯的事物所包含的信息和行为，以及它们如何构成一个有机的系统。系统分析员则必须透彻地了解这些。此外，软件开发人员还要考虑如何充分发挥计算机处理的优势，对现实业务系统的运作方式进行改造，这需要系统分析员具有比领域专家更高明的见解。这是因为许多系统的开发并不局限于简单的模拟问题域中的业务处理并用计算机代替人工操作，还要在计算机的支持下，对现行系统的业务处理方式做必要的改进。

（2）现今的系统所面临的问题域比以往更为广阔和复杂，系统比以往更为庞大。

随着计算机硬件性能的提高和价格的下降，以及软件技术的发展使得开发效率的不断提高，人们把越来越多、越来越复杂的问题交给计算机解决。相对而言，问题域和系统责任的复杂化对需求分析的压力比其他开发阶段更为巨大。

OOA 强调从问题域中的实际事物以及与系统责任有关的概念出发来构造系统模型。这使得系统中的对象、对象的分类、对象的内部结构以及对象之间的关系能良好地与问题域中的事物相对应。因此，OOA 非常有利于对问题域和系统责任的正确理解。

### 2.1.2　交流问题

如果分析阶段所产生的文档使得分析员以外的其他人员都难以读懂，那就不利于交流，随之而来的是各方对问题的理解会产生歧义。这会使彼此的思想不易沟通，并容易隐藏许多错误。对软件系统建模涉及如下人员之间的交流：

（1）开发人员与用户及领域专家间的交流。为了准确地掌握系统需求，双方需要采用共同的语言来理解和描述问题域。以往多采用自然语言描述需求，效果并不理想。

（2）开发人员之间的交流。分析人员在系统建模时经常需要分工协作，对问题要进行磋商，并要考虑系统内各部分的衔接问题。分析人员与设计人员之间也存在着工作交接问题，这种交接主要通过分析文档来表达，也不排除口头的说明和相互讨论。这些要求所采用的建模语言和开发方法应该一致，且不要过于复杂。

（3）开发人员与管理人员之间的交流。管理人员要对开发人员的工作进行审核、确认、进度检查和计划调整等。这就需要有一套便于交流的共同语言。这里“语言”是广义的，它包括术语、表示符号、系统模型和文档书写格式等。

OOA 充分运用人类日常活动中采用的思维方法和构造策略来认识和描述问题域，构造系统模型，并且在模型中采用了直接来自问题域的概念。因此，OOA 为改进各类人员之间的交流提供了最基本的条件共同的思维方式和共同的概念。

### 2.1.3 需求的不断变化

社会的发展是迅速的，这就要求软件系统也要不断地随之变化。此外，客户的主客观因素、市场竞争因素、经费与技术因素，都会影响需求的变化。显然，软件开发者必须以合作的态度满足用户需求。于是系统的应变能力的强弱，便是衡量一种分析方法优劣的重要标准。那么，系统中哪些因素是容易变化的？哪些因素是比较稳定的？人们在实践中发现，当需求发生变化时，系统中首先变化的部分是功能部分（对 OO 方法[①]而言则是对象的操作或操作的协作部分）；其次是对外的接口部分；最后是描述问题域事物的数据（对 OO 方法而言即对象的属性）；相对稳定的部分是对象。

OOA 之所以对变化比较有弹性，主要是获益于封装和信息隐蔽原则。它以相对稳定的成分（对象）作为构成系统的基本单位，而把容易变化的成分（属性及部分操作）封装并隐藏在对象之中，它们的变化主要影响到对象内部。对象只通过接口对外部产生有限影响。这样就有效地限制了一处修改，处处受牵连的“波动效应”。从整体范围看，OOA 以对象作为系统的基本构成单位，对象的稳定性和相对独立性使系统具有一种宏观的稳定效果。即使需要增加或减少某些对象，其余的对象仍能保持相对稳定。

① OO 是当前计算机界关心的重点，它是 20 世纪 90 年代软件开发方法的主流。面向对象的概念和应用已超越了程序设计和软件开发，扩展到很宽的范围，如数据库系统、交互式界面、应用结构、应用平台、分布式系统、网络管理结构、CAD 技术、人工智能等领域。

### 2.1.4　软件复用的要求

软件复用是提高软件开发效率、改善软件质量的重要途径。20 世纪 80 年代中期以前的软件复用，主要着眼于程序（包括源程序和可执行程序）的复用。到 20 世纪 80 年代末期，人们已开始提出对软件复用的广义理解，注意到分析结果和设计结果的复用将产生更显著的效果。分析结果的复用是指把分析模型中的可复用部分用于多个系统的开发，并要求一个分析模型可在多组条件下予以设计与实现。此外，当把一个老系统改造为基于新的软硬件支持的新系统时，我们尽量地复用旧的分析结果。

OO 方法的继承本身就是一种支持复用的机制，它使特殊类中不必重复定义一般类中已经定义的属性与操作。无论是在分析、设计，还是编程阶段，继承对复用带来的贡献都是显而易见的。

由于 OOA 模型中的一个类完整地描述了问题域中的一类客观事物，并且它是独立的封装实体，它很适合作为一个可复用成分。由一组关系密切的类（如具有一般—特殊结构、整体—部分结构或一组相互关联的类）可以构成一个粒度更大的可复用成分。在 OO 开发中，先在 OOA 阶段建立的是一个符合问题域、满足用户需求的 OOA 模型，然后再根据具体实现条件进行系统设计，这样针对一个分析模型可有多个实现，使得 OOA 结果能够通过复用而扩展为一个系统簇。

## 2.2　面向对象分析综述

系统分析就是研究问题域，产生一个满足用户需求的系统分析模型。这个模型应能正确地描述问题域和系统责任，使后续开发阶段的有关人员能根据这个模型继续进行工作。

自软件工程学问世以来，已出现过多种分析方法，其中有影响的是功能分解法、数据流法、信息建模法和 20 世纪 80 年代后期兴起的面向对象方法。前三种分析方法在历史上发挥过应有的作用，用它们也建立过许多成功的系统，直到今天仍然被一些开发者所采用。我们在谈到这些方法的缺点时不是要否定它们，而是针对具体问题进行讨论。应该指出，面向对象的分析正是在许多方面借鉴了以往的分析方法。

面向对象的分析，强调用对象的概念对问题域中的事物进行完整的描述，刻画事物的性质和行为，同时也要如实地反映问题域中的事物之间的各种关系，包括分类关系、组装关系等静态关系以及动态关系。

自20世纪80年代后期以来，多种流派的OOA及OOD方法相继出现了。各种方法的共同点是，都基于面向对象的基本概念与原则，但是在概念与表示法、系统模型和开发过程等方面又各有差别。统一建模语言UML①的出现，使面向对象建模概念及表示法趋于统一。我国的软件行业标准“面向对象的软件建模规范——概念与表示法”就是参照UML制定的。下面分别阐述在OOA阶段本书所使用的概念与表示法、OOA模型及过程指导。

### 2.2.1 概念与表示法

在OOA阶段所使用的概念包括对象、属性、操作、类、继承、聚合②和关联③等，这些概念属于UML的核心内容，且表示法也是相一致的。

### 2.2.2 OOA模型

OOA模型就是通过面向对象的分析所建立的系统分析模型，表达了在OOA阶段所认识到的系统成分及彼此之间的关系。在可视化方面用建模概念所对应的表示法绘制相应种类的图。目前的各种OOA方法所产生的OOA模型从整体形态、结构框架到具体内容都有较大的差异。OOA模型的差异集中地体现在各种方法所强调的重点和主要特色方面。一般来说，各种方法只把它认为最重要的信息放在模型中表示，其他信息则放到详细说明中，作为对模型的补充描述和后续开发阶段的实施细则。

图2-2所示的OOA模型是按照图加相关文档这种方式组织的。

使用用例图来捕获与描述用户的要求，即系统的需求，从而建立系统的需求模型（用例模型）。尽管有关建立用例模型的内容并不是面向对象的，但在UML中详细地规定了这方面的内容，且用例模型已经被人们普遍地接受，因

---

① 统一建模语言(Unified Modeling Language，UML)是一种为面向对象系统的产品进行说明、可视化和编制文档的一种标准语言，是非专利的第三代建模和规约语言。UML使用面向对象设计的建模工具，但独立于任何具体程序设计语言。

② 聚合在信息科学中是指对有关的数据进行内容挑选、分析、归类，最后分析得到人们想要的结果，主要是指任何能够从数组产生标量值的数据转换过程。近年来随着大数据的发展，聚合技术已经广泛地应用于文本分析、信息安全、网络传输等领域。

③ Java编程语言中，A类关联B类的含义是：如果实例化一个A类的对象，同时会有一个B类的对象被实例化。

而本书把建立用例模型的有关知识和技术放在 OOA 中讲述。按照某些做法，我们也可以在 OOA 之前利用用例模型对系统的需求进行捕获与描述。在开发系统时，上述两种做法是不矛盾的，这只是一个阶段划分问题。

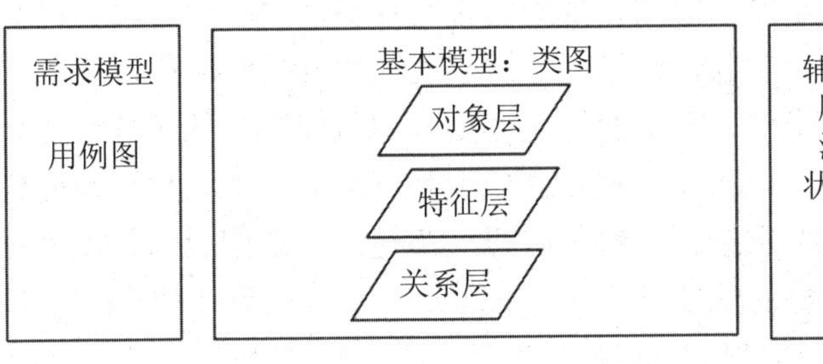


图 2-2 OOA 模型

用类图构建的模型是系统的基本模型，主要是因为类图为面向对象编程提供了最直接的依据。基本模型为系统的静态模型，它描述系统的结构特征。类图的主要构成成分是：类、属性、操作、泛化、关联和依赖。这些成分所表达的模型信息可以从以下三个层次来看待。

（1）对象层：给出系统中所有反映问题域与系统责任的对象。用类符号表达属于一个类的对象的集合。类作为对象的抽象描述，是构成系统的基本单位。

（2）特征层：给出每一个类（及其所代表的对象）的内部特征，即给出每个类的属性与操作。该层要以分析阶段所能达到的程度为限给出类的内部特征的细节。

（3）关系层：给出各个类（及其所代表的对象）彼此之间的关系。这些关系包括泛化、关联和依赖。该层描述了对象与外部的联系。

概括来讲，OOA 基本模型的三个层次分别描述了：

（1）系统中应设立哪几类对象。

（2）每类对象的内部构成。

（3）每类对象与外部的关系。三个层次的信息（包括图形符号和文字）叠加在一起，形成完整的类图。

按照 UML 的做法，我们可以建立对象图，以作为类图的补充。

为建立系统的行为模型，我们需要建立交互图、活动图或状态机图。交互图主要有两种形式：顺序图和协作图，每种形式强调了同一个交互的不同方面。顺序图表示按时间顺序排列的交互，协作图表示围绕着角色所组织的交互以及角色之间的链。与顺序图不同，协作图着重表示扮演不同角色的对象之间的连接。活动图展示从活动到活动的控制流和数据流，通常用于对业务过程和操作的算法建模。状态机图展示对象在其生命周期内由于响应事件而经历的一系列状态，以及对这些事件做出的反应。

包图用于组织系统的模型，其中的包是在模型之上附加的控制复杂性的机制。对关系密切的元素进行打包，有助于理解和组织系统模型。

相对基本模型来说，系统的行为模型和用包图建立的系统组织模型，都作为系统的辅助模型。以图的方式建立模型是不够的。对各种图中的建模元素，我们还要按一定的要求进行规约（即详细描述）。用图表示的模型加上模型规约的方式，构成完整的模型。

### 2.2.3 OOA 过程

各种 OOA 方法一般都要规定一些进行实际分析工作的具体步骤，指出每个步骤应该做什么以及如何做，并给出一些启发策略，告诉使用者对各种情况应该怎样处理，以及从哪些方面去思考能有助于实现自己的目标。

现在还没有关于面向对象的软件建模过程指导方面的国际规范，各种 OOA 方法在建立模型的过程方面都有差别，且详细和简略也有所不同。本书所使用的建模过程指导，是从由数十家高校、科研院所和软件企业参加的国家重点科技攻关计划“青鸟工程”所研发的面向对象软件开发规范中总结出来的，图 2-3 给出了其具体内容。

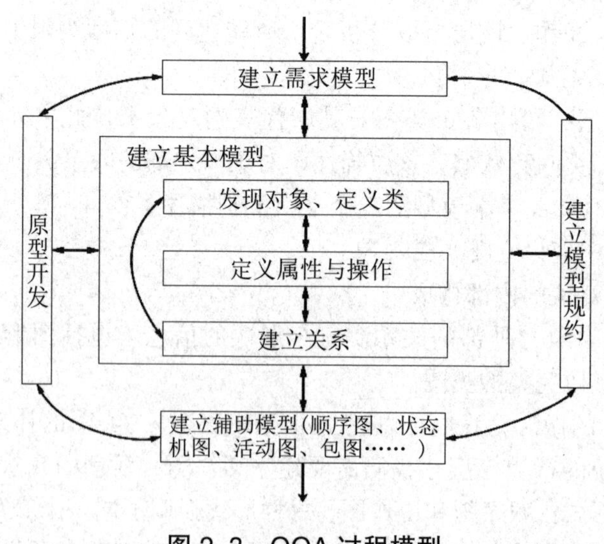


图 2-3 OOA 过程模型

图 2-3 给出的是 OOA 过程模型，其中只给出了过程中的活动，而没有展

示过程角色和资源等因素。图中的箭头表明建模活动是可以回溯的，也可以交替进行。例如，在发现了一些（并非全部）对象之后，我们就可以开始定义它们的属性与操作；此时若认识到某些关系，可以及时建立这些关系；在建立关系时得到某种启发，联想到其他对象，又可及时转到发现对象的活动。在 CASE 工具的支持下，各种活动之间的切换可以相当灵活。有些软件开发组织习惯于规定一个基本的活动次序，使 OOA 过程按这种次序一步一步地执行，这也是可以的。其实各软件开发组织应该依据或参照经过检验的开发过程，建立适合自己需要的开发过程。

以下是对实施 OOA 过程的几点建议：

（1）把建立需求模型放在分析工作的开始，通过定义用例和建立用例图来对用户需求进行规范化描述。

（2）把建立基本模型的三个活动安排得比较接近，根据需要随时从一个活动切换到另一个活动。

（3）建立交互图、状态机图或活动图的活动可以安排在基本模型建立之后，但也可以与基本模型的活动同时进行，即在认识清楚了若干对象后，就开始绘制反映系统动态行为的模型图。

（4）建立模型规约的活动应该分散地进行，结合在其他活动之中，最后做一次集中的审查与补充。

（5）原型开发可反复地进行。在认识了基本模型中一些主要的对象之后就可以做一个最初的原型，随着分析工作的深入不断地进行增量式的原型开发。原型开发的工作还可以提前到建立需求模型的阶段进行。在开发的早期阶段建立的原型，主要用于捕获与证实用户的需求。

（6）在分析较小的系统时可以省略划分包的活动，或把该活动放在基本模型建立之后进行。在分析大中型系统时，可以按需求先划分包，根据包进行分工，然后开始通常的分析；在分析的过程中，若需要仍可以用包来组织模型元素。

## 2.3　OOA 与 OOD 的关系

OOA 的目标是建立一个映射自问题域、满足用户需求且独立于实现的模型。

面向对象设计（Object-Oriented Design，OOD）要在 OOA 模型的基础上运用面向对象方法，主要解决与实现有关的问题，目标是产生符合具体实现条件的 OOD 模型。

由于 OOA 与 OOD 的目标是不同的，这决定了它们有着不同的分工，并因此而具有不同的开发过程及具体策略。

在面向对象分析阶段，针对问题域和系统责任，我们把用户需求转化为用 OO 概念所建立的模型，以易于理解问题域和系统责任。这个 OOA 模型是问题域和系统责任的完整表达，而不考虑与实现有关的因素。OOD 才考虑与实现有关的问题（如选用的编程语言、数据库系统和图形用户界面等），建立一个针对具体实现要求的 OOD 模型。这样做的主要目的是：

使反映问题域本质的总体框架和组织结构长期稳定，而细节可变。

把稳定的问题域部分与可变的与实现有关的部分分开，使得系统能从容地适应变化。

有利于同一个分析模型用于不同的设计与实现，可形成一个系统簇。

有利于相似系统的分析、设计或编程结果复用。

OOA 和 OOD 追求的目标不同，但它们采用一致的概念、原则和表示法，不像结构化方法那样，从分析到设计存在着把数据流图转换为模块结构图的。OOD 以 OOA 模型为基础，只需做必要的修改和调整，或补充某些细节，并增加几个与实现有关的相对独立部分。因此 OOA 与 OOD 之间不存在像传统方法中那样的分析与设计之间的鸿沟，二者能够紧密衔接，大大降低了从 OOA 过渡到 OOD 的难度和出错率。这是面向对象的分析与设计方法优于传统的软件工程方法的重要因素之一。

## 2.4 面向对象设计模型和过程

根据 OOA 和 OOD 的关系，本书设立了图 2-4 所示的 OOD 模型。

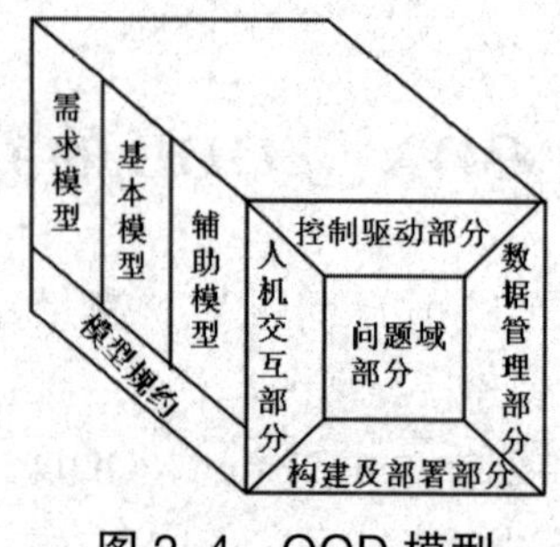


图 2-4 OOD 模型

从一个正面观察 OOD 模型，它包括一个核心部分，即问题域部分，还包括四个外围部分：人机交互部分、控制驱动部分、数据管理部分和构件及部署部分。初始的问题域部分即为 OOA 模型，要按照实现条件对其进行补充与调整；人机交互部分即人机界面设计部分；控制驱动部分用来定义和协调并发的各个控制流；数据管理部分用来对持久对象的存取建模；构件及部署部分中的构件模型用于描述构件以及构件之间的关系，部署模型用于描述节点、节点之间的关系以及实现构件的制品在节点上的分布。

至于 OOD 模型正面中的五个部分，除了问题域部分外，其余的实现条件有很多选择，即这些部分的模型受实现条件的影响很大，易随实现条件的变化而变化。因而，它们单独形成模型，再采取措施与问题域部分模型相衔接，使其变化尽量少的影响问题域部分模型，如图 2–5 所示。

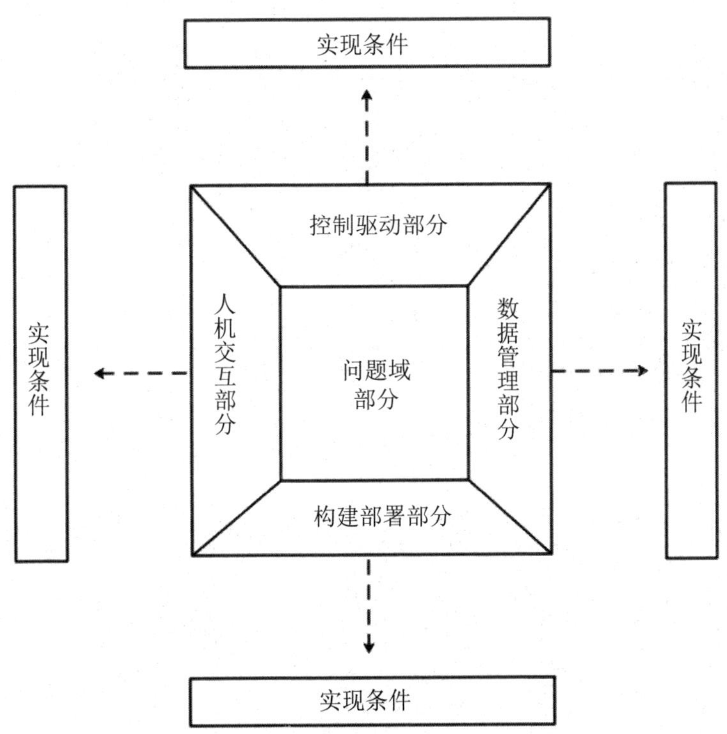


**图 2–5　OOD 模型中五个部分的关系**

OOD 过程由与上述五个部分相对应的五项活动组成。OOD 过程不强调针对问题域部分、人机交互部分、控制驱动部分和数据管理部分的活动的执行顺序。对于各项活动，除了问题域部分是在 OOA 的结果上进行修改、调整和补充之外，其余的与 OOA 中的活动类似，但各项活动都各有自己的任务和策略。建立构件及部署部分模型的活动要在上述四个部分完成后进行。

在 OOA 阶段可以运用原型技术，在 OOD 阶段仍然可以继续使用原型技术，如把该技术用于验证对数据库系统、网络结构和编程环境的选择，以决定它们用于详细设计的技术可行性。

# 第 3 章　统一建模语言 UML 介绍

随着面向对象方法的出现和种类的不断增多，使用何种开发方法往往成为软件设计人员的一大问题，这也妨碍了不同项目开发组之间的交流。因此，一种标准统一的综合了各种开发方法长处的建模语言 UML 应运而生。本章主要讲解软件建模的相关概念，并对 UML 进行简要概述。通过对本章的阅读，读者可以对软件建模和 UML 有一个总体的认识。

## 3.1　UML 内涵与历史

### 3.1.1　UML 简介

统一建模语言（Unified Modeling Language，UML）是一种通用的可视化建模语言，可以用来描述、可视化、构造和文档化软件密集型系统的各种工件。它由信息系统和面向对象领域的三位著名的方法学家格雷迪·布奇（Grady

Booch）①、詹姆斯·蓝保（James Rumbaugh）②和伊万·雅各布森（Ivar Jacobson）③提出。它记录了与被构建系统的有关的决策和理解，可用于系统的理解、设计、浏览、配置、维护以及控制系统的信息。这种建模语言已经得到了广泛的支持和应用，并且已被 ISO 组织发布为国际标准。

UML 用来捕获系统静态结构和动态行为的信息。其中静态结构定义了系统中对象的属性和方法，以及这些对象间的关系。动态行为则定义了对象在不同时间、状态下的变化以及对象间的相互通信。此外，UML 可以将模型组织为包的结构组件，使得大型系统可被分解成易于处理的单元。

UML 是独立于过程的，它适用于各种软件开发方法、软件生命周期的各个阶段、各种应用领域以及各种开发工具。UML 规范没有定义一种标准的开发过程，但它更适用于迭代式的开发过程。它是为支持现今大部分面向对象的开发过程而设计的。

UML 不是一种程序设计语言，但用 UML 描述的模型可以和各种编程语言相联系。可以使用代码生成器将 UML 模型转换为多种程序设计语言代码，或者使用逆向工程将程序代码转换成 UML。把正向代码生成和逆向工程这两种

---

① Booch 是美国 Rational 软件工程公司的首席科学家和 Booch 方法的主创人。与 Rational 公司的 Ivar Jacobson、James Rumbaugh 共同创建了一种可视化的说明、建造软件系统的工业标准语言——统一建模语言 UML。Booch 于 1977 年毕业于美国空军军官学校，并于 1979 年在加州大学圣巴巴拉分校获得计算机工程硕士学位。他开发了面向对象的分析设计方法 Booch Method 和可重用的、灵活的 Booch 组件。他还是 Rational 公司一些产品的开发者，包括该公司最初的软件工程环境 Rational Enviroment 及业界领先的可视化建模工具 Ration Rose。

② James Rumbaugh 是享誉全球的软件开发专家，与 Grady Booch，Ivar Jacobson 并列成为 IBM 三剑客，一道开发了 统一建模语言（Unified Modeling Language，UML）。对象管理组织（Object Management Group，OMG）于 1997 年将 UML 采纳为业界标准建模语言。James 一直是引导 UML 未来开发的领袖，他提出了许多有关 UML 的概念，与 Rational 的其他软件领袖一起工作在各个领域。

③ Ivar Jacobson 博士被公认是深刻影响并改变着整个软件工业开发模式的世界级大师，是软件方法论的一面旗帜。他是面向方面的软件开发 (AOSD)、组件 (Component) 和组件架构 (Component Architecture)、用例、SDL (Specification Description Language)、现代业务工程、Rational 统一过程 (RUP)、UML 建模语言（与 Grady Booch 和 James Rumbaugh 共同创建）等业界主流方法和技术的创始人。

方式结合起来就可以产生双向工程，双向工程既可以在图形视图下工作，也可以在文本视图下工作。

UML 是一种博大多变的建模语言，有着一定的复杂性。UML 的三位创始人对其做了如下几点评价：

UML 是凌乱的、不精确的、复杂的和松散的。这种看法既是一种错误，也是一个事实。任何适用于如此广泛应用的语言一定是凌乱的。

你不必知道或使用 UML 的每一项特征，就像你不需要知道或使用一个大型软件或编程语言的每一个特征一样。被广泛使用的核心概念只有一小部分，其他的特征可以逐步学习，在需要时再使用。

UML 能够并且已经在实际的开发项目中使用。

UMI 不只是一种可视化的表示方法。UML 模型可以用来生成代码和测试用例。这要求适当的 UML 特性描述、使用和目标平台匹配的工具以及在多种实现方式中做出选择。

没有必要对 UML 专家的建议言听计从。正确使用 UML 的方法有很多种。优秀的开发人员会从很多工具中选出一种使用，但是却不必使用这一种方式去解决所有问题。如果能够得到他人或者软件工具的配合，你也可以适时改变以满足自己的需要。

UML 在面向对象编程中，数据被封装（或绑定）到使用它们的函数中，形成整体，被称为对象。对象之间通过消息相互联系。UML 的应用领域很广泛，可以用于商业建模、软件开发建模的各个阶段，也可以用于其他类型的系统。UML 是一种通用的建模语言，具有创建系统的静态结构和动态行为等多种结构模型的能力。UML 语言本身并不复杂，具有可扩展性和通用性，适合为各种多变的系统建模。

UML 是一种图形化建模语言，是面向对象分析与设计模型的一种标准表示。UML 的目标是：

易于使用，表达能力强，能进行可视化建模。

与具体的实现无关，可应用于任何语言平台和工具平台。

与具体的过程无关，可应用于任何软件开发过程。

简单并且可扩展，具有扩展和专有化机制，以便于扩展，无须对核心概念进行修改。

为面向对象设计与开发中涌现出的高级概念（例如协作、框架、模式和组件）提供支持，强调在软件开发中对框架模式和组件的重用。

与最好的软件工程实践经验集成。

可升级，具有广阔的适用性和可用性。

需要说明的是，UML 不是一种可视化的程序设计语言，而是一种可视化的建模语言；UML 不是工具或知识库的规格说明，而是一种建模语言规格说明，更是一种表示标准；UML 既不是过程也不是方法，但允许任何一种过程和方法使用。

### 3.1.2 UML 与面向对象软件开发

UML 是一种建模语言，是一种标准表示，而不是一种方法（或方法学）。方法是一种把人的思考和行动结构化的明确方式，方法需要定义软件开发的步骤，告诉人们做什么，如何做，什么时候做，以及为什么要这么做。UML 只定义了一些图以及它们的意义，UML 的思想与方法无关。因此，我们会看到人们用各种方法来使用 UML，而无论方法如何变化，它们的基础是 UML 视图，这就是 UML 的最终用途——为不同领域的人们提供统一的交流标准。

软件开发的难点在于项目的参与者包括领域专家、软件设计开发人员、客户以及用户，他们之间交流的难题成为软件开发的最大难题。UML 的重要在于，表示方法的标准化有效地促进了拥有不同背景的人们的交流，有效地促进软件设计开发和测试人员的相互理解。无论分析、设计和开发人员采取何种不同的方法或过程，他们提交的设计产品都是用 UML 描述的，这有利于促进相互之间的理解。

UML 尽可能结合了世界范围内面向对象项目的成功经验，因而 UML 的价值在于体现了世界上面向对象方法实践的最好经验，并以建模语言的形式把它们打包，以适应开发大型复杂系统的要求。

在众多成功的软件设计与实现经验中，最突出的有两条，一条是注重系统架构的开发，另一条是注重过程的迭代和递增性。尽管 UML 本身对过程没有任何定义，但是 UML 对任何使用它的方法（或过程）提出要求：支持用例驱动（Use-Case Driven）、以架构为中心（Architecture-Centric）、递增（Incremental）和迭代[①]（Iterative）的开发过程。

注重架构意味着不仅要编写出大量的类和算法，还要设计出这些类和算法

① 迭代是重复反馈过程的活动，其目的通常是为了逼近所需目标或结果。每一次对过程的重复称为一次“迭代”，而每一次迭代得到的结果会作为下一次迭代的初始值。对计算机特定程序中需要反复执行的子程序（一组指令），进行一次重复，即重复执行程序中的循环，直到满足某条件为止，亦称为迭代。

之间简单而有效的协作。所有高质量的软件中似乎含有大量这类协作，而近年来出现的软件设计模式也正在为这些协作起名和分类，使它们更易于重用。最好的架构就是概念集成（Conceptual Integrity），它驱动整个项目注重开发模式并力图使它们简单。

迭代和递增的开发过程反映了项目开发的节奏。不成功的项目没有进度节奏，因为它们总是机会主义的，在工作中是被动的。成功的项目有自己的进度节奏，反映在它们有定期的版本发布过程，注重于对系统架构进行持续的改进。

UML 的应用贯穿于软件开发的 5 个阶段，它们是：

需求分析阶段。UML 的用例视图可以表示客户的需求。用例建模可以对外部的角色以及它们所需要的系统功能建模。角色和用例是用它们之间的关系、通信建模的。每个用例都指定了客户的需求：他或她需要系统干什么。不仅要对软件系统，对商业过程也要进行需求分析。

分析阶段。分析阶段主要考虑所要解决的问题，可用 UML 的逻辑视图和动态视图来描述。类图描述系统的静态结构，协作图、顺序图、活动图和状态图描述系统的动态特征。分析阶段只为问题域的类建模，不定义软件系统的解决方案的细节（如用户接口的类、数据库等）。

设计阶段。设计阶段把分析阶段的结果扩展成技术解决方案，加入新的类来提供技术基础结构——用户接口、数据库操作等。分析阶段的领域问题类被嵌入这个技术基础结构中。设计阶段的结果是构造阶段的详细规格说明。

构造阶段。构造（或程序设计）阶段把设计阶段的类转换成某种面向对象程序设计语言的代码。在对 UML 表示的分析和设计模型进行转换时，最好不要直接把模型转换成代码，因为在早期阶段，模型是理解系统并对系统进行结构化的手段。

测试阶段。测试阶段通常分为单元测试、集成测试、系统测试和接受测试几个不同级别。单元测试是针对几个类或一组类的测试，通常由程序员进行；集成测试集成组件和类，确认它们之间是否能够恰当地协作；系统测试把系统当作“黑箱”，验证系统是否具有用户所要求的所有功能；接受测试由客户完成，与系统测试类似，验证系统是否满足所有的需求。不同的测试小组使用不同的 UML 图作为他们工作的基础：单元测试使用类图和类的规格说明，集成测试典型地使用组件图和协作图，而系统测试使用用例图来确认系统的行为符合这些图中的定义。

UML 模型在面向对象软件开发中的使用非常普遍。软件开发通常按以下方式进行：一旦决定建立新的系统，就要写一份非正式的描述说明软件，表明应该做什么，这份描述被称作需求说明（Requirements Specification），通常与系统未来的用户磋商制定，并且可以作为用户和软件供应商之间正式合同的基础。

将完成后的需求说明书移交给负责编写软件的程序员或项目组，他们相对隔离地根据需求说明书编写程序。如果一切顺利的话，程序能够按时完成，不超出预算，而且能够满足最初方案下目标用户的需要。但在许多情况下，事情并不是这样。

许多软件项目的失败引发人们对软件开发方法的研究，他们试图了解项目为何失败，结果得到许多对如何改进软件开发过程的建议。这些建议通常以过程模型的形式，描述了开发所涉及的多个活动及其应该执行的次序。

软件开发过程模型可以用图解的形式表示。例如，图 3-1 表示一个非常简单的软件开发过程模型，其中直接从系统需求开始编写代码，没有中间步骤。图 3-1 除了表示矩形的过程之外，还显示了过程中每个阶段的产物。如果过程中的两个阶段顺次进行，那么一个阶段的输出通常就作为下一个阶段的输入，如虚线箭头所示。

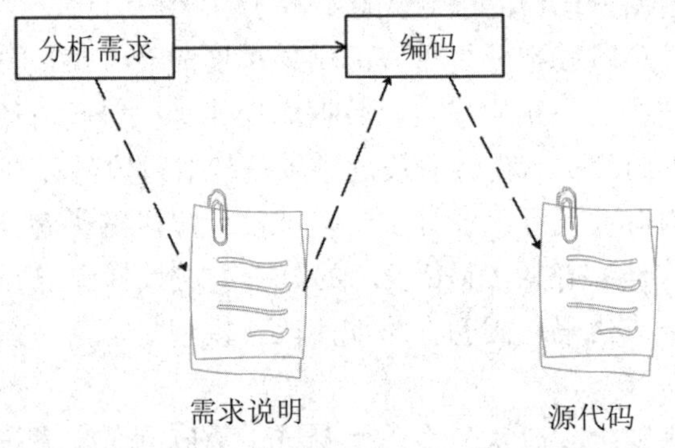


**图 3-1　软件开发过程模型**

开发初期产生的需求说明书可以采取多种形式。书面的需求说明书可以是所需系统的非常不正规的概要轮廓，也可以是非常详细、井井有条的功能描述。在小规模的开发中，最初的系统描述甚至可能不会写下来，而只是程序员对需要什么的非正式理解。在有些情况下，可能会和未来的用户一起合作开发原型系统，成为后续开发工作的基础。上面所述的所有可能性都包括在“需求说明书”这个一般术语中，但并不意味着只有书面的文档才能够作为后继开发工作的起点。还要注意的是，图 3-1 没有描述整个软件生命周期。完整的项目计划还应该提供诸如项目管理、需求分析、质量保证和维护等关键活动。

单个程序员在编写简单的小程序时几乎不需要相比图 3–1 更多的组织开发过程。有经验的程序员在写程序时很清楚程序的数据和子程序结构，如果程序的行为不像预期的那样，他们能够直接对代码进行必要的修改。在某些情况下，这是完全适宜的工作方式。然而，对比较大的程序，尤其是不止一个人参与开发时，在过程中引入更多的结构通常是必要的。软件开发不再被看作单独的自由活动，而是分割为多个子任务，每个子任务一般都涉及一些中间文档资料的产生。

图 3–2 描述的是相比图 3–1 稍微复杂一些的软件开发过程模型。在这种情况下，程序员不再只是根据需求说明书编写代码，而是先创建结构图，用于表示程序的总体功能如何划分为一些模块或子程序，并说明这些子程序之间的调用关系。

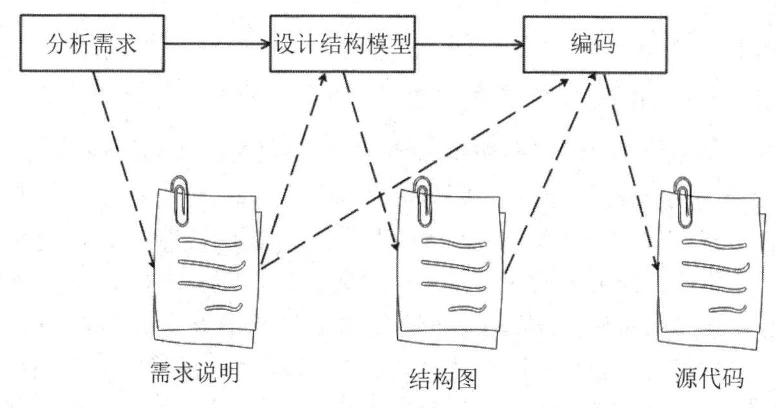


**图 3–2　稍复杂的软件开发过程模型**

这个软件开发过程模型表明，结构图以需求说明书中包含的信息为基础，需求说明书和结构图在编写最终代码时都要使用。程序员通过使用结构图使程序的总体结构清楚明确，并在编写各个子过程的代码时参考需求说明书来核对所需功能的详细说明。

在软件开发期间产生的中间描述或文档称为模型。图 3–2 中给出的结构图在此意义上就是模型。模型展现系统的抽象视图，突出系统设计的某些重要方面，如子程序和它们的关系，而忽略大量的低层细节，如各个子程序代码的编写。因此，模型比系统的全部代码更容易理解，通常用来阐明系统的整体结构或体系结构。上面的结构图中包含的子程序调用结构就是这里所指的结构。

随着开发的系统规模更大、更复杂以及开发组人数的增加，需要在过程中引入更多的规定。这种复杂性不断增加的外部表现就是在开发期间使用更广泛的模型。实际上，软件设计有时就定义为构造一系列模型，这些模型越来越详细地描述系统的重要方面，直到获得对需求的充分理解，能够开始编程为止。

因此，使用模型是软件设计的中心，模型具有两个重要的优点，有助于处理重大软件开发中的复杂性。第一，系统作为整体来理解可能过于复杂，模型则提供了对系统重要方面的简明描述。第二，模型为开发组的不同成员之间以及开发组和外界（如客户）之间提供了一种颇有价值的通信手段。

### 3.1.3 UML 的历史

UML 由软件行业的资深专家创造，并不断吸取众多软件工程思想的精华，从而能够一直走在软件工程的前沿。本节将主要介绍 UML 的发展历程，以及最新的 UML 2 规范。

#### 3.1.3.1 UML 出现的历史背景

随着 20 世纪 80 年代后面向对象语言的广泛使用，首批介绍面向对象开发方法的著作出现了。莎莉·施莱尔（Sally Shlaer）、彼得·科德（Peter Coad）、Grady Booch、James Rumbaugh 等人的著作，再加上关于早期程序设计语言的著作，开创了面向对象方法学的先河。随后，在 1989—1994 年之间，大批关于面向对象方法的著作问世，面向对象的方法从不足 10 种增加到 50 种以上，它们各有自己的一套概念、定义、表示法、术语和各自适用的开发过程。各种方法间相互借鉴，进行修改、扩充，使得面向对象领域出现了一些被广泛使用的核心概念和一大批被采纳的概念。然而即使在广泛接受的核心概念里，各个面向对象方法之间也存在着一些差异。这些方法之间的不同往往会使得普通读者和用户在使用时感到困惑，不知道该采用谁的方法。在这场“方法大战”中，一些优点突出的方法脱颖而出，包括 Booch 方法、Ivar Jacobson 的 OOSE 和 James Rumbaugh 的 OMT 等。这些方法中的每一种方法都是完整的，但是各有优劣。简单来说，Booch 方法在项目的设计和构造阶段的表达力极强，OOSE 对以用例驱动需求获取、分析和高层设计的开发过程提供了极好的支持，而 OMT 对分析和数据密集型信息系统最为有用。

在这种情况下，出现了一些将各种方法中使用的概念进行统一的初期尝试，比较有名的是德里克·科尔曼（Derek Coleman）等人开发的 Fusion 方法。这种方法结合了 OMT、Booch、CRC 三种方法中使用的概念。但这些方法的原作者没有参与这项工作，所以这种方法应该被视为一种新方法，而不是原有方法的替代。第一次成功合并和替换现存的各种方法的尝试始于 1994 年 James Rumbaugh 和 Grady Booch 在 Rational 公司的合作，他们开始合并 OMT 和 Booch 方法中使用的概念，并于 1995 年 10 月提出了第一个解决方案，当时被称为 UM0.8（Unitied Method）。几乎同时间，Ivar Jacobson 加入 Rational 公司，力图将 OOSE 方法也统一进来。三位优秀的面向对象方法学的创始人共同合作，为他们的工作注入了强大的动力。

### 3.1.3.2　UML 的诞生与标准化

1996 年 6 月， Booch、Rumbaugh 和 Jacobson 将 UM 更名为 UML 并发布 UML0.9。同年 10 月，UML0.91 被发布。在当时，UML 就获得了工业界、科技界和用户的广泛支持。1996 年底，UML 已经占领了面向对象技术市场 85% 的份额，成为事实上的可视化建模语言的工业标准。

1996 年全年，UML 的三位创始人在软件工程界征求和收集反馈意见，并且倡议成立了一个 UML 伙伴组织（UML Partners），当时的成员有 DEC、HP、I-Logix、 Intellicorp、IBM、ICON Computing、MCI Systemhouse、Microsoft、Oracle、Rational、TI 和 Unisys。同年，OMG 组织发布了对外征集面向对象建模的标准方法的提案需求。1997 年 1 月，作为对该提案的响应，UML1.0 规范草案诞生并且提交给 OMG。同时，UML Partners 成立了一个语义任务组，来完成语义的规范并与其他的标准化工作合并。同年 7 月，UML1.1 作为最终成果发布，并被提交给 OMG，进行标准化审查。

1997 年 11 月，UML1.1 规范被 OMG 全体成员通过，并被采纳为规范，OMG 也承担了进一步完善 UML 的工作。UMI 的出现深受计算机界欢迎，许多软件开发工具供应商声称他们的产品支持或计划支持 UML，许多软件工程方法学家宣布他们将使用 UML 的表示法进行以后的研究工作。UML 已经代替了大部分先前出现在开发过程、建模工具和技术文献中的表示法，它的出现减少了各种软件开发工具之间无谓的分歧。

在 1997—2002 年间，OMG 成立的 UML 修订任务组对 UML 进行修订，陆续开发了 UML 的 1.3、1.4 和 1.5 版本。2005 年，UML1.4.2 被国际标准化组织（International Organization for Standardization，ISO）正式发布为国际标准。

### 3.1.3.3　UML2 的诞生

在有了若干年对 UML 的使用经验后，OMG 提出了升级 UML 的建议方案，以修正使用中发现的问题，并扩充一部分应用领域中所需的额外功能。升级方案自2000年11月起开始起草，至2003年7月完成。OMG的定案任务组对这个版本进行了为期一年的评审，之后不久UML2.0规范就被全体OMG成员采纳。采纳后的规范通过正式的OMG定稿过程修正了初始实现中的错误和问题后，于2005年7月得到最终的UML2.0规范。在2007—2011年内，UML陆续发布了几个版本的规范。其中，2011年8月发布的UML2.4.1在2012年被ISO正式定为国际标准。2017年12月，OMG组织发布UML2.5.1版本。①

总的来说，UML2与UML1大部分是相同的，常用的核心特征UML2更改了一些问题区间，增加了一些大的改进，修正了许多小的错误，但是UML1的使用者在使用UML2时应该不会有什么问题。UML2的一些重要改变有：

大部分类元都可以嵌套。在UML中，几乎每一个模型的构造块（类、对象、组件、状态机等）都是一个类元。这种能力可以让使用者逐步建模实现复杂的行为。

行为建模进行了改进。在UML1.x中，同行为模型之间是互相独立的，然而在UML2中，除用例以外，所有行为模型都由一个基本行为的定义派生而来。

改善了结构模型和行为模型之间的关系。例如，UML1.2允许用户指定一个状态机或顺序图，这属于某一个类或某一组件的行为。

### 3.1.4 UML建模工具

使用建模语言需要相应的工具支持，即使手工在白板上画好了模型的草图，建模者也需要使用工具。因为模型中很多图的维护、同步和一致性检查等工作，人工做起来几乎是不可能的。

#### 3.1.4.1 UML建模工具概述

自从用于产生程序的第一个可视化软件问世以来，建模工具（又叫CASE工具）一直不是很成熟，许多CASE工具几乎和画图工具一样，仅提供建模语言和很少的一致性检查，增加一些方法的知识。经过人们不断地改进，今天的CASE工具正在接近图的原始视觉效果，比如Rational Rose工具，就是一种比较现代的建模工具。但是还有一些工具仍然比较粗糙，比如一般软件中很好用的“剪切”和“粘贴”功能，在这些工具中尚未实现。另外，每种工具都有属

① 注意：本书中的UML1或UML1.x表示UML规范1.1～1.5的所有版本，UML2指的是UML2.0规范及更高的版本。

于自己的建模语言，或至少有自己的语言定义，这也限制了这些工具的发展。随着统一建模语言 UML 的发布，工具制造者现在可能会花较多的时间来提高工具质量，减少定义新的方法和语言所花费的时间。

现代的 CASE 工具应提供下述功能。

画图( Draw Diagram ): CASE 工具中必须提供方便作图和为图着色的功能，也必须具有智能，能够理解图的目的，知道简单的语义和规则。这样的特点带来的便利是，当建模者不适当或错误地使用模型元素时，工具能自动告警或禁止其操作。

积累（Repository）：CASE 工具必须提供普通的积累功能，以便系统能够把收集到的模型信息存储下来。如果在某个图中改变某个类的名称，那么这种变化必须及时地反映到使用该类的所有其他图中。

导航( Navigation ): CASE 工具应该支持易于在模型元素之间导航的功能，也就是使建模者能够容易地从一个图到另一个图，跟踪模型元素或扩充对模型元素的描述。

多用户支持：CASE 工具应能够使多个用户可以在一个模型上工作，且彼此之间没有干扰。

产生代码（Generate Code）：高级的 CASE 工具一定要有产生代码的能力，该功能可以把模型中的所有信息翻译成代码框架，把代码框架作为实现阶段的基础。

逆转（Reverse）：高级的 CASE 工具一定要有阅读现成代码并依代码产生模型的能力，即模型可由代码生成。它与产生代码是互逆的两个过程。对开发者来说，可以用建模工具或编程方法建模。

集成（Integrate）：CASE 工具一定要能与其他工具集成，也就是与开发环境（比如编辑器、编译器和调试器）和企业工具（比如配置管理和版本控制系统）等的集成。

覆盖模型的所有抽象层：CASE 工具应该能够容易地从对系统最上层的抽象描述向下导航至最低的代码层。这样，如果需要获得类中某个具体操作的代码，就只需要在图中单击这个操作的名字即可。

模型互换：模型或来自某个模型的个别图应该能够从一个工具输出，然后再输入另一个工具。就像 Java 代码可在一个工具中产生，而后用在另一个工具中一样。模型互换功能也应该支持用明确定义的语言描述的模型之间的互换（输出输入）。

#### 3.1.4.2 常用的 UML 建模工具

目前，Rational Rose、PowerDesigner、Visio 是三个比较常用的建模工具软件。

3.1.4.2.1 Rational Rose

Rational Rose 是直接伴随 UML 发展而诞生的设计工具，它的出现就是为了对 UML 建模提供支持，Rational Rose 一开始没有对数据库端建模提供支持，但是现在的版本中已经加入数据库建模功能。Rational Rose 对开发过程中的各种语义、模块、对象以及流程、状态等描述得比较好，主要体现在能够从各个方面和角度进行分析和设计，使软件的开发蓝图更清晰、内部结构更加明朗（但是仅仅对那些掌握 UML 的开发人员有效，对客户了解系统的功能和流程等并不一定很有效），对系统的代码框架生成有很好的支持，但对数据库的开发管理和数据库端的迭代不是很好。

3.1.4.2.2 PowerDesigner

PowerDesigner 原来是伴随数据库建模而发展起来的一种数据库建模工具，直到 7.0 版本才开始对面向对象开发提供支持，后来又引入对 UML 的支持。PowerDesigner 侧重不一样，因此对数据库建模的支持很好，支持能够看到 90% 左右的数据库，对 UML 建模用到的各种图的支持比较滞后，但是最近得到加强。所以使用 PowerDesigner 进行 UML 开发的人并不多，很多人都用它进行数据库建模。如果使用 UML，PowerDesigner 优点是生成代码时对 Sybase 产品 PowerBuilder 的支持很好（其他 UML 建模工具则不支持或者需要一定的插件），对其他面向对象语言（如 C ++ 、Java、VB、C # 等）的支持也不错，但是 PowerDesigner 对中文的支持总是有这样或那样的问题。

3.1.4.2.3 Visio

UML 建模 Visio 工具原来仅仅是一种画图工具，能够用来描述各种图形（从电路图到房屋结构图），也是到了 Visio2000 才开始引入软件分析和设计功能，直到代码生成的全部功能，可以说是目前能够用图形方式表达各种商业图形的最好工具（对软件开发中的 UML 支持仅仅是其中很少的一部分）。Visio 跟微软 Office 产品能够很好兼容，能够把图形直接复制或内嵌到 Word 文档中。对于代码的生成，更多的是支持微软的产品，如 VB、VC++、MS SQL Server 等（也是微软的传统），所以 Visio 适合用于图形语义的描述，但是用于软件开发过程的开发则有点牵强。

#### 3.1.4.3 三种常用 UML 建模工具的性能对比

建模工具的基本功能就是作图。Rational Rose、PowerDesigner、Visio 三

种建模工具都支持 UML 模型图。其中，Rational Rose 支持全系列的 UML 模型图，而且很容易体现迭代、用例驱动等特性，相关性最好。缺点是图形质量差，逻辑检查与控制差，没有 Name 和 Code 的区分（PowerDesigner 的特性），生成的文档不好也不适合自定义，也没有可以快速查找的设计对象的字典。PowerDesigner 也支持全系列的 UML 模型图，优点是图形质量好，生成的文档容易自定义，逻辑检查与控制好，有设计对象的字典可以快速查找和快速在图形中定位。缺点是相互之间的衔接比较麻烦，对 UML 和 RUP 不熟练的人在使用 PowerDesigner 时体现不出迭代和用例驱动。相比起来， Visio 的图形质量是最好的，但是衔接和相关性也是最差的，逻辑检查和控制也比较差。

另外，好的建模工具支持模型文档与代码、模型文档与数据库之间的双向转换。常用的 UML 工具 Rational Rose 通过中间插件能够实现文档与代码、数据库的双向转换，该功能是通过中间插件实现的。PowerDesigner 支持模型文档与代码、模型文档与数据库之间的双向转换，而且不需要插件。Visio 通过 VBA 和宏实现模型文档与代码、模型文档与数据库之间的双向转换，用起来稍微麻烦。

Rational Rose 提供相对新、完整的 UML 支持，PowerDesigner 和 Visio 稍微滞后一点。Rational Rose 有 RUP 体系的支持，并与一系列支持 RUP 的软件协作，这一点 PowerDesigner 和 Visio 望尘莫及。

## 3.2　UML 的目标与应用范围

“工欲善其事，必先利其器。”了解 UML 的作用及其产生的目的，才能最大限度地运用这一工具。本节将介绍 UML 的设计目标与 UML 的应用范围。

### 3.2.1　UML 的目标

UML 成功的关键就在于它能满足软件开发者的各种需要。为了使制定出的标准更加实际并且耐用，能够真正成为解决软件研发团体实际问题的标准，UML 的创造者们谨慎地确定它的特征边界。因此 OMG 为 UML 确定了以下一组目标：

为建模者提供可用的、富有表达力的、可视化的建模语言，以开发和交换有意义的模型。UML 作为实用的建模标准，要使建模者可以针对不同开发环境、编程语言和其他环境，都能够应用UML进行建模工作。为了实现这一目标，UML规范必须定义其作为建模语言的语义和可视化的表示法。语义保证了模型和模型元素应用的一致性，可视化的表示法则有利于建模技巧的使用。此外，规范应该是全面的，它必须包含对大部分软件项目普遍有效的核心模型元素。

提供可扩展性和特殊化机制以延伸核心概念。按照普遍认可的二八定律，20%的核心概念可以对80%的系统建模。如果核心概念不够用，UML就需要从核心概念中扩展出所需要的内容。UML提供了至少三种方法让用户创建新的模型元素：将UML核心定义的基础概念结合起来；UML核心为一个概念提供多重定义；限定在某概念的某几个定义上时，UML允许对概念进行定制。UML定义的完整扩展方案被称为特征文件，它预定义了一个独有或通用的模型元素集合，以这种方式实现了对模型元素的裁剪。特征文件能更精确地描述其目标环境，同时不会失去UML概念的语义清晰性。

支持独立于编程语言和开发过程的规范。建模的一个重要目的就是使具体的设计细节与需求分离，所以将UML附属于某一种或几种编程语言都将极大地限制UML的使用。然而，UML必须与大多数面向对象编程语言里的设计结构保持一致，这可以保证能够实现代码和模型的互相转换。这个目标可以通过特征文件来实现，无须对UML进行改变。特征文件建立了一个独立的映射层来定义模型元素与执行结构之间的对应关系，以此保证UML与编程语言的独立性。

为理解建模语言提供正式的基础。建模语言必须既精确又实用，才能使模型能够正确地完成建模工作并且对使用者足够友好。UML规范使用类图描绘模型元素对象及它们之间的关系，并且对语义和符号选项用文本给出了详细说明。模型元素之间的完整性约束条件，使用对象约束语言（Object Constraint Language，OCL）进行描述。

推动面向对象建模工具市场的成长。建模工具市场依赖于建模、模型仓库、模型互换的统一标准。UML作为一个面向对象建模的统一规范和标准，可以减小建模工具开发商在这些方面的开发成本，使他们可以致力于改善建模环境。目前，UML的作用已经显现，建模工具迅速增加，其中的功能也呈现爆炸式的增长，例如，改善与编码环境的集成效果、代码生成与反向生成、导出HTML或XMI报告、从其他工具导入等。

支持更高级的开发概念。UML标准需要支持建模的一些高级概念，如框架、模式、协作等。这样可以保证UML与时俱进，而不会成为一堆落后于时代的废品。

### 3.2.2　UML 的应用范围

UML 以面向对象的方式来描述系统。最广泛的应用是对软件系统进行建模，但它同样适用于许多非软件系统领域的系统。从理论上说，任何具有静态结构和动态行为的系统都可以使用 UML 进行建模，当 UML 应用于大多数软件系统的开发过程时，它从需求分析阶段到系统完成后的测试阶段都能起到重要作用。

需求分析阶段可以通过用例捕获需求，通过建立用例图等模型来描述系统的使用者对系统的功能要求。在分析和设计阶段，UML 通过类和对象等主要概念及其关系建立静态模型，对类、用例等概念之间的协作进行动态建模，为开发工作提供详尽的规格说明。开发阶段将设计的模型转化为编程语言的实际代码，指导并减轻编码工作。测试阶段可以用 UML 图作为测试依据：用类图指导单元测试，用组件图和协作图指导集成测试，用用例图指导系统测试等。

# 第 4 章　面向对象的设计原则

需求分析主要关注对业务的理解，并不需要太多的计算机专业知识。设计是对技术的应用，利用计算机软硬件技术来解决业务问题。与分析不同，设计是创造性的工作，业务要求、客户需求和相关约束等将在最终软件中得到集中体现。设计模型不同于分析模型，它所产生的最终工作都要在最终系统中实现。因此，对于一个设计人员来说，要求比分析人员拥有更多的专业技能，既要理解设计，也要对相关技术有充分的认识；而一个成功的设计更离不开丰富的专业知识和经验。本章作为设计的基础知识章节，将介绍与面向对象设计相关的原则，这些原则将极大地提高设计质量，为构造高质量的软件提供理论基础。

设计包括一系列的概念、原则和实践，可以指导高质量的软件开发；而设计原则是整个设计过程中最基本的指导思想，用于指导设计人员的日常工作。面向对象的设计原则是面向对象设计的基础指南，灵活地运用设计原则将大大提高软件产品的质量。通过对本章的学习，读者能够掌握设计原则的基本概念，并对 Liskov 替换原则、开放—封闭原则、单一类职责原则、接口隔离原则、依赖倒置原则等设计原则[①]有深刻的认识，进而能在设计过程中灵活的应用。

① 不同的资料提供了很多不同的设计原则，甚至有关封装抽象、多态等概念都可以认为是设计的基本原则。本章重点讲解 5 个典型的面向对象设计原则，这些内容主要来自 Robert Martin 所著的《Agile Software Development：Principles Pasterns and Practices》一书。有关原则的定义和一些分析主要参考该书中的论述。

# 4.1　设计需要原则

## 4.1.1　从问题开始

泛化是面向对象技术中常用的一种关系，在软件设计过程中，设计人员经常会使用这种关系来设计类的继承层次结构。然而，如何来评价这样的继承层次结构是否合理呢？在早期的设计过程中并没有太多的准则去约束这样的设计方案，人们更多的是根据自己掌握的常识（如 A 和 B 之间是一般和特殊的关系、父子关系等）来判断这种继承层次是否成立，而这些常识在计算机世界并不一定成立，这样的设计方案很可能会带来很多隐患，导致系统无法正确运行。

众所周知，在数学领域中，人们把正方形看成一种特殊的矩形（长和宽相等），这是一种典型的一般和特殊的关系。那么，对于软件设计师来说，这种一般和特殊的关系能否用泛化来表示呢？这是一个经典的设计案例，我们来看看如何构建这个设计方案。

按照常识，这种一般和特殊的关系可以利用泛化关系来表示，即设计矩形类（Rectangle），它包含的私有属性有长（length）和宽（width），并提供公有的 get 和 set 操作来操纵这些属性；为了简化起见，假定它们的数据类型均为整型[①]（int），而作为矩形的特例正方形（Square），通过泛化关系继承矩形的属性和操作。当然，对于正方形来说，必须保证长和宽完全相等。因此，在正方形中必须重新定义 set 函数，保证在修改长或宽的同时修改对方，以保持两者完全相等。此外，考虑到在正方形中，人们更多的是使用边长（Side）的概念，因此设计人员可能会为正方形类提供 setSide（ ）和 getSide（ ）操作，使用户按照更通用的方式操作正方形。其类图设计如图 4-1 所示。为了便于后面的讲解，下面列出了正方形的几个 set 操作示意代码（Java 语法）。

① 整型是一种计算机语言中的数据类型（在常规语言中是 INT 型），整型在计算机编程语言中占用 4 个字节的内存，对于不同的程序语言可能占用的字节数不一样。

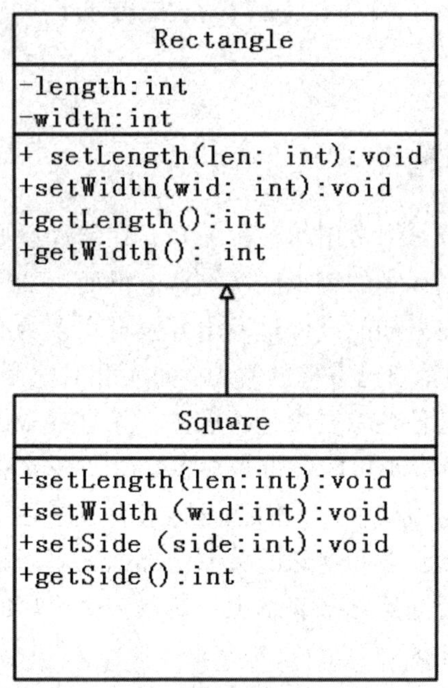


图 4-1　矩形和正方形类图设计

```
public void setSide(int side)
{
:: super. setLengthe(Side);
:: super. setWidth(Side);
}
public void setLength(int len) { ( setSide (len);}
public vold set Width(int wid) { ( setSide (wid);}
```

一切非常顺利，所构建的方案很简单，也很直观，看起来没什么问题。那么这个方案到底好不好呢？换句话说，这个设计方案的质量怎么样？如何评价？这里又涉及一个新的话题，即如何评价一个设计的质量，其实这也是软件设计面临的又一个问题。对于软件，很难找到一个直接的衡量标准去评价其好坏，也不可能通过推理或运算来计算其质量在设计过程中，保证设计的质量是一个非常关键的问题，因为糟糕的设计可能会给软件带来灾难性的后果。

现实中，很难证明某个设计方案是出色的，但反之，证明它存在问题很简单，只需通过反证法给出一个反例便能说明问题。例如，图 4-1 给出的矩形和正方形的设计方案，只需通过反证法（找出一个该方案的应用场景，使用该设计方案后，却出现了错误的结果）来证明它存在问题即可。现假设某用户按照下面代码所示方式去使用该方案，它的目标是增加一个矩形的长度，直到长度超过其宽度。

```
public static void resize (Restanle r) {
while (r.getLength() < = r.getWidth()) {
r.setLength(r. getLength() + 1);
}
 System.out. printIn( " It’ s OK. " );
}
```

毫无疑问，上面的用法没有任何问题。当用户按照下面的代码运行程序时，系统也能很好地运行，并能按照用户的要求完成所需的操作，如将原来 5×15 矩形的长度 5 设置为 16，以达到长大于宽的目的。

```
 Rectangle rl= new Rectangle();
 r1. setLength(5);
r1. setWidth(15);
resize(r1);
```

然而，用户是自由的，设计方案本身并不能限制用户的各种使用方式。当某个用户按照如下方式去使用该方案时，系统会出现什么问题呢?

```
 Rectangle r2= new Rectangle();
r2. setLength(5);
r2. setWidth(15);
resize(r2);
```

在这个方案中，用户声明了一个基类类型（矩形）r2，却构造了一个派生类对象（正方形），这在面向对象程序中是允许的，而且也会经常这样使用（这样可以更好地支持多态[①]），然后用户进行了设置长和宽的操作。由于多态特性的存在，这两个操作均是针对实际对象（即正方形）的调用，因此这样的结果是首先将 r2 的长和宽设置为 5，再设置为 15。最后，针对 r2 调用 resize 操作，

① 多态指同一个实体同时具有多种形式。它是面向对象程序设计（OOP）的一个重要特征。如果一个语言只支持类而不支持多态，只能说明它是基于对象的，而不是面向对象的。C++ 中的多态性具体体现在运行和编译两个方面。运行时多态是动态多态，其具体引用的对象在运行时才能确定。编译时多态是静态多态，在编译时就可以确定对象使用的形式。同一操作作用于不同的对象，可以有不同的解释，产生不同的执行结果。在运行时，我们通过指向基类的指针，来调用实现派生类中的方法。

问题出现了！对于一个正方形来说，长和宽必须严格保持相等，因此根本无法实现 resize 操作所要求的长大于宽的结果，这样的程序会陷入死循环。

这是一个非常有意思的案例，设计者按照例行的思维方式设计正方形和矩形之间的泛化关系，然后为矩形提供了 resize 行为；然而使用者完全可以针对正方形执行 resize 动作，显然这不是设计者的本意，却是典型的面向对象程序所支持的，使用者在不经意间为自己的应用带来致命的缺陷。这个缺陷的存在也表明设计者所设计的解决方案是不够完美的，或者说是一个设计质量存在问题的方案。

从这个例子中还可以看出，设计一个解决方案很容易，但要让该解决方案适用于各种不同情况（如本例中的 resize 应用），则不是一件简单的事情。那么，如何设计出一个适用于各种情况的（或者说具有良好设计质量的）解决方案呢？这就要求我们在设计时必须严格遵守一定的设计规则，这些规则就是面向对象的设计原则。

### 4.1.2 设计质量和设计原则

“编写一段能工作的、灵巧的代码是一回事；而设计一段能支持某个长久业务的代码则完全是另一回事”，这就是设计的魅力。高质量的设计将是软件系统长期稳定运行的根本保障，是软件系统走向成功的关键所在。

#### 4.1.2.1 设计质量

为了设计出高质量的软件，首先应该清楚评价软件设计质量的基本准则。设计的目标就是按照需求的约定去描述软件系统，因此高质量的设计就应该是完全满足需求的设计方案，这也就达到了 FURPS[①]+ 所约定的需求指标。功能性需求在分析时已经进行了比较彻底的分析，相对而言，设计过程的难度较小，因此设计的难点就是 FURPS+ 所规定的非功能性需求，这些非功能特性也是评价一款软件设计质量的关键。高质量的设计应该是具有高可用性、高可靠性、高性能和高可支持性等特性。

① FURPS 是功能（Function）、易用性（Usability）、可靠度（Reliability）、性能（Performance）及可支持性（Supportability）五个词英文前缀的缩写，是一种识别软件质量属性的模型。其中功能部分对应功能需求，另外四项则是软件系统中重要的四项非功能性需求，有时会特别用 URPS 来表示此四项非功能性需求。

为了更好地评价软件质量，罗伯特·马丁（Robert Martin）在《敏捷软件开发原则、模式与实践》一书中更形象地提出，“有关‘设计的臭味’：糟糕的设计总是散发出臭味，让人不悦；判断一个设计的好坏，主观上能否让你的合作方感到心情愉悦，是最直观的标准”。当有经验的程序员看到编程新手编写的杂乱无章的程序时，第一感觉就是这个程序的质量不高；这就是对程序的嗅觉。同样，设计人员也要培养这种嗅觉，当看到 UML 图或其他设计模型，感到杂乱、烦琐、郁闷的时候，可能正在面对一个糟糕的设计。这种设计的“臭味”主要包括以下几个方面。

（1）僵硬性（Rigidity）：刚性，难以扩展。即指难以对软件进行改动，即使是简单的改动也会造成对系统其他很多部分的连锁修改。

（2）脆弱性（Fragility）：易碎，难以修改。即指在进行一个改动时，程序的许多地方就可能出现问题，而这些新问题有可能，甚至与改动的地方没有任何关联。

（3）牢固性（Immobility）：无法分解成可移植的组件。即指设计中虽然包含了对其他系统有用的部分，却很难把这部分从系统中分离。

（4）黏滞性（Viscosity）：包括设计的黏滞性和环境的黏滞性。设计的黏滞性使修改设计代价高昂，简单的修改可能就会破坏已有的设计方案，而环境的黏滞性则意味着开发环境迟钝、低效，如编译时间过长、版本管理混乱等问题。

（5）不必要的复杂性（Needless Complexity）：设计中包含了当前没有用的组成部分。一些过度的设计方案可能从来不会被使用，反而使软件变得更加复杂，并难以理解。

（6）不必要的重复性（Needless Repetition）：设计中包含了重复的结构，而这些重复的结构本可以通过复用的方式进行统一管理。这种不必要的重复被形象地称为“Ctrl C + Ctrl V”，即复制已有的设计方案，并将其粘贴到新的功能中。这种不必要的重复会使系统的修改变得困难。

（7）晦涩性（Opacity）：不透明，很难看清设计者的真实意图。设计人员最初对所做出的设计方案非常熟悉，但随着时间的推移，晦涩的设计方案将会使设计人员很难再有效地理解设计成果。因此，设计人员必须站在使用者的角度，设计出易理解的代码。

所有的这些设计“臭味”都是评价一个设计质量最直接的指标，当软件设计方案散发这些“臭味”时，意味着正面对着一个糟糕的设计；反之，为了有效地提高设计质量，就应当在设计中尽量避免这些问题的出现。

#### 4.1.2.2 设计原则

设计中的"臭味"是一种症状,设计人员在设计实践中逐步地培养对这种"臭味"的嗅觉，从而能够及时发现这些"臭味"，以提高设计的质量。而面向对象设计原则就是培养这些嗅觉的"利器"，这些"臭味"的产生往往就是由于违反了这些原则中的一个或者多个而导致的。如僵硬性的"臭味"常常是由于对开放—封闭原则不够关注的结果。

面向对象的设计原则是指导面向对象设计的基本思想，是评价面向对象设计的价值观体系，也是构造高质量软件的出发点。从对面向对象技术的定义就可以看出，从本质上来讲，面向对象的技术就是对这些原则的灵活应用。已有很多被证明的，面向对象的设计原则，抽象、封装、多态等概念就是最基本的设计原则。本节以这些基本的设计原则为基础，介绍 5 个更复杂的、典型的面向对象设计原则。

◆ Liskov 替换原则。

◆开放—封闭原则

◆单一职责原则。

◆接口隔离原则

◆依赖倒置原则。

## 4.2 Liskov 替换原则

泛化关系是面向对象系统中的一种重要关系，大多数静态类型语言中的抽象、多态等机制都需要通过类之间的泛化关系来支持，通过泛化才可以创建抽象基类和实现抽象方法的派生类。然而，在设计泛化关系的继承层次时，是什么设计规则支配着这种设计方案？又是什么样的原则保证基类和派生类之间的多态特性能够正确地发挥？该如何避免，泛化方案中的问题呢？这就是 Liskov 替换原则（The Liskov Substitution Principle，LSP）所要解答的问题。

### 4.2.1　基本思路

Liskov 替换原则最早是由芭芭拉 · 利斯科夫（Barbara Liskov）[①] 在 1987 年 OOPSLA 上提出的，她在数据抽象和层次结构（Data Abstraction and Hierarchy）一文中针对继承层次的设计时提出，针对子类型和父类型的继承层次结构，需要如下替换性质：

“若对每个类型 S 的对象 O1，都存在一个类型 T 的对象 O2，使得在所有针对编写的程序 P 中，用 O1 替换 O2 后，程序 P 的行为不变，则 S 是 T 的子类型。”

该原则即被称为 Liskov 替换原则。可以这样理解该原则，即“子类型（subtype）必须能够替换它们的基类型（base type）”。换一个角度来理解，对于继承层次的设计，要求在任何情况下，子类型与基类型都是可以互换的，那么该继承的使用就是合适的，否则就可能出现问题。

考虑一个简单的例子：假设某个函数 f( )，它的参数是指向某个基类 B 的指针或者引用；与此同时，存在 B 的某个派生类 D，如果把 D 的对象作为 B 类型传递给 f( )，就会导致 f( ) 出现错误的行为，那么此时 D 就违反了 LSP；因为用 D 的对象替换 B 的对象后，f( ) 的行为发生了变化。

### 4.2.2　应用分析

利用 LSP 来分析前文中的矩形和正方形之间泛化关系的设计方案：在继承层次中，针对矩形对象编写的 resize 程序，利用正方形对象来替换时，程序就出现死循环，即程序的行为与预期的行为不一致。因此，该继承层次违背了 LSP，即正方形并不是矩形的子类型。

仔细分析这其中所存在的问题可以发现，正方形（子类型）之所以不能完全替换矩形（基类型），是因为正方形针对矩形添加了新的约束，即要求长和宽必须相等；而这个特性在矩形中是不需要的。这也是程序员会写出 resize 程序的原因：对于矩形而言，其长大于宽的需求是可以实现的，而这项需求对于正方形，显然是无法实现的。由此可以获得 LSP 的另一种表达方式，即子类型不能添加任何基类型没有的附加约束。因为这些附加约束将很可能造成使用者无法通过子类型正常地使用针对基类型的程序。

---

① Barbara Liskov（1939—），本名 Barbara Jane Huberman，毕业于斯坦福大学，麻省理工学院电子电气与计算机科学系教授，美国计算机科学家，美国国家工程院院士。她是美国第一个获得计算机科学博士学位的女性，她的创新性研究给计算机编程领域带来了巨大变革。

那么，针对矩形和正方形的案例，应该如何修改以满足 LSP 呢？可以看出，违背该原则的根本原因是针对基类型（矩形）中的 setLength 和 setWidth 行为，在子类型（正方形）中都添加了长和宽相等的约束（通过重新覆盖这两个方法来实现）；正是此处新添加的约束造成了违背 LSP 的状况发生，为了能够满足 LSP，就需要把这两个行为移出基类型，即基类型没有这两个行为。这样也就不会出现子类型。针对这些行为添加新的约束的情况，新的设计方案如图 4-2 所示。

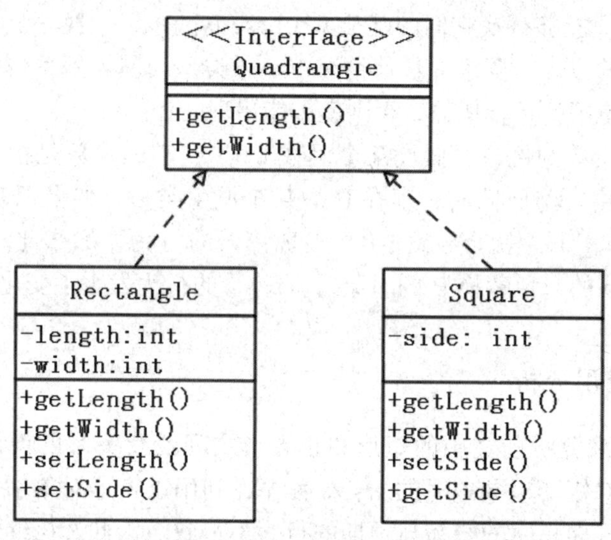


**图 4-2　满足 LSP 的设计方案**

从图 4-2 可以看出，将 setLength 和 setWidth 移出原有的基类后，重新构造一个基类型四边形（Quadrangle），该类型仅提供剩下的两个行为 getLength 和 getWidth。该类型中没有定义任何数据成员，也无法提供任何实现，因此可以直接将四边形定义为一个更抽象的接口，而矩形（Rectangle）正方形（Square）分别作为两个子类型存在。此外，还需要注意的是，接口和子类型之间采用实现关系进行描述。

从这个案例及解决方案中可以看出，为了避免子类型针对基类型的行为添加附加的约束（即违背 LSP），基类型中应该只提供尽量少的必需的行为，而且不针对这些行为进行任何实现。此时，那些基类型往往就是抽象类（行为没有任何实现），甚至是接口。由此，由 LSP 可以引出一条新的规则，即只要有可能，就从具体类继承，而应该由抽象类继承或由接口实现。图 4–3 描述了这样的设计思路。

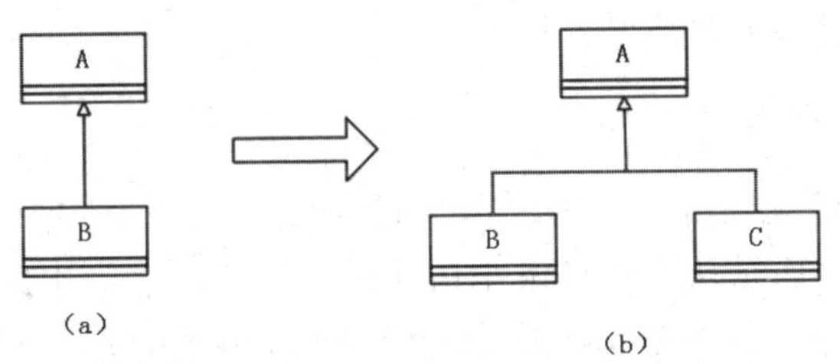


图 4–3　从抽象类继承

图 4–3（a）是传统的设计方法，为了代码的复用，一个具体类 B（如正方形）从另一个具体类 A（如长方形）派生，这样的结构往往违背了 LSP。为此，更有效的方法是将具体类的通用行为特征抽取出来，形成抽象类 C，再由抽象类 C 派生具体类 A 和 B，如图 4–3（b）所示（图中类 C 的名称为斜体字，表示一个抽象类）。

不仅仅对于两个类之间的继承层次需要这么设计，更深层次的继承更需要遵循这种方案，图 4–4 展示了一种更合理的继承层次树的示意图。在该继承层次树中，作为基类的类全部是抽象类，只有不派生任何子类型的叶子节点的类是具体类，这样才能尽可能保证子类型针对基类型的行为添加附加约束。

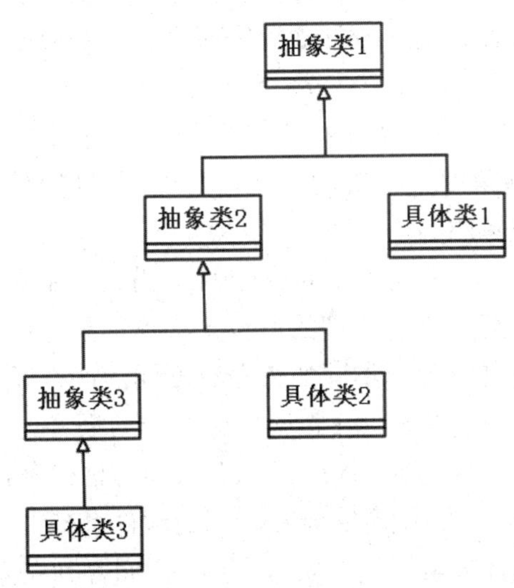


图 4–4　更合理的继承层次

### 4.2.3 由 LSP 引发的思考

LSP 为继承层次的设计提供了最基本的准则，而在介绍和使用该原则时，也引发了对一些其他方面问题的思考。

#### 4.2.3.1 设计质量评价

从 LSP 的判定规则可以看出，判断继承层次是否合适并不是从参与继承的类本身来判定的，而是从使用该继承层次的程序 P 入手。由此可见，评价一个设计模型的质量，并不是孤立地看待设计模型本身的好坏，而应该从使用该模型的客户程序来衡量，根据客户的需求做出合理的假设来进行评价。例如在前文中的矩形和正方形案例中，仅从这两类的定义来分析，其继承层次是没有什么问题的。但从使用者的角度来考虑各种合理的假设，如是否类客户可以通过矩形的接口去实现 resize 功能，这时就会引发问题。

当然，设计者很难考虑到类客户的一切使用情况，而且过度的假设也会带来不必要的复杂性“臭味”。因此，设计人员只考虑那些明显违反 LSP 的情况，直到出现相关的脆弱性“臭味”时，才做进一步的处理。

#### 4.2.3.2 is a 关系的思考

在前面的章节中，泛化代表的是一种“is a”的关系；而正方形和矩形之间就是“is a”的关系，即“正方形也是矩形”。问题出现在什么地方呢？

对于普通的用户而言，正方形的确也是矩形，它们的形状类似，计算周长、面积等算法相同。然而，对于 resize 程序而言，正方形就不是矩形了，因为不能把长变得比宽大。

由此可见，这种“is a”关系并不一定是按照人们的常识去解的“是”的关系，而是从使用者的行为角度去评价的，对象对外所展现的行为是否存在“is a”才是设计系统时应该考虑的。

LSP 清楚地指出，在面向对象的设计中，“is a”是就对象的行为而言的，针对其对外所体现的行为进行合理的假设，来评判是否构成泛化关系。一个有趣的例子是“鸵鸟是鸟吗”，不同的人会有不同的评判标准。而对于软件系统来说，是否构成“is a”关系，就要从软件的行为来考虑。考虑飞行特征（鸵鸟不会飞，而鸟会飞）时，就不构成“is a”；而考虑生理特征（如翅膀、喙等）时，这就构成了“is a”。这就意味着在不同的软件系统中，对于同一现实事物，就可能产生不同的设计方案，这其实也是构造软件系统的难点。

#### 4.2.3.3　契约式设计

从前面的介绍可以看出，评价模型的质量、“is a”关系等都需要从使用者的角度去做合理假设。那么，到底哪些算合理假设呢？客户的要求到底如何来体现呢？有一种技术可以将这些假设明确地表示出来，这就是 Eiffel 语言的发明人贝特朗·迈耶（Bertrand Meyer）在《Object-Oriented Software Construction》一书中提出的契约式设计（Design by Contract，DbC）。

在 DbC 中，类的编写者可以明确地给出针对该类的契约，类的使用者可以通过该契约来获悉可依赖的行为方式，从而保证其按照所约定的方式使用该类。契约主要分为两类：一类是为类定义不变式（invariants），对于该类的所有对象，不变式一直为真；另一类是为类的方法声明前置条件（preconditions）和后置条件（postconditions），只有前置条件为真时，该方法才可以执行，而方法执行完成后，必须保证后置条件为真。UML 模型可以通过对象约束语言（Object Constraint Language，OCL）来描述这些契约。此外，一些语言（如 Eiffel）也直接提供了对契约的支持。而大多数通用的面向对象语言（如 C++ 、Java 等）并不支持契约的实现，目前已有一些技术手段可以将 OCL 转换为编程语言实现。

再回到长方形和正方形的例子，对于长方形的 setLength 和 setWidth 而言，其存在相应的后置条件，采用 OCL 语言描述 Rectangle :: selLength（int len）操作的后置条件，如下所示。

```
context Rectangle :: setLength(int len):void
post: length=len and width= width@pre
```

该后置条件的含义：在修改长方形的长度时，长度变成新的长度，而宽度应保持不变。而按照 Meyer 所述，派生类的前置条件和后置条件规则是“在重新声明派生类中的方法时，只能使用相等或者更弱的前置条件来替换原始的前置条件，只能使用相等或者更强的后置条件来替换原始的后置条件。”

换句话说，当通过基类的接口使用对象时，类客户只知道基类的前置条件和后置条件。因此，派生类对象不能期望这些用户遵从比基类更强的前置条件这就意味着，派生类必须接受基类可以接受的一切。同理，派生类必须和基类的所有后置条件一致，即它们的行为方式和输出不能违反基类已经确立的任何限制，基类的用户不应被派生类的输出影响。

显然，正方形的 setLength 的后置条件比长方形的后置条件要弱，因为它不服从“宽保持不变”的约束。因此，正方形就违反了长方形所确定的契约，这也就意味着这种继承层次是不合适的。

#### 4.2.3.4 从实现继承到接口继承

大多数面向对象的初学者在接触泛化时，对其作用的认识更倾向于通过继承实现代码复用。而事实上，在面向对象技术中，可以通过泛化建立对象系统的抽象层次，从而实现多态调用才是泛化所要达到的根本目的；也正是因为这种机制的存在才使得对象系统具有更好的可扩展性。而为了有效地支持多态调用，就必须要求泛化中的基类和派生类之间具有可替换性，这样才可以通过基类接口正确的调用派生类的实现，这种可替换性就是 LSP 所揭示的内容。

从另一个角度来说，泛化将所有的类划归为通用的和具体的，并建立基类派生类关系。虽然泛化关系引入了新的通用类（基类），它却可以有效地减少模型中关联和聚合关系的使用。因为来自一个类的关联或聚合可以链接到泛化层次中的最通用的类上，而考虑派生类和基类之间的可替换性，所以子类对象也拥有了基类中所有的关联和聚合关系。这就可以使用较少的关联和聚合来表达相同的模型语义。在一个好的模型中，通过适当的权衡泛化的层次、由此产生的关联 / 聚合的减少，从而有效地改进设计模型的表达能力、可理解性和抽象程度。当然，这一切也都依赖于 LSP 所揭示的可替换性。

然而，在大多数面向对象的编程语言中，泛化和可替换性并不是等同的。设计者在应用泛化时往往忽略了可替换性的要求，通过泛化来复用代码。这种用于复用代码的泛化称为实现继承。

##### 4.2.3.4.1 实现继承

实现继承中派生类继承基类的特性，并在需要时允许用新的实现来覆盖基类中的特性。这种覆盖可能是在基类原有实现的基础上添加新的功能，也可能直接替换为新的实现。这种覆盖破坏了基类已有的实现，因此也失去了类间的可替换性，是一种很危险的继承机制。

正方形和长方形之间的继承，就是一种实现继承。在该继承层次中，正方形继承长方形的全部实现，并重新定义部分实现。从中可以看出，实现继承能直接简化代码，不用维护父类已经维护了的代码，从而可以让代码得到更大的复用。而它的缺点也很明显：首先就是过于依赖父类的实现，因此对父类的组织结构和扩展性要求非常高；其次就是由于破坏了类间的可替换性，会为外部应用埋下隐患。

为了避免实现继承的不可替换性带来的应用隐患，可以对实现继承进行一定的限制使用。在这种限制继承中，派生类会隐藏基类的部分已公开的特性，从而限制外界使用。C++ 中的私有继承就是一种典型的限制继承的实现。在这种继承层次中，派生类虽然继承了基类的所有特性，但是这些基类中的保护特性或公有特性在派生类中均变成私有的（基类中的私有特性在派生类中是不可访问的），从而使得外界无法通过派生类来调用基类的实现。在 C++ 中，正方形和长方形的例子就可以使用私有继承来实现，如图 4-5 所示。

在该继承层次中，通过构造型 << implementation>> 来说明这是一个实现继承。此外，从图 4-5 中可以看出，虽然基类 Rectangle 提供 getLength、getWidth、 setLength 和 setWidth 4 个公有操作；但由于 Square 采用私有继承来继承 Rectangle，因此这些公有操作在 Square 均是私有的，外界只能通过 Square 重新定义的 getSide、setSide 来访问 Square。

当然，这种利用私有继承实现的限制继承修改了基类的公有接口，因此已经无法支持多态调用，这也就避免了由于缺乏可替换性而带来的其他问题。这种继承唯一的目的就是代码复用。然而，在当今程序设计领域，很多其他技术（如聚合、类库等）也提供了代码复用的手段，但应尽量避免因代码复用而引入实现继承。

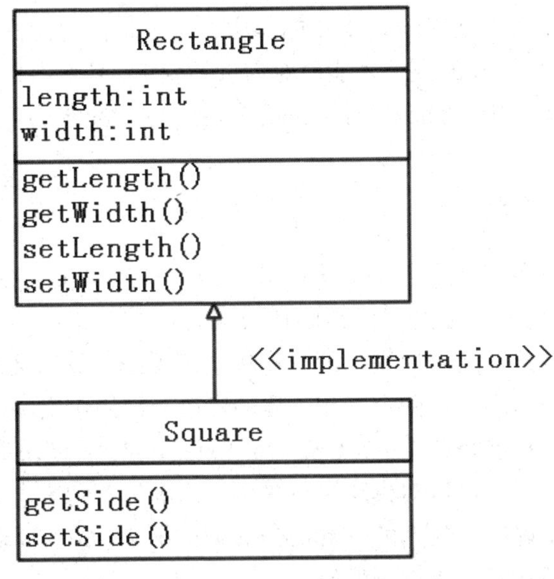


图 4-5　使用实现继承

4.2.3.4.2　接口继承

与实现继承对应的就是接口继承。在这种继承层次中，派生类继承基类的属性和操作声明，并为这些操作声明提供实现；而基类一般通过抽象类或接口来声明，并不为派生类提供实现。在这种继承层次中，派生了只涉及契约部分的继承，因此在类间是可替换的，是一种安全的继承机制。这种继承正是面向对象编程中所提到的“针对接口编程”的思想，这也与前文中所提到的继承层次的设计思想是一致的。图 4-2 所提供的解决方案就是针对正方形和长方形的案例采用接口继承的实现方案。

接口继承并不定义对象间内部关系，因此耦合度更低，扩展性更好，在有可能的情况下应尽量使用接口继承。当然，相比实现继承而言，接口继承的设计和实现难度相对较大，如何设计合理的接口（或抽象类）将是面向对象设计中所面临的关键问题。

## 4.3 开放—封闭原则

“变化是永恒的主题，不变是相对的定义”。软件系统也是如此，任何系统在其生命周期中都需要有应对变化的能力，这也是体现设计质量的一个最重要的功能。那么，什么样的设计才能应对需求的变更，且可以保持相对稳定呢？这就是开放—封闭原则（The Open-Close Principle，OCP）所要解答的问题。

### 4.3.1 基本思路

开放—封闭原则最早是 Bertrand Meyer 在《Object-Oriented Software Construction》一书中提出的。他在阐述模块分解时，指出任何一种模块分解技术都应该满足开放—封闭原则，即“模块应该既是开放的又是封闭的。”

“开放”和“封闭”这两个互相矛盾的术语分别用于实现不同的目标。

软件模块对于扩展是开放的（Open for Extension）：模块的行为可以扩展，当应用的需求改变时，可以对模块进行扩展，以满足新的需求。

软件模块对于修改是封闭的(Closed for Modification)：对模块行为扩展时，不必改动模块的源代码或二进制代码。

此处的模块可以是函数、类、构件等软件实体。对于这些软件实体来说，开放性和封闭性都是非常有必要的。模块不可能完全预知软件实体的所有元素（如数据操作），因此需要保持一种灵活性，以便尽可能地应对未来的变更和扩展。而与此同时，软件实体也应该是封闭的，对于外界使用该软件实体的客户而言，任何对该实体的修改不能影响其正常使用，必须保持这种修改的影响范围在软件实体内部，而对外封闭，可以用更直观的方式去描述 OCP：不能修改已有的软件模块（即修改封闭），从而不影响依赖于该模块的其他模块；通过对已有模块扩展新模块来扩展模块功能（即扩展开放），从应对需求变重或新需求。

如何能够同时满足这两个相互矛盾的特征呢？通常情况下，扩展模块行为的方式就是修改其源代码。如何在不修改模块源代码的情况下去更改它的行为呢？这其中的关键就在于抽象。

### 4.3.2　应用分析

实现开放—封闭的核心思想就是对抽象编程，而不对具体编程，因为抽象相对稳定，让类依赖于固定的抽象，所以对修改就是封闭的。面向对象的继承和多态机制可以实现对抽象体的继承，通过覆写其方法来改变固有行为，实现新的扩展方法，所以对于扩展就是开放的。这是实现开放—封闭原则的基本思路。

对于违反这一原则的类，必须通过重构来改善；重构的基本思想就是封装变化，将经常发生变化的状态和行为封装成一个抽象类（或接口），外模块将依赖于这个相对固定的抽象体，从而实现对修改的封闭。与此同时，针对不同的变化而言，可以扩展实现不同的派生类，从而实现对扩展的开放。在具体设计中可以采用 Strategy、Template、Method 等设计模式来实现这一原则。图 4–6 展示了一种典型的违背 OCP 的设计方案。

图 4–6 中，Client 和 Server 都是具体类，Client 使用 Server 中提供的服务。在该设计方案中，如果 Client 需要使用另外一个不同的服务器对象，就必须把 Client 类中使用 Server 的地方全部修改为新的服务器类。显然，这违背了 OCP，需要修改 Client 来应对 Server 的变更，考虑此设计方案违背 OCP 的原因是 Client 可能面对不同的服务器，为此，可以把 Client 能面对的不同服务器进行抽象，该抽象定义了 Client 需要服务器所提供的行为，但这些行为没有实现（需要具体的服务器来实现）该方案，如图 4–7 所示。

在该方案中，Client 并不直接依赖于任何一个具体的服务器，而是将其所需要的行为定义为抽象接口 Client Interface。任何能够提供这些服务的服务器将实现该接口。按照该设计方案，Server 和 Client 之间是相互独立的，如果需要使用新的服务器，只需要从 Client Interface 接口下再实现一个新的类即可，原有的结构不需要进行任何修改。

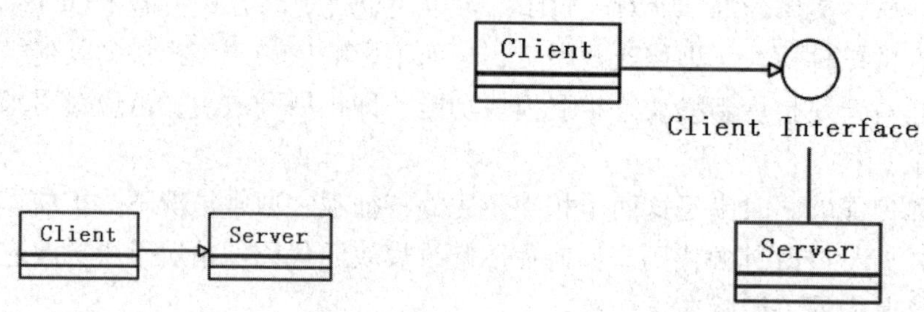


图 4-6 违背 OCP 的 Client 和 Server　　图 4-7 满足 OCP 的 Client 和 Server

### 4.3.3 运用 OCP 消除设计“臭味”

OCP 是面向对象设计中很多概念的核心。如果这个原则应用得有效，应用程序就会具有更多的可维护性、可复用性及可健壮性。很多设计模式也都是遵从这个原则而提出来的。

LSP 是使 OCP 成为可能的主要原则之一，正是子类型的可替换性才使得使用基类型的模块在无须修改的情况下就可以扩展。在定义抽象基类来建立软件系统的基本结构上，扩展相应的派生类即可应对需求变更或新的需求。因此，有效利用OCP的根本就在于抽象基类的设计,通过抽象基类来预期可能的变化，并为此提供扩展的接口，这才是遵循 OCP 的关键所在。下面将以一个简单的、形象的案例来讲解如何遵循 OCP 设计高质量的开放式系统，以应对各种需求的变更。

考虑如何在程序中模拟用手开门和关门的场景。按照面向对象的分析观点，两个实体类被抽取出：“手”和“门”。同时，手需要操作门（打开和关闭）,因此需要建立手到门的关联关系。由该分析得到，最初的设计方案如图 4-8 所示。

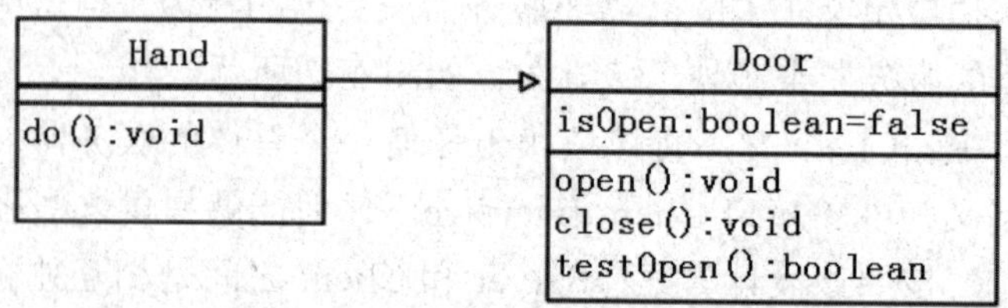


图 4-8　“手开门”模拟程序的初始设计方案

为了便于理解该系统，下面给出这两个类对应的 Java 代码及使用该设计方案的测试程序 SmartTest。

```
public close Door {
private boolean isOpen(){
public boolean isOpen;
}
public void open(){
isOpen=ture;
}
public void close(){
isOpen=flase;
}
}
public class Hand{
  public Door door;
  void do (){
     if (door.testOpen())door.close();
     else door.open();
  }
}
public classSmartTest{
public statie void main( String[ ] args) {
Hand myHand=new Hand();
myHand.door=new Door();
myHand.do();
}
}
```

该方案可以很好地满足“手开门”的需求，其测试程序也能够正确地运行。但这不是一个满足 OCP 的设计方案，因为两个具体类 Hand 和 Door 之间紧密合，从而无法应对需求的变更或新的需求，考虑新的需求：需要用手去开冰箱、抽屉、柜子等其他物品，此时不可避免地要修改现有程序。图 4-9 给出了添加“手开冰箱”需求后的设计方案。

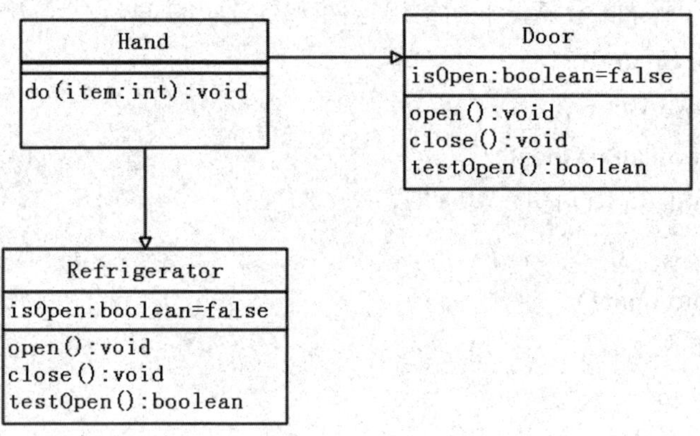


图 4–9 “手开门”模拟程序应对新需求的设计方案

从该设计方案中可以看出，首先添加了一个新的冰箱类（Refrigerator），它拥有与门类似的开、关等行为。同时，为了实现手开冰箱，需要建立手和冰箱之间的关联，并修改手中的 do() 职责，这样其可以根据情况，决定是开门还是开冰箱。修改后的 Hand 类如下所示。

```
public class Hand{
public Door door;
public Refrigerator refrigerator;
void do(int item) {
   switch(item){
   case 1:
      if (door.testOpen())door.close();
      else  door.open();
      break;
  case 2:
     if (refrigerator.testOpen())refrigerator.close();
     else refrigerator.open();
     break;
  }
}
 }
```

由于对 Hand 类的修改，依赖于该类的“手开门”测试程序（SmartTest）也受到了影响。该测试类中创建了 Hand 类的对象，而在新方案中该对象必须同时拥有 Door 和 Refrigerator 对象的引用，而且其 do() 职责的原型也将被修改，需要添加新的参数。修改后的测试程序如下所示。

```
public class SmartTest{
    public static void main(String[ ] args) {
        Hand myHand=new Hand();
        myHand.door=new Door();
myHand. refrigerator=new Refrigerator();
myHand.do(1);
}
}
```

针对这段程序的修改，存在一些难以理解的地方。首先，这是一段“手开门”的程序，却在添加与该程序无关的“开冰箱”需求后不能运行，必须进行修改。其次，虽然与冰箱没有任何关系，却需要初始化一个冰箱对象。很显然，这套“手开门”的设计方案散发了很严重的“僵硬性”和“脆弱性”的“臭味”。

为了消除这些“臭味”，我们通过遵循 OCP 重构该设计方案，而重构的关键就在于抽象。考虑该系统在“开门”后会不会不断产生开冰箱、开抽屉、开柜子等新需求呢？首先是业务对象“手”存在一种能力，这种能力能够进行开、关的动作；而对于门、冰箱、抽屉等对象，它们也有一种能力能够响应手的行为，并做出相应的后续反应。即系统的本质在于手拥有某种能力，而门、冰箱等可以响应（实现）这种能力；把这种能力抽象为一个接口，而能响应该能力的对象负责实现这些接口，这就构成了该系统新的设计方案，如图 4-10 所示。

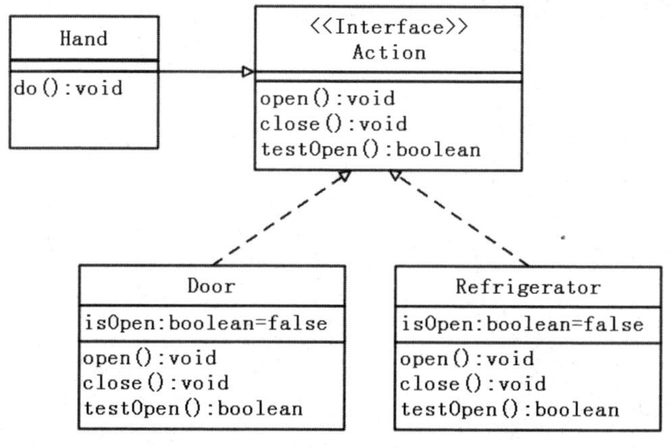


图 4-10　满足 OCP 的“手开门”设计方案

在该方案中，通过接口 Action 来表示手所拥有的能力，任何实现该接口的类都可以被手打开，如门（Door）、冰箱（Refrigerator）。而对于手（Hand）而言，它并不关注具体的对象，只与抽象接口 Action 之间存在关联。这就保证了该程序的可扩展性，也满足了 OCP 新设计方案。对应的代码如下所示。

```
public interface Action{
    public void open();
    public void close();
 public boolean testOpen（）；
}
public class Hand{
public Action item;
 void do(){
  if (item. Testopen()) item, close();
else item.open();
        }
    }
     public class Door implements Action {
        private boolean isOpen=false;
        public boolean testOpen() {
            return isOpen;
        }
         public void open() {
isOpen=true;
}
public void close() {
isOpen  =  false;
}
    }
public class Refrigerator implements Action{
private boolean isOpen  =  false;
public boolean testOpen() {
    return isOpen;
}
```

```
public void open () {
isOpen = true;
   }
   public void close() {
isOpen = false;
   }
}
// 测试程序，模拟手开门的过程
public class SmartTest {
public static void main(String[ ] args ) {
 Hand myHand =new Hand();
myHand.item= new Door();
myHand.do();
 }
}
```

满足 OCP 的设计方案将可以很好地适应新的需求变更。当加入新的需求"开抽屉"时，只需要通过 Action 接口扩展新的抽屉（Drawer）即可，不需要对现有系统进行任何修改。其设计方案如图 4-11 所示。

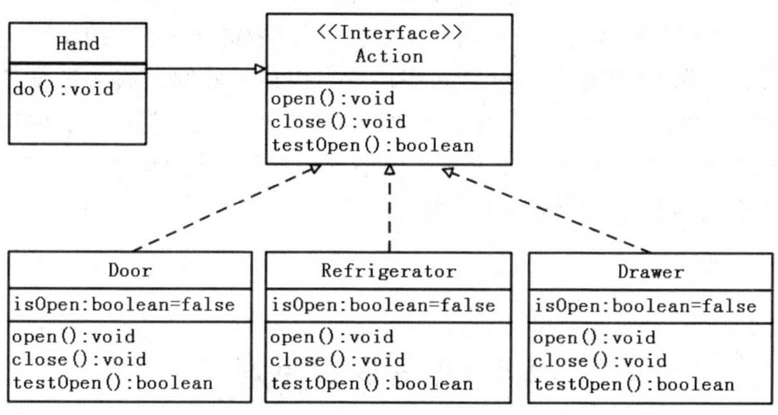


图 4-11　通过扩展应对新需求

新增的 Drawer 类的代码如下所示。

```
public class Drawer implements Action {
```

```
 private boolean isOpen  =  false;
       public boolean testOpen() {
          return isOpen;
       }
        public void open() {
isOpen=true;
}
public void close() {
isOpen  =  false;
}
   }
```

这就是 OCP 的魅力，遵循该原则将可以极大地提高软件的设计质量。而有效地利用该原则的关键就在于抽象，当预测到可能的变化时，就通过抽象来隔离它。

当然，如何预测到系统可能的变化，又该预测到什么程度等问题都应由设计人员根据业务场景的特点去认真衡量。有经验的设计人员通过对应用领域和技术发展情况的评估，来判断各种变化的可能性，然后针对最有可能发生的变化，遵循 OCP 进行设计。这一点不容易做到，它意味着需要根据经验去猜测软件在开发和运行过程中有可能遇到的变化。成功的预测将极大地提高软件的生存能力，而更多的是失败的预测，将带来“不必要的复杂性”的设计“臭味”。

此外，遵循 OCP 也需要付出一些代价。创建正确的抽象需要花费时间和精力；同时也增加了软件设计的复杂性。需要明确的一点是，一个模块不可能做到完全封闭，也不可能设计出对任何情况都适用的模型。因此，对 OCP 的应用应限定在那些可能发生变化的地方。

## 4.4 单一职责原则

作为对象系统最基本的元素，类自身的设计质量将直接影响到整个设计方案的质量。对于单个类而言，最核心的工作就是其职责分配过程。单一职责原则（The Single Responsibility Principle, SRP）就是指导类的职责分配的最基本原则。

### 4.4.1　基本思路

该原则最早可以追溯到汤姆·德马罗（Tom Demaro）等提出的内聚性问题。内聚性是一个模块的组成元素之间的相关性。模块设计应遵循高内聚的设计原则。其中功能内聚是内聚度最高的一种内聚形式，是指模块内所有元素共同完成一个功能，缺一不可，模块不能再被分割。对于类设计来说，单个类也应保持高内聚，即达到功能内聚。单一职责原则即描述了这一设计要求："对一个类而言，应该只有一类功能相关的职责。"

可以把类的每一类职责对应一个变化的维度；当需求发生变更时，该变化会反映为类的职责的变化。因此，如果一个类承担过多的职责，那么就会有多个引起变化的原因，从而造成类内部的频繁变化；同时，不同的职责耦合在同一个类中，一个职责的变化可能会影响其他职责，从而引发"脆弱性"的"臭味"。为此，类设计应遵从 SRP，应建立高内涵的类。

### 4.4.2　应用分析

继续以矩形（Rectangle）类的设计方案为例，考虑其职责分配中所面临的问题。如前文所示，Rectangle 类除了 get 和 set 等基本的职责外，还有很多其他方面的职责，例如与数学相关的计算周长（perimeter）、面积（area）等；与图形绘制相关的绘制（draw）和用填充色填充的矩形框（full）等初始的考虑，是将所有的类都放在 Rectangle 类中。其设计方案如图 4-12 所示（图中省略了该类的属性及 get 和 set 等基本职责）。

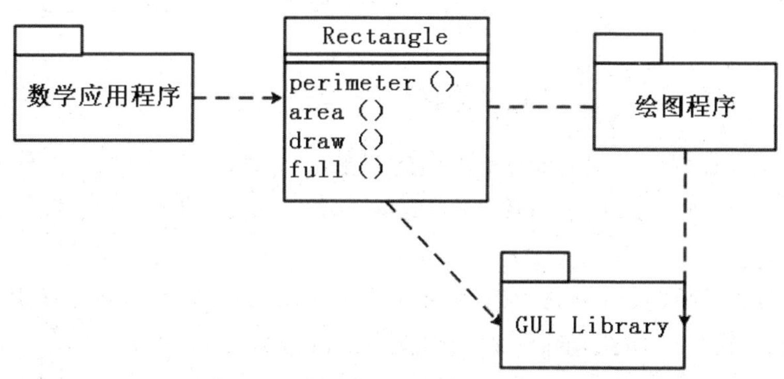


图 4-12　违背 SRP 的设计方案

从图 4-12 可以看出，Rectangle 类涉及了图形绘制等问题，因此需要开发环境所提供的 GUI 图形库（采用 GUI Library 包来表示）来绘图。另外，数学应用程序和绘图程序（分别用两个包来表示）都用到该类，因此也建立了这两个应用程序与 Rectangle 之间的依赖关系。

这个设计方案明显违背了 SRP，因为 Rectangle 有两类毫不相关的职责：其一是周长、面积等与数学模型相关的职责；其二则是绘制等与图形用户界面相关的职责。而由于违背 SRP，该设计模型存在一些严重的问题。

数学应用程序只涉及计算周长、面积等数学模型，与 GUI 毫不相关，但也依赖于 GUI 图形库。

当 GUT 图形库发生变化（如 Windows 应用程序移植到 Linux，相应的图形接口会发生变化）时，需要重新修改 Rectangle 类，而这种修改会影响到数学应用程序。这种影响是难以接受的，因为该程序与 GUI 没有任何关系。

因此，一个好的设计方案是将其中的一类职责分离出来，从而保持每一个类处理一类职责，从而满足 SRP 新的设计方案，如图 4-13 所示。

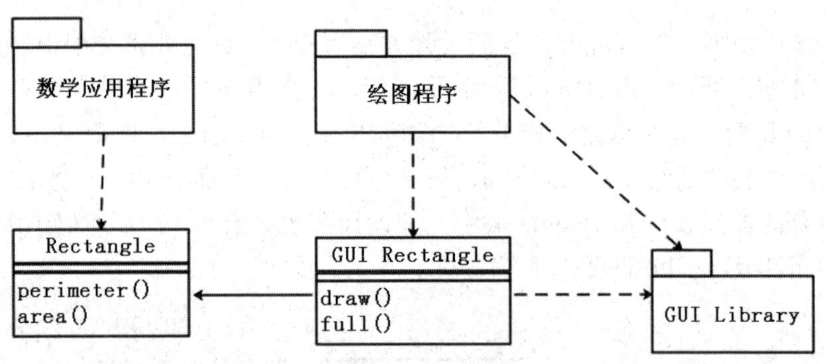


图 4-13　遵循 SRP 的设计方案

该设计方案保留了 Rectangle 类中的与数学模型相关的职责，而将 GUI 方面的职责封装到一个新的 GUI Rectangle 类中。该方案中的数学应用程序与 GUI 完全无关，从而避免了上述问题的发生。而图形绘制程序则通过新的 GUI Rectangle 类来处理长方形的绘制等问题。GUI Rectangle 通过一个关联关系访问 Rectangle 类，从而获知需要绘制的长方形的信息。

SRP 是一个非常简单的原则，却是最难正确应用的原则之一。正如初学软件工程者都知道模块设计时的高内聚和低耦合原则，但怎样才能达到高内聚的目标，很难简单地描述清楚。SRP 明确地告诉设计人员应保持类职责的内聚性。但单一类职责并不等于说类只有一个职责，这种职责过于单一的类必将加大系统的耦合程度。因此，要合理评估类的职责，要结合业务场景考虑职责的相关性，从而将不相关的职责相互分离，达到 SRP 所要求的类的内聚性。

# 4.5　接口隔离原则

SRP 约束了类职责的内聚性，而对于另一类抽象体——“接口”的设计也有相应的内聚性要求，这就是接口隔离原则（The Interface Segregation Principle， ISP）

## 4.5.1　基本思路

在针对接口的编程中，接口的设计质量将直接影响系统的设计质量。要设计出内聚的、职责单一的接口也是必须遵循的原则。接口隔离原则即描述了这项设计要求：“使用多个专门的接口比使用单一的总接口要好。”

更具体来说，一个类对另外一个类的依赖性应当是建立在最小的接口上的。一个接口相当于剧本中的一个角色，而此角色由哪个演员来扮演相当于接口的实现。因此，一个接口应当简单地代表一个角色，而不是多个角色。如果系统涉及多个角色，那么每一个角色都应该由一个特定的接口代表。

一个接口代表一个角色，不应当将不同的角色都交给一个接口。没有关系的接口合在一起，形成一个臃肿的“肥”接口，这是对角色和接口的污染。因此在对接口进行设计时，应当遵循 ISP，设计小的多个专用的接口，而不是单一的“肥”接口，从而避免出现接口污染问题。

ISP 为不同角色提供宽窄不一的接口，以对付不同的客户端。这种办法在服务行业中称为定制服务。也就是说，我们只给客户端提供需要的方法。设计师往往想节省接口的数目，而将看上去类似的接口合并，实际上这是一种错误的做法，这将给客户提供多余的操作，使接口变得臃肿，造成接口污染。而这种接口污染将迫使客户依赖那些他不会使用的操作，从而导致客户程序之间的耦合。

ISP 使接口的职责明确，有利于系统的维护。向客户端提供 public 接口是一种承诺，应尽量减少这种承诺，而将接口隔离出来，这有利于降低设计成本。

### 4.5.2 应用分析

考虑某电子商务系统中有关“订单”的设计方案，有3种使用订单的场合：外部用户可以通过门户网站添加订单；公司员工可以通过前台系统查询订单；而管理员则可以通过管理后台进行订单的增、删、改、查等所有维护工作。按照传统的设计方案，首先设计订单访接口 IOrder，该接口提供了订单类对外公布的所有操作，包括查询订单（getOrder）、添加订单（insertOrder）、修改订单（modifyOrder）和删除订单（deleteOrder）；其次定义订单类（Order）。这些接口设计方案如图 4-14 所示。

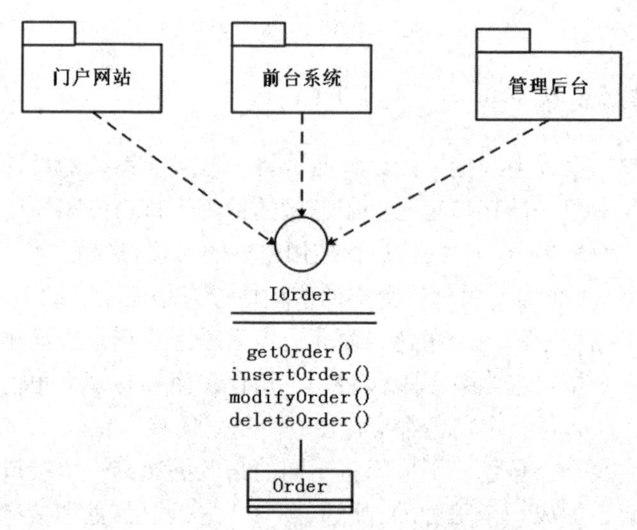


图 4-14 违背 ISP 的设计方案

从图 4-14 可以看出，由于只为订单类提供了一个“肥”接口 IOrder，门户网站、前台系统和管理后台 3 个外围系统都通过该接口来使用订单类。该设计方案明显违背 ISP，因为门户网站只需要 insertOrder，而前台系统也只需要 getOrder，但 IOrder 接口提供了全部行为。客户依赖了他所不需要的接口。

遵循 ISP，需要将这单一的总接口分解成多个专门的接口。结合业务需求，为前台系统、门户网站建立专门的接口，从而把 getOrder 和 insertOrder 分离出去，形成单独的接口。满足 ISP 的设计方案如图 4-15 所示。

该方案为前台系统建立了专门的 IOrderForGet 接口，为门户网站建立了专门的 IOrderForInsert 接口。而管理后台需要的管理接口 IOrderForAdmin 首先继承已有的接口，并添加其他相关的行为。当然，订单类需要同时实现这 3 个接口。很明显，该方案保证了客户程序只依赖于自己所需的接口，避免了接口污染问题。

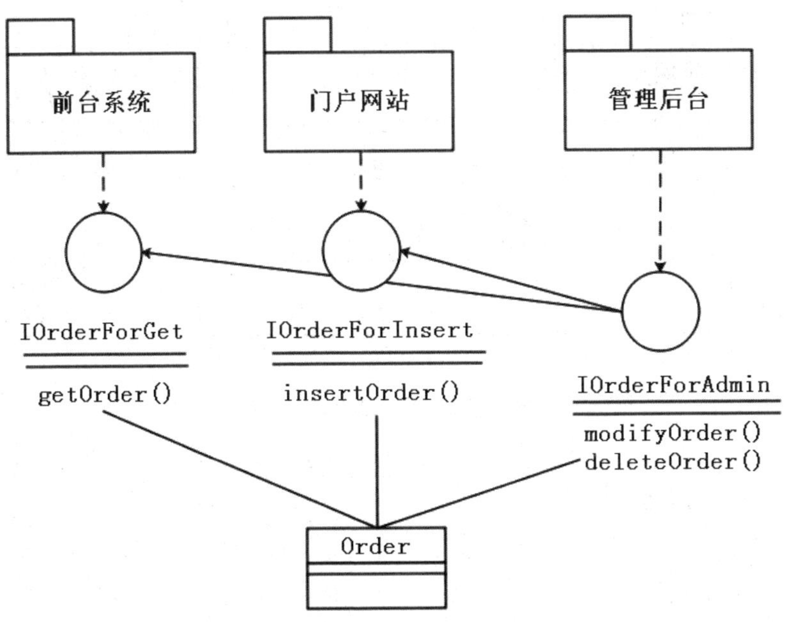


图 4-15　遵循 ISP 的设计方案

## 4.6　依赖倒置原则

在传统的自顶向下、自底向上的编程思想中，通过对模块的分层形成不同层次的模块，最上层的模块通常通过依赖下面的子模块来实现，从而就形成了高层依赖底层的结构，如图 4-16 所示。

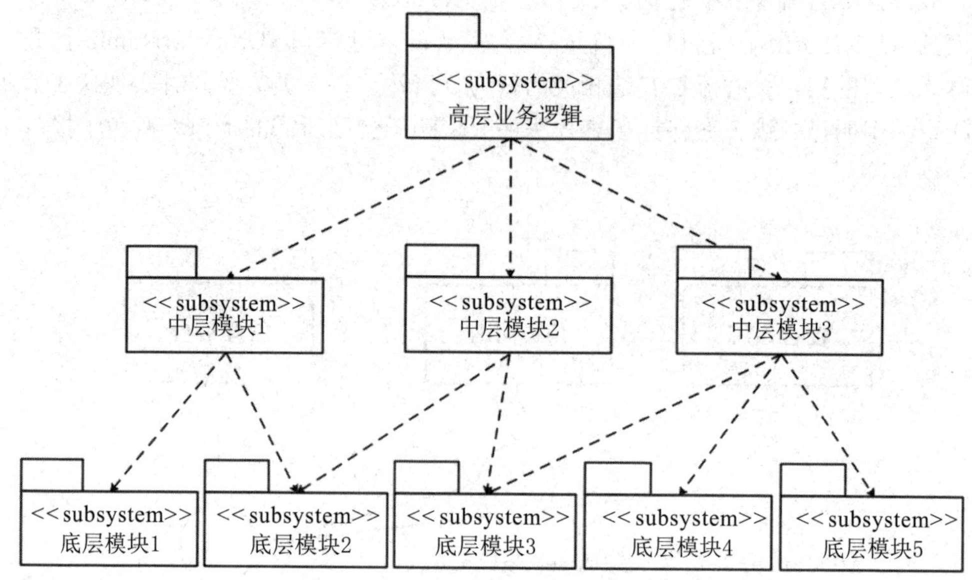


图 4-16　传统的依赖层次

在这种依赖层次中，高层业务逻辑是建立在底层模块基础之上的，其“过分”地依赖于底层模块，意味着很难得到有效的复用。底层模块的修改将直接影响到其上层的各类应用模块，从而散发“脆弱性”的“臭味”。依赖倒置原则（The Dependency Inversion Principle DIP）为这种依赖层次的设计提供了一种新思路。

### 4.6.1　基本思路

DIP 基本思路就是要逆转传统的依赖方向，使高层模块不再依赖底层模块，从而建立一种更合理的依赖层次。该原则可以套用下面两段话来描述。

“高层模块不应该依赖于底层模块，两者都应该依赖于抽象。”

“抽象不应该依赖于细节，细节应依赖于抽象。”

该原则核心的思想就是“依赖于抽象”。这是因为抽象的事物不同于具体的事物，抽象的事物发生变化的频率要低，让高层模块与底层模块都依赖于一个比较稳定的事物，比去依赖一个经常发生变化的事物的好处是显而易见的。在具体实现时，要多使用接口与抽象类，少使用具体的实现类。利用这些抽象将高层模块（如一个类的调用者）与具体的被操作者（如一个具体类）隔离开，从而使具体类在发生变化时不至于对调用者产生影响。

满足 DIP 的基本方法就是遵循面向接口的编程方法，让高层与底层都去依赖接口（抽象），如图 4–17 所示。从图中可以看出，高层和底层之间没有直接的依赖关系，而是都依赖于重新定义的抽象层；原有的自上而下的依赖关系被倒置为都依赖于抽象层。

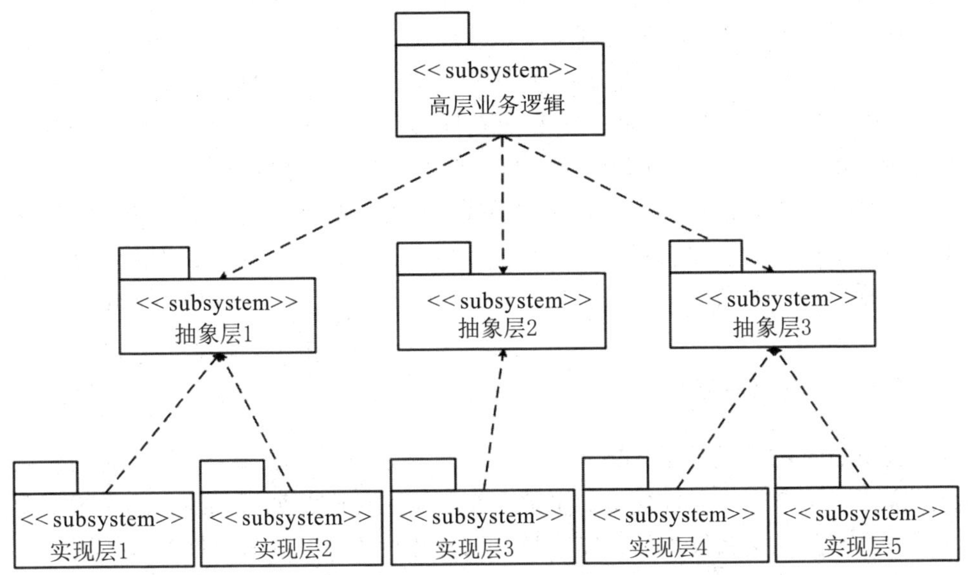


**图 4–17　满足 DIP 的依赖层次**

抽象层可以由底层去定义并公开接口，但当底层接口改变时，高层同样会受到牵连。因此，更好的方案是由客户（即高层模块）来定义的，而底层则去实现这些接口（即图 4–17 中的实现层）；这意味着客户提出了他需要的服务，而底层则去实现这些服务。这样，当底层实现逻辑发生变化时，高层模块将不受影响。这就是“接口所有权”的倒置，即由客户定义接口，而不是由“底层”定义接口。

正如 Booch 所说，“所有结构良好的面向对象架构都具有清晰的层次定义，每个层次通过一个定义良好的、受控的接口向外提供了一组内聚的服务”，DIP 就是建立这种层次结构的基本指导思想。

DIP 是一个非常有用的设计原则，特别是在设计产品框架时，有效地应用该原则将极大提高框架的设计质量。针对该原则还有一些其他的表方法，如“好莱坞（Hollywood）原则”，这种表述来自好莱坞的一句名言“待着别动，到时我会找你（Don’t call us,we’ll call you）”；另一个有影响力的表述是“控制反转（Inversion of Control，IoC）”或“依赖注入”，这种表述主要来自Java EE应用，其含义就是将传统的控制逻辑倒置。

由DIP的定义，按照“依赖止于抽象”（即程序中所有依赖关系都应该终止于抽象类或接口）的思想，这里得出如下所示的启发式规则。

任何变量都不应该持有一个指向具体类的指针或者引用。

任何类都不应该从具体类派生（始于抽象，来自具体）。

任何方法都不应该修改它的任何基类中的、已经实现的方法。

在UML图形中，通过检查是否有指向具体类的箭头，就可以很容易地判断是否满足了DIP，因为UML箭头的方向就代表了依赖的方向。

当然，凡事无绝对。有时候，对于那些虽然具体却稳定的类来说，它们并不一定完全按照DIP进行设计。如果一个类不太会改变，而且也不太可能创建其他的派生类，那么依赖它也就并没有太大的危害，例如Java的String类。

### 4.6.2 应用分析

实现DIP的关键在于找到系统中“变”与“不变”的部分，然后利用接口将其隔离，这并不是一件容易的事情。在系统设计的初期很难预料到系统中哪个部分将来是经常会发生变化的，只有当变化产生了，才有可能知道。因此，随着设计过程的深入，针对系统易变的部分，有效地应用DIP来对系统做出抽象，从而使系统具有应对变化的弹性。

在具体应用中，不管是采用面向对象还是采用结构化方法，都需要将系统分成许多不同功能的部件，然后这些部件协同工作，以完成任务。而要协同工作就会产生依赖，一个方法调用另一个方法，一个对象包含另一个对象。如果对象包含对象B，就需要在A中新建（new）一个B，这样做显然是无法满足DIP的。为此，需要从具体类B中抽象出接口IB（IB的具体实现可能有很多，如B、B1、B2等），这样A可以不用再新建具体的B了，而是通过某种方式从接口IB中获得所需要的具体类，并通过该接口去调用相关的操作，A本身并不需要关注具体类的细节。这种DIP的实现方式需要建立一种抽象调用机制，从而解除两个具体类之间的依赖关系，可以利用抽象工厂等创建型模式来实现。

Java企业级应用开发就提供了支持DIP实现的容器，如Spring框架（在Java中称为IoC容器）。在该框架中，通过XML配置文件建立接口和具体类之间的关系，1oC容器通过该配置文件来做具体的新建的工作，这样在实际应用中，只需要修改配置文件就能换成不同的具体类，从而不需要修改任何代码了。为了便于理解 DIP 的设计思想和实现方式，下面以一个简单的人打手机的例子进行进一步说明（采用 Spring 框架实现 DIP）。

假设要实现模拟人拨打手机的例子，按照一般的设计方案，需要实现两个类：人（Person）和手机（Mobile），人可以通过手机提供的 dial 方法拨打电话。与 Person 类相关的代码如下所示。

```
public class Person}
    public boolean call(String phoneNumber){
        Moblie moblie=new Moblie( );
        return moblie.dial(phoneNumber);
    }
}
```

显然，这不是一个满足 DIP 的方案，Person 直接依赖于具体类 Mobile，它直接新建出 Mobile 的对象，并调用 dial 方法。为此，需要为提供服务的建立抽象接口，从而消除这种直接依赖。该接口 IMobile 的代码如下所示。

```
public Interface Imobile{
    public boolean dial(String phoneNumber);
}
```

然后，每一个具体的 Mobile 类都需要实现该 IMobile 接口。而新的 Person 类将直接使用该接口，而不再关心任何具体 Mobile 类，从而消除具体类之间的依赖，其代码如下所示。

```
public class Person}
    private Imoblie moblie;
    public boolean dial(String phoneNumber);
        return moblie.dial(phoneNumber);
    }
    public void setMoblie(Imoblie moblie){
        this.moblie=moblie;
    }
}
```

最后，为了使 Person 对象能够通过 IMobile 接口获得具体的 Mobile 对象，需要在 beans.xml 配置文件中建立这种依赖关系，具体的配置代码如下所示。

```
<bean class= " Person " id= " person " >
```

```
    <property name= " moblie " >
      <ref local= " moblie " ×/ref>
    </property>
  </bean>
  <bean class= " Moblie " id= " moblie " ×/bean>
```

这样，Person 类在拨打电话时，并不知道 Mobile 类的存在，它只知道调用一个接口 IMobile。而 IMobile 的具体实现是通过 Mobile 类完成的，并在使用时由 Spring 容器自动注入，这样大大降低了不同类间相互依赖的关系，而且这种依赖关系的修改对代码结构没有任何影响，极大地提高了程序的可扩展性。

### 4.6.3 运用 DIP 进行设计

DIP 描述了软件设计中一种最理想的状态，然在实际项目中“一切依赖止于抽象”的目标并不是那么容易达到的，其设计难度更大。因此，对于大规模应用系统而言，一般考虑的是在系统易变的部分遵循 DIP 进行设计，而其他相对稳定的部分则可能会违背 DIP。此外，借助于一些工具（如 Spring）的支持可以更容易实现 DIP 的目标。不过，在设计那些通用产品、框架等可扩展性要求很高的系统时，DIP 却是一个必须考虑的原则。例如设计某个特定行业的通用软件、通用的工作流引擎、通用的报表工具等产品时，DIP 的有效应用将直接决定产品的成败，本节将通过一个咖啡机系统[①]的设计过程，来探讨 DIP 在整个设计中所发挥的作用和达到的效果。

#### 4.6.3.1 案例描述

问题来自某型号的咖啡机，现需要为其设计一个嵌入式系统，以控制咖啡机的整个工作过程。咖啡机的工作过程如下所示。

Mark IV 咖啡机最多可以一次性煮好 12 杯咖啡，使用者首先将滤网（Filter）放在滤网架（Filter Holder）中，将咖啡粉末放入滤网内，将滤网支架滑入托座中，然后向烧水壶（Boiler）内加入最多 12 杯冷水，按下“加热”（Brew）键，水被加热至沸腾。蒸汽压力将迫使水漫过咖啡粉末，咖啡通过滤网的过滤，流入咖啡壶（Pot）中。咖啡壶放在保温托盘（Warmer Plate）上，从而可以在一段时间内保持温度，只当壶中有咖啡时，保温托盘才处于工作状态。如果将

① 该案取 Rober Martin 另外的 UML for Java Programmers，我们在此基础上进行了适当的修改。

壶从保温托盘上拿开，水流将立刻停止，这样煮沸的咖啡就不会溢出到保温托盘上。

很快，硬件厂商已经将咖啡机制造出来了，但没有软件系统的控制咖啡机显然无法正常工作，为此软件团队需要按时完成对控制系统的研发工作，为了使软件工程师能够了解咖啡机的基本构成，硬件厂商针对每个可控制的硬件设备给出了详细的说明，主要包括以下这些设备：

用于烧水壶的加热部件，它可以被开启和关闭。

保温托盘的加热部件，它可以被开启和关闭。

保温托盘上的传感器，它有 3 个状态：warmerEmpty、potEmpty 和 potNotEmpty。

烧水壶中的传感器，它有两个状态：boilerEmpty 和 boiler NotEmpty。

“加热”键，这个键指示加热过程。它上面有一个小指示灯，当加热过程结束后，这个灯亮起来。

一个压力阀门，当它开启时，烧水壶中的压力降低。由于压力下降，则经过滤网的水流立刻停止。该阀门可以处于“开启”和“关闭”状态。

当然，硬件厂商同时还提供了这些设备的应用程序接口（Application Programming Interface，IAP），软件工程师可以通过这些接口来操作硬件，这些接口的定义存放在 CoffeeMakerAPI.java 文件中，其主要内容如下所示。

```
/**
 *@(#)CoffeeMakerAPI.java
*/
public interface CoffeeMakerAPI{
public static CoffeeMakerAPI api=null;
/**
* 此函数返回保温托盘的传感器状态；该传感器判断咖啡壶是否放置在其上，以及壶中是否有咖啡
  */
  Public int getWarmerPlateStatus( );
 public static final int WARMER_EMPTY=0;
public static final int POT_EMPTY= 1;
 public static final int POT_NOT _EMPTY=2;
/**
* 此函数返回水壶开关的状态；该开关是一个浮力开关，可以检测到壶中
```

的水是否还多于 1/2 杯

```
/**
 public int getBoilerStatus( );
 public static final int BOILER_EMPTY =0;
 public static final int BOILER_NOT EMPTY =1;
/*
* 此函数返回加热按钮的状态，加热按钮是一个接触式按钮，能够记住它自己的状态
* 调用这个函数将返回其当前状态，然后将自己的状态恢复为 BREW _ BUTTON_NOT_PUSHED
*/
 public int getBrewButtonStatus( );
 public static final int BREW_BUTTON_PUSHED=0;
 public static final int BREW_ BUTPTON_NOT_PUSIHBD=1;
 /**
  * 此函数用于开关烧水壶的加热器件
  */
public void setBoilerState(int  boilerState);
public static final int BOILER_ON=0;
public static final int BOILER _OEF=1;
  /**
   * 此函数用于开关保温托盘的加热器件
   */
public setWarterPlateState(int wamerState);
public static final int WARMER_ON=0;
 public static final int WARMER_OFF=1;
/**
* 此函数用于开关指示灯；该指示灯应当在加热结束后亮起来，在用户按下加热键后熄灭
*/
 public void setIndicatorState (int indicatorState);
 public static final int INDICATOR_ON =0;
 public static final int INDICATOR_OFF=1;
```

```
/**
* 此函数控制压力阀门；当该阀门关闭，则烧水壶中的蒸汽压力增大，使热水漫过咖啡粉末
* 当阀门开启，蒸汽从阀门中得到释放，烧水壶中的水就不会漫过咖啡粉末了
*/
public void setReliefValveState(int reliefValveState);
public static final int VALVE_OPEN=0;
 public static final int VALVE_CLOSED=1;
}
```

#### 4.6.3.2　从传统方案说起

与一些信息系统不同，这类嵌入式系统的需求相对比较明确，前面介绍的内容已基本可以清楚描述相关需求。根据这些原始需求即可进行面向对象的分析工作，抽取出系统关键的实体类，并分析它们之间所存在的关系，从而形成系统的概念模型，如图 4–18 所示，图中省略了属性和操作。

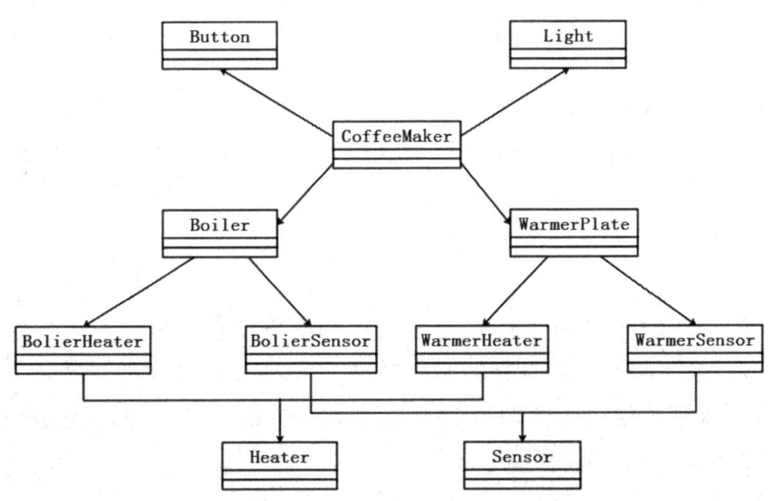


图 4–18　咖啡机系统的概念模型

从图 4–18 可以看出，实体类 CoffeeMaker 代表咖啡机，它由操作按钮（Button）、指示灯（Light）、加热器（Boiler）和保温托盘（WarmerPlate）构成。其中加热器包括加热设备（Boiler Heater）和传感器（BoilerSensor），

而保温托盘也包括保温设备(Warmer Heater)和传感器(WarmerSensor)。此外，加热器的加热设备和保温托盘的保温设备都是加热器，为此可定义一个加热器(Heater)的基类；同样，可以定义一个传感器(Sensor)基类来泛化这两个设备中的传感器。

这是一个很自然、很直观的解决方案，设计人员完全可以依据该方案构造出一个可运行的系统。但这并不是一个高质量的方案，很显然它违背了DIP、OCP等原则。从具体问题来分析，该方案存在的一些现象也直接影响了系统的质量。有学者采用了非常形象的词汇描述了这些现象：泡泡类(Vapor Classes)、无用的抽象(Imaginary Abstraction)和上帝类(God Classes)。

4.6.3.2.1　泡泡类

所谓“泡泡”，是指那些表面上看起来很漂亮、内部却空无一物的事物；显然，这样的事物在现实中也是没有任何作用的。“泡泡类”就是指那些表面上封装得很好，但没有带来任何好处的类。请看Light类，它的实现如下所示。

```
public class Light{
public void turnOn( ) {
 CoffeeMakerAPI.api.setIndicatorState(CoffeeMakerAPI.api.INDICATOR_
ON);
}
public void turnOFF( ){
CoffeeMakerAPI.api.setIndicatorState(CoffeeMakerAPI.api.INDICATOR_
OFF);
}
}
```

该类的存在似乎只是让代码变得简洁和好看一些。但实际上，它只不过是简单地将两个API封装为类的两个操作，并没有通过这种封装带来诸如抽象、信息隐藏等其他的面向对象的本质特征。图4-18存在很多这样的类，如Button、Boiler、WaremerPlate等。

4.6.3.2.2　无用的抽象

考虑图4-18所定义的两个抽象基类Heater和Sensor，这样的结构看起来很合理，但这种抽象有必要吗？正如前面所提到的，抽象的目的是支持多态调用，而在该系统结构中针对加热器、传感器这样的部件并没有多态的必要(至少在图4-18所给出的方案中是这样的)。这就意味着这两个抽象类是不可能被使用的，也就没有存在的价值。

#### 4.6.3.2.3　上帝类

从图 4–18 中去掉泡泡类和无用的抽象，剩下的只有 Coffee Maker 类；换句话说，也只有该类具备有意义的行为。这种包含了系统中几乎所有控制逻辑和业务规则的类称为“上帝类”。当你真的在系统中见到这样的“上帝类”时，也就意味着正面对一个糟糕的系统，后续开发、测试和维护等噩梦可能就要开始了。正如本书开篇的案例所阐述的，面向对象的系统是分工协作的系统，各个对象各司其职，共同完成自己的职责，并最终实现系统目标，满足面向对象设计原则的咖啡机系统也应该是这样多对象共同协作完成的系统，为了实现个目标，就必须消除这个上帝类。

### 4.6.3.3　抽象：透过现象看本质

为了消除这样的上帝类，就需要将上帝类的行为进行合理的分解。显然，这样的分解不是简单地按照系统物理构成来进行的，而应该从职责入手，建立一种合理的职责分配机制，从而保证职责被分解到各个不同的类中。这个过程的关键还是在抽象，要对职责进行一定的抽象，在抽象层次上去理解和分配职责（图 4–18 则是在具体的物理层次上分解职责）。

抽象是对事物本质特征的描述，因此对系统进行抽象的过程就是透过现象看本质的过程，通过对本质特征的描述，从而建立稳定的系统结构。对系统而言，其本质特征就是系统之所以存在的根本，换句话说，就是系统所要解决的根本问题。例如对于洗衣而言，其存在的根本就是为了解决人手洗衣服的问题。因此该系统的本质特征就是由那些手洗衣物所需要的元素构成的，如水源、衣服、洗衣盆、搓衣板、洗衣粉等对象。一个财务系统是为了缓解会计手工记账的烦琐而提出来的，因此该系统最本质的对象就是那些账本，记账规则、数字金额等。因此，认识事物的本质特征就在于还原事物最原始的状态，现代科技的发展虽然使得事物的运转方式发生了很大变化，但这只不过是一种表现方式和手段，其内在特征并没有发生改变。

回到咖啡机系统，它的本质特征又是什么呢？它的出现是为了使人们从手工冲泡咖啡的烦琐工作中解脱出来。因此，该系统中最本质的对象就来自手工冲泡咖啡，只要有“热水”和“杯子”这两个基本的工具就可以泡咖啡了。此外，为了使人能够操作咖啡机，还需要提一个操作界面来控制咖啡机的工作过程。这样就得到了该系统最原始的 3 个对象：热水（Hot Water Source）、杯子（Containment Vessel）和操作界面（User Interface）。下一步就需要通过分析交互的过程来进行职责分配，以确定这 3 个对象可以满足系统的需求，尽管分析交互的过程仍然需要采用交互图完成；但是本章将采用协作图而不是顺序图来分析交互。

#### 4.6.3.4 协作图

与顺序图一样，协作图（Communication Diagram）也是用来描述对象之间的交互过程的。但与顺序图强调消息的时间顺序不同，协作图则更侧重于描述参与交互的对象之间的链接关系。图 4-19 展示了协作图中最核心的元素。

从图 4-19 可以看出，协作图中的对象采用对象图符表示。对象之间通过一条实线表明所存在的链接关系；消息则是建立在链接之上的（先有链接，才能在链接上发送消息），箭头表示消息发送的方向，编号标明消息的执行顺序。与顺序图可以不编号的要求不同，协作图中的消息必须通过编号来表明其执行顺序。编号同样也可以采用两种方式：一种是顺序编号，即从 1 开始，由小到大单调增加（如 2、3 等）；另一种是层级编号（即表示第一条消息，1.1 表示嵌套在消息 1 中的第一个消息，1.2 表示嵌套在消息 1 中的第二个消息等），通过这种层级编号可以有效地反映消息的嵌套关系。此外，在一个链接关系上可以存在多个不同的消息，并且每个消息都有不同的编号；而一个对象自身也可以建立链接，从而发送自反消息。

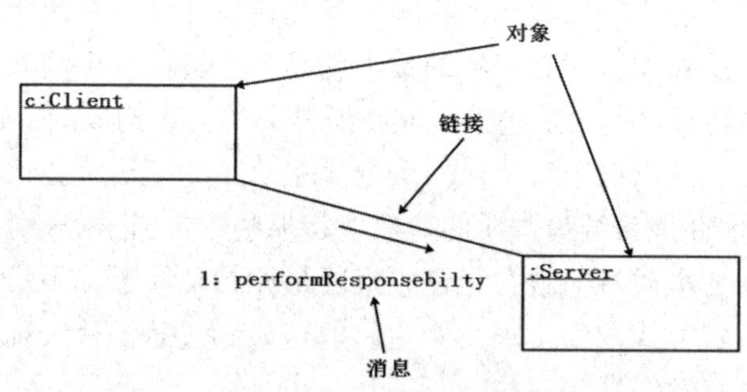


图 4-19 协作图

在多数情况下，协作图主要是对顺序的控制进行建模。不同于顺序图中的交互片段，UML 标准并没有为协作图提供分支、迭代等复杂场景的建模方法，当然，也可以通过类似 UML1.x 顺序图中利用 [ ]、* 等机制来表述分支、迭代等。

虽然从外部结构和使用习惯上有很多不同的地方，但本质上顺序图和协作图都来自 UML 元模型中相同的信息，因此这两者在语义上是等价的。这样可以从一种形式转换为另一种形式，而不丢失任何信息。很多 UML 工具都提供了这两种图形之间的自动转换功能。当然，这并不意味着这两种图中所显示的信息就完全一致，有些信息可能在另一幅图中就不能可视化地显示出来。例如，协作图中对象之间的链接关系就无法在顺序图中显示，而顺序图中的执行发生、返回消息等信息也不显示在协作图中。

正是因为这两种交互图有不同的侧重点，所以在实际建模中它们各有使用场合。一般来说，当按照时间顺序对控制流建模时，顺序图更偏向于被使用；而当按照对象间组织关系对控制流建模时，协作图则更偏向于被使用。表 4-1 对这两种交互图的使用进行了详细的对比分析。

在实际应用中，相对而言，顺序图的使用场景更多一些，特别是在 UML2 中引入交互片段后，使得顺序图的建模能力进一步增强，能够更好地应对复杂场景。而当交互的消息过多时，协作图将变得很难阅读和使用。因此，在用例驱动的开发模式中，一般都是通过顺序图来分析用例实现的各种场景，从而明确对象间的交互和职责分析过程；而当需要关注对象之间的关系时，可以通过建模工具来自动生成协作图。当然，协作图的优点就是对象的灵活布局，使其协作图非常适合头脑风暴式的讨论。

表 4-1 顺序图和协作图的对比

| | 顺序图 | 协作图 |
|---|---|---|
| 不同点 | 显示消息的明确顺序 | 显示交互对象间的关系 |
| | 适用于全部流程的可视化 | 适用于特定协作模式的可视化 |
| | 适用于实时规约和复杂场景 | 灵活的对象使得协作图更易于头脑风暴讨论使用 |
| 相同点 | 用于对控制流程的交互进行建模；建模能力等价，可互相转换 | |

#### 4.6.3.5 满足 DIP 的设计

介绍完协作图的基本概念后，再回到咖啡机系统的分析过程，通过抽象已经获得了咖啡机系统的 3 个核心对象，下一步就需要使用协作图来分析这 3 个对象是如何满足用例实现的，从而完成职责分配过程，为了便于分析，先需要明确咖啡机系统的用例文档，表 4-2 列出了咖啡机系统中的“加热”用例文档。

**表 4–2 “加热”用例文档**

<table>
<tr><th>用例名</th><th>加热</th></tr>
<tr><td>简要描述</td><td>用户通过该用加热咖啡壶</td></tr>
<tr><td>参与者</td><td>用户</td></tr>
<tr><td>涉众</td><td>用户</td></tr>
<tr><td>相关用例</td><td>无</td></tr>
<tr><td>前置条件</td><td>无</td></tr>
<tr><td>后置条件</td><td>加热完成后，系统亮起指示灯</td></tr>
<tr><td colspan="2">基本事件流<br>（1）用例起始于用户按下“加热”键<br>（2）系统开始检查水源、咖啡壶等是否准备好（A–1）<br>（3）系统开始加热（A–2）<br>（4）加热完成后（B–1），系统亮起指示灯，提醒用户</td></tr>
<tr><td colspan="2">备选事件流<br>A–1 水源或咖啡壶没有准备好<br>系统通过闪烁指示灯的方式提醒用户没有准备好相应的设备；用例结束<br>A–2 在加热过程中，用户随时可能拿走咖啡壶<br>系统停止加热，同时停止供水；该用例结束</td></tr>
<tr><td colspan="2">补充约束——业务规则<br>B–1 加热完成动作由系统定期检测温度传感器，当传感器返回的水温达到设定温度时，系统停止加热</td></tr>
<tr><td colspan="2">待解决问题<br>（暂无）</td></tr>
<tr><td colspan="2">相关图<br>（暂无）</td></tr>
</table>

首先分析基本事件流中的第（1）步～第（3）步，其交互过程如图 4-20 所示。

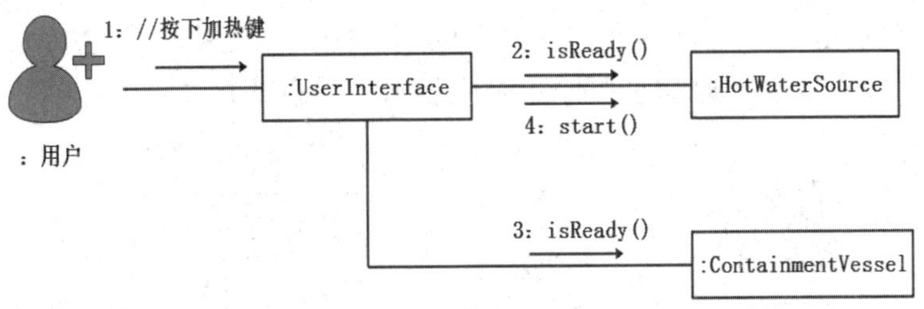


图 4-20　“用户按下加热键”的交互过程

用户通过用户界面按下“加热”键（消息 1）后，用户界面通知水源（消息 2）和容器（消息 3）是否准备好，以便开始加热。当消息 2 和消息 3 都返回“真”后，用户界面即通知水源开始加热（消息 4），从而完成基本事件流的第（3）步。

基本事件流的第（4）步与前面 3 步并不是连续执行的，因此不要把它和前 3 步绘制在协作图中，而应重新绘制一个体现加热完成交互过程的协作图。该协作图如图 4-21 所示。

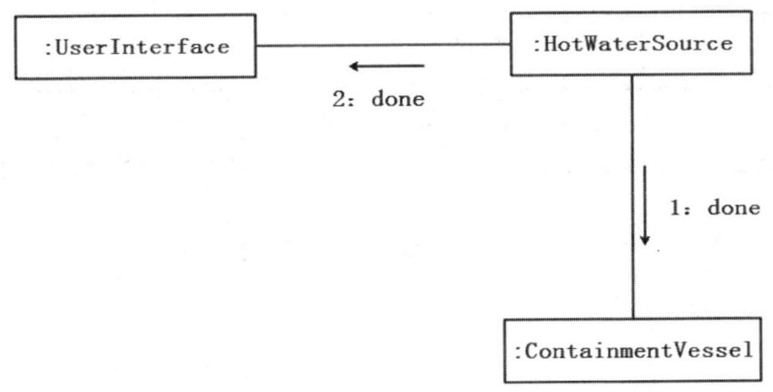


图 4-21　“加热完成”的交互过程

首先，分析该协作图中消息的发起者。按照用例文档的描述，Mark IV 咖啡机通过特定的温度传感器来检测水温是否达到要求，从而决定是否停止加热。但是在当前的抽象系统中，并没有这些物理的传感器对象，那么这 3 个抽象对象中，哪个发出加热结束的消息呢？

显然，发出消息的是水源（Hot WaterSource）。按照面向对象的观点，对象应该知道自己的信息（知道型职责），水源当然知道自己的温度。因此当水源发现自己的温度达到设定的温度后，首先通知容器（消息 1）（通知容器的目的是考虑当用户再次将空咖啡壶放到保温托盘上，它必须负责通知 UI 熄灭指示灯，表明无咖啡可供饮用），最后通知用户界面（消息 2）亮起指示灯。

其次，进一步分析备选事件流，如图 4-22 所示。考虑备选事件流 A-2：用户在加热过程中拿走咖啡壶；该交互的第一条消息是用户拿走咖啡壶（消息 1）；咖啡壶应当立刻通知水源停止供应热水（消息 2）。

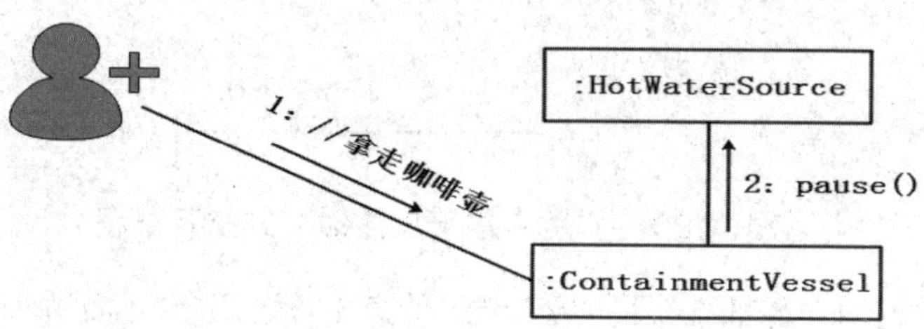


图 4-22 “加热过程中拿走咖啡壶”的交互过程

再其次，继续进行后续的分析，例如用户又将咖啡壶放回来了，则咖啡壶应通知水源复位，继续进行加热；还有其他（如保温、咖啡喝光了等）各种不同的用例和场景也可按照相同的方法进行分析和设计。

通过这些分析过程最终表明，这 3 个对象完全可以实现所有的场景，由此可以构造系统的类图，如图 4-23 所示。

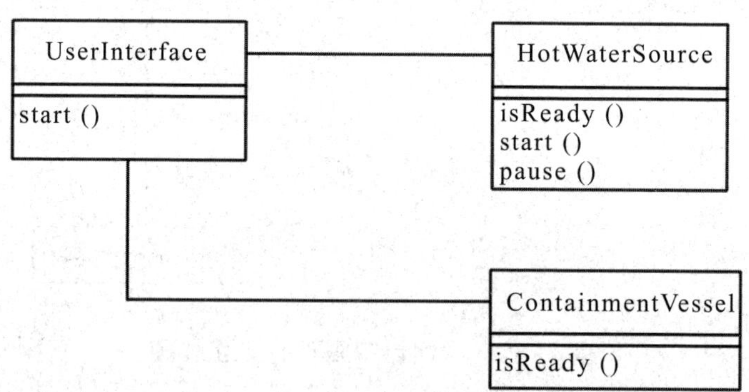


图 4-23 “咖啡机系统”类图

从图 4-23 可以看出，这是 3 个抽象类（斜体字表示），因为它们都是通过对本质抽象获得的，只是对抽象行为的描述，并没有具体实现。当然，其操作也全部为抽象操作（以斜体字表示，图中只显示了由图 4-20 ~ 图 4-22 的 3 幅协作图获得的操作，由于还存在其他的行为没有分析，因此这些类的操作并不完整）。而这 3 个类之间互相也存在这种双向的关联关系，因为它们彼此都需要发消息。

这是一个非常理想的结构：责任被合理分配，各对象之间的消息平衡，没有泡泡类，没有上帝类，对象之间共同协作完成各类行为。这也是一个满足 DIP 的方案，因为它们都是抽象的，它们之间的依赖显然也都是建立在抽象之上的。

但是，这并不是一个能在 Mark IV 咖啡机上运行的系统，这 3 个类与该具体型号的咖啡机没有任何直接关系，前面所介绍的那些 API 也根本没有被使用。然而，这正是我们所期望的，我们得到了真正的抽象，把握住了问题的本质。下面所要做的，就是在该抽象结构的基础上按照 OCP 来扩展实现 Mark IV 咖啡机这个特例。

回到“加热”用例的第一个场景，考虑图 4–20 中的行为实现过程如何获得水源容器已经准备好，又如何开始启动水源进行加热呢？显然，为了实现这些操作，必须添加相应的硬件 API 代码，那么这些代码实现应该放在何处？

按照 OCP，由于对修改封闭，这样图 4–23 所展示的类结构是不能进行修改的。而修改是通过扩展来完成的，因此这些硬件 API 调用的代码应该是在现有抽象类的基础上继承新的派生类来实现的。例如 Mark IV 咖啡机用户界面通过从 UesrInterface 中派生出一个 Mark IVUI 具体类来实现，该界面类中就可以通过调用 CoffeeMakerAPL. get BrewButtonStatus( ) 来判读“加热”键是否被按下，以便开始加热，同样还通过派生 MarkIVHWS 和 MarkIVCV 来表示 Mark IV 咖啡机的水源和容器，并由它们分别实现相应的操作。由此最终得到的系统类图如图 4–24 所示。

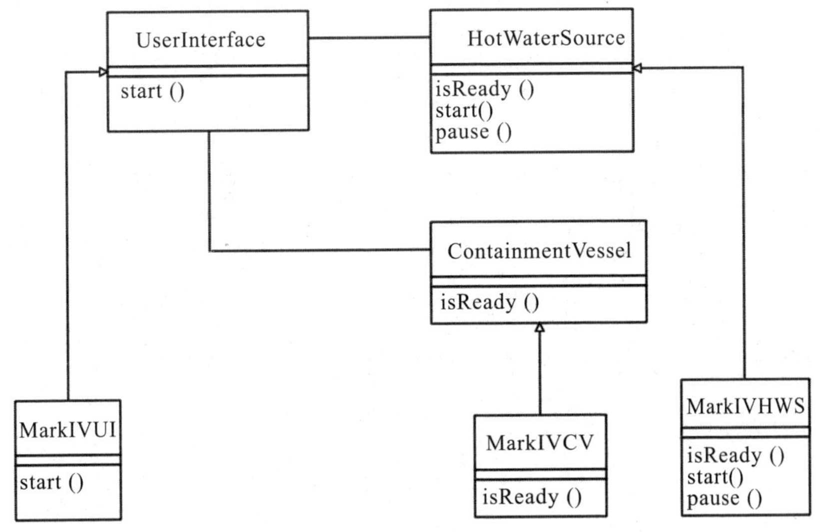


图 4–24　“Mark IV”咖啡机系统类图

与图 4-18 所示的解决方案相比，从实现上说，新的方案可能更难、更复杂了，但带来的好处是巨大的。因为这是一个从抽象出发的方案，这个方案遵循 DIP、OCP 等设计原则，所以它具有极高的稳定性。这是一个里程碑式的系统，能够长期稳定地存在和运行考虑。当咖啡机升级换代（如 Mark V、Mark VI 等，甚至其他型号）时，只需要扩展实现 3 个新的具体类，而不需要对原有系统结构进行任何修改。这就意味着，该软件系统覆盖了整个咖啡机行业，并可以随着硬件的发展而快速扩展，以适应新的需求。由此可以看出，满足 DIP 方案的软件系统的威力，其长期的生存能力和适应能力是普通系统无法比拟的。

DIP 为软件系统带来了长久的生命力，因此在软件系统设计，特别是通用产品的研发时，充分利用该原则是构造高质量软件的基础。当今，在各个行业都出现了一些通用的框架产品，如工作流引擎、Web 开发框架等都是借助于该原则而获得成功的。

最后，总结一下实现 DIP 的基本思路：通过抽象提取业务本质，并建立一个稳定的结构描述这个本质；对于具体业务规则的处理是在这个本质的基础上进行的扩展；而技术、工具、意识形态等的发展可能使业务规则不断变化，但本质不变，DIP 可帮助我们轻松适应这些变更。

# 第 5 章　面向对象分析之用例分析

本章主要通过 UML 对问题域的基于面向对象的理解进行图解表示，以突出的方式鼓励和支持分析阶段。UML 有许多图表来反映模型的所有方面，因此提供了对问题的共同且唯一正确的理解。以下部分描述了帮助理解问题域的两个最基本的图，即用例图和类图。

## 5.1　用例分析

### 5.1.1　用例

A 先生最近买了一部手机。在购买时，他见到了各种各样的型号。这导致他对于选择哪一款有很大的困惑。他问自己他想用手机做什么。他是否只用于拨打电话，还是使用它来进行频繁通信？他是否对 QWERTY[①] 模式感到满意，是否可以操控现有的设置？他想要数码相机设备吗？如果是这样，他可以解决哪方面问题？他会粗暴地还是极其小心地使用手机？对于后一种情况，他能否负担得起触摸屏模式？他是否喜欢在手机上使用互联网，尤其是访问社交网站？他是否喜欢使用音乐播放器？他是否有兴趣在手机上收听 FM 广播？在这种情况下，他是否想用一套内置天线，或者是一个需要外部天线的设备来收听

① QWERTY，指 QWERTY 键盘，又称柯蒂键盘、全键盘，是目前最为广泛使用的键盘布局方式，由克里斯托夫·拉森·授斯（Christopher Latham Sholes）发明，1868 年申请专利，1873 年使用 QWERTY 布局的第一台商用打字机成功投放市场。QWERTY 键盘布局的目的是为了解决当时打字机因打字速度太快而卡壳的问题，实现“在不会卡死的情况下尽力提高打字速度”的目的，该布局被沿用至今。

FM广播？他是否喜欢基于多媒体流的应用程序？他主要是对手机银行感兴趣，还是喜欢使用任何基于GPRS[①]的应用程序？因此他不断地问自己这些问题，希望根据这些问题的答案来购买手机，让自己能够满意。

因此，我们在并非一时冲动而进行购物时，都会经历类似的过程。这就是所谓的"用例分析"[②]。我们带着许多问题去了解产品或系统的使用方式，最后只会花钱购买那些完全符合我们需求的产品。这里的主要动机是收集和了解这些需求。

这种过程在分析阶段非常关键，因为这可以指导系统的设计和开发。"用例"[③]被定义为帮助分析人员与用户一起确定系统使用情况的元素。相关用例的集合是根据用户想要完成的内容来完整地描绘整个系统的性质和功能。

用例可以被理解为有关系统使用场景的集合。每个场景都描述一个事件序列。每个序列由人/其他系统硬件组件发起，或者仅仅在某个时间点到达之后。这些元素中的每一个都被命名，它们的语义在UML中被明确规定。以下各节将详细介绍这些内容。

### 5.1.2 用例的重要性

用例是激励潜在用户表达他们打算如何使用系统的一个很好的工具。可以看出，传统的系统开发过程没有提供一个很好的激励平台。大多数时候，用户只有在被分析人员询问或采访时才会表达自己所需要的输入。

这里的关键原则是用户要参与系统分析和设计的过程，尤其是早期阶段，

---

① GPRS（General Packet Radio Service）是通用分组无线服务技术的简称，它是GSM移动电话用户可用的一种移动数据业务，属于第二代移动通信中的数据传输技术。GPRS和以往连续在频道传输的方式不同，是以封包（Packet）式来传输的，因此使用者所负担的费用是以其传输资料单位计算的，并非使用其整个频道，理论上较为便宜。GPRS的传输速率可提升至56Kbps，甚至114Kbps。

② 用例分析是从用例模型到分析模型的过程，是需求与设计之间的桥梁。用例分析把系统的行为分配给分析类，让分析类交互完成系统的行为。

③ Use Case（用例）是一个UML中非常重要的概念，被认为是第二代面向对象技术的标志。在使用UML的整个软件开发过程中，Use Case处于一个中心地位。用例是对一组动作序列的抽象描述，系统执行这些动作序列，产生相应的结果。这些结果要么反馈给参与者，要么作为其他用例的参数。Use Case可以用很多方式来描述，可以用自然语言（英语、汉语），可以用形式化语言，也可以用各种图示。

这大大提高了系统能够被正确构建，以满足用户需求的可能性，而不会使用户无法理解和使用系统。

# 5.2　用例图

主用例图是系统的功能和需求以及连接系统外部接口的图形概述，显示了参与者及其与用例之间的关系，表明了设计的特点。此外，主用例图是使用 UML 来设计新系统的第一步，并在分析、实现和文档化阶段解释了系统的需求。它还引出了系统预期完成的整体功能。

## 5.2.1　场景

首先我们将了解场景的含义，场景是用例的一个子集，用于清楚地了解该用例。场景是表示行为的一系列动作。基本上，使用场景来说明在系统中发生的交互行为或仅仅是用例实例的执行。描述场景的主要动机是为了在基于场景的需求启发中使用，这是一个提出与描述性故事有关的问题，以确定设计需求的过程。例如，考虑以下“孩子手机监控软件”中的场景：

孩子被发现在他 / 她规定的学习时间内访问一个社交网站，且超过了两个小时，此时，会有一个警告提示发送给父母的手机账户，然后父母通过在学习时间内锁定孩子的手机来限制其对社交网站的访问。

上述场景具体描述了当孩子通过浏览社交网站，浪费了他 / 她的学习时间时会发生的情况。

使用基于场景的需求启发，需要询问涉及的利益相关者希望系统完成的各种任务。他们会被问及想象中使用的系统是什么样子，然后这些关于系统的问题陈述会被映射到相应的系统规范中，该规范被表示为一组参与者和用例。业务分析人员团队会与客户一起列举一整套可能的场景，这些场景以简单的自然语言（而不是使用任何正式的符号）记录在用户术语中，事实上系统中预期执行的每一个任务都应该在这套场景中给出。场景对于启发、验证和记录需求非常有用。基于场景的方法有助于将用户 / 利益相关者的视图与未来系统的功能视图进行连接和映射，以便正在开发的预期系统可以满足其用户的预期要求。因此，基于场景的方法在行业内被大量的使用。

一般情况下，几个相关的场景会一同出现在一个用例中。例如，考虑以下两种场景：

孩子被发现在手机上使用不合适的应用程序，这个使用操作将会被记录下，并向父母的手机发送警告消息。父母会查看该应用程序的性质，发现这个应用程序的确影响不好，会使孩子沉迷于它，并且污染孩子的心灵。所以父母阻止了该应用程序，现在，孩子就不能在手机上使用这个应用程序了。

孩子被发现在手机上使用不合适的应用程序。这个使用操作将会被记录下来，并向父母的手机发送警告消息。父母会查看该应用程序的性质，发现其非常有趣，唯一的负面因素是它一直在占用孩子的时间。所以父母通过锁定来管理该应用程序。在闲暇时间，孩子才可以访问并使用它。

这两种场景都有一个共同的用户目标，就是控制手机中不需要的应用程序。第一种场景是最简单的，应用程序是有害的，因此它被阻止。第二种场景多了一些行为，如果孩子真的想要使用这个应用程序，并且它本性不坏，只是会消耗时间和精力。当然，这两个相关的可选择的场景被构造在同一个用例中（如图 5-5 所示）。

### 5.2.2 用例事件流

用例图[①]有助于简化系统的可视化。不过仍然需要用文本描述用例的事务顺序，以便更好地了解用例中真正发生的情况。这部分将介绍用例事件流，其描述了系统的行为。事件流是基于系统应该做什么的，而不是系统如何做。几个不同的模板可用于记录用例事件流。这些模板的标准结构可能在版本与版本之间略有不同。其实质是事件流应该表达任何用例的过程。模板样例如图 5-1 所示。

---

① 用例图（User Case）是指由参与者（Actor）、用例（Use Case）、边界以及它们之间的关系构成的用于描述系统功能的视图。用例图是外部用户（被称为参与者）所能观察到的系统功能的模型图。用例图是系统的蓝图。用例图呈现了一些参与者，一些用例，以及它们之间的关系，主要用于对系统、子系统或类的功能行为进行建模。

X<名称>用例的事件流。
X.1前置条件。在该用例开始之前，（在另一个用例中）需要发生哪些事情？系统在该用例之前处于什么状态？
X.2主流，主流是一系列声明的步骤。
X.3子流，一部分子流是主流划分后的模块，另一些子流提高了文档的可读性。
X.4替代流，替代流定义了可以中断正常流的异常行为。通常替代流表示在错误条件下要做的事情。要确定替代流，可以问自己，对于主流和子流中的每个操作，"哪些行为可能会出错"。
注意:X是每个用例特有的标识符

图 5-1　用例事件流模板

图 5-2 是"应用程序阻塞器"用例的事件流。该示例使用图 5-1 的模板来构造事件流。

UC5"应用程序阻塞器"用例的事件流
5.1前置条件
1.这是父母的行为
2孩子已经使用了一个应用程序很长时间了。
3关于使用的历史被记录在审核中
5.2主流:
当孩子使用了一个应用程序时，会引发父母的行为。父母会查看该应用程序的性质是会使孩子上瘾，变得粗俗暴力，还是良性的，充满乐趣的。取决于这一点，父母会采取某些行动，如阻止它（不当的应用）或只是密码保护（有趣的应用）。
5.3子流:
[S1]如果是不当的应用程序，如暴力粗俗的游戏，则执行该子事件流:
当单击"阻止应用程序"按钮时将显示应用程序阻止对话框，父母只需要选择须从该对话框中阻止的应用程序的类型、名称、阻止原因、开始时间等。在对话框中单击"确定"按钮后，应用程序将被阻止孩子无法通过手机访问该应用程序。
[S2]如果是不当的应用程序，如性质良好但有趣的游戏，则执行该事件流:当单"阻止"应用程序按钮时，将显示应用程序阻止对话框，父母只需要选择须通过该对话进行密码保护的应用程序的类型、名称、允许使用的时间、锁定的密码、使用的最大时长以及锁定的原因、开始时间等，在对话框中单击"确定"按钮后，应用程序将被密码保护，孩子只能在一天中的特定时间内使用该应用程序且不能超过规定的时长，应用程序的密码必须从父母处获得。
5.4替代流:
[E1]如果应用程序运行正常且真实有效，则替代流不会发生任何事件。

图 5-2　"应用程序阻塞器"用例的事件流模板

## 5.3　次用例图

如果当前正在开发的系统有很多功能需求，则这些需求可以分别进行管理。次用例图有助于解决这一问题。与关注系统主要活动的主用例相反，次用例图描述了系统中发生的次要活动。

在"孩子手机监控"这个应用程序中，支持用例"通话监控器"的所有用例如下所示：

（1）父母注册应用程序

（2）父母登录系统

（3）父母请求查看其孩子的通话历史

（4）父母浏览通话历史

（5）基于通话历史，以下行为可能会被触发

①不产生任何行为（真实可信的通话）；

②阻止通话（异常的错误通话）；

③在一天中的规定时间内被阻止（真实可信但不是很重要的通话）。

（6）父母退出系统

由此可以看出，单个主用例中具有许多次要功能，从而可以使用次用例图进行详细描述。两种图表中使用的符号没有区别，只是传达的过程活动的语义不同。主要活动是主用例图；次要活动是次用例图。

以下部分将讨论用例图的各种元素及其含义、符号表示，并给出示例来介绍其使用的主要目的。

## 5.4 用例图中使用的符号

以下是构成用例图的建模元素：系统、参与者、用例、关系。

（1）系统：它定义了系统相对于使用它的参与者（系统外部）和它必须执行的功能（系统内部）的边界。

（2）参与者：它定义了参与执行系统操作的人员、系统、硬件组件或设备的角色。

（3）用例：它定义了系统的关键功能 / 特征。如果没有这些功能，系统将不能满足用户 / 参与者的需求。每个用例都表示了系统必须执行的目标。

（4）关系：它定义了参与者和用例之间可能的交互关系。从这些关联中可以产生一组相关的场景，用作评估用例的分析、设计和实现时的测试用例。

①关联关系：它定义了参与者与用例之间通信的方式。

②依赖关系：它定义了两个用例之间可能的通信关系。

a. 扩展关系

b. 包含关系

③泛化关系：它定义了系统的两个参与者或两个用例之间可能的关系，其

中一个用例可以继承派生另一个用例，以及增加或是重写另一个用例的属性。

a. 参与者之间的泛化关系。

b. 用例之间的泛化关系。

下面给出关于使用的符号及其语义的详细描述。

### 5.4.1　系统

项目的首要任务是确定提议的应用程序的背景和范围。这个工作是通过回答许多问题来完成的，例如在你的架构中系统包含了多少模块、这个系统与其他系统之间的关系，以及这个系统的预期用户有哪些。这些细节可以在文档中提供。但是，俗话说，一张图片抵得过千言万语。这句话有助于解释系统符号的简单性，如图 5-3 所示，用一个带有名称的矩形来表示系统。该系统符号简单地呈现了控制系统结构的所有元素的上下文。

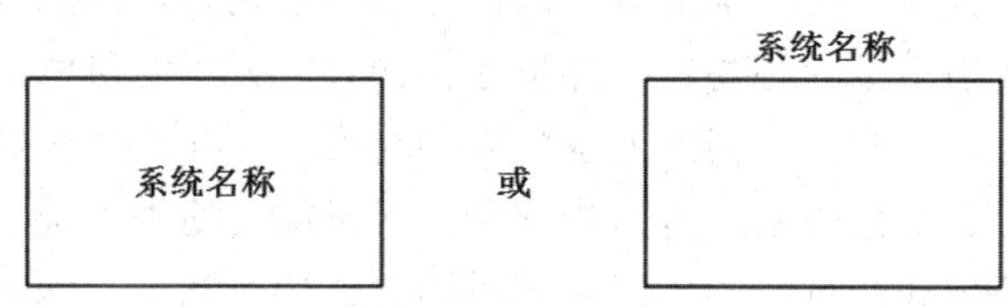


图 5-3　系统的用例图图标

要注意的一点是，这种系统图标很少使用。原因是这个符号太受限制了，并没有给图表增加任何实质信息。因此，在大多数工具中，我们只看到用例、参与者及其关系的图标回到封装的概念，封装强调使用一个对象，其中你只知道它的接口，而不了解它的内部实现。一个系统类似于一个对象，每个系统都有一个目的和一个接口。只要主要目的和接口保持不变，就可以增强或更改系统的内部实现，而不影响其他系统或对象因此，定义系统的主要任务是定义其目的和所需的接口。目的就是项目应用程序的目标。接口是系统外部的参与者与系统的功能（如用例）之间的通信机制。只要考虑到了这些，就可以建立系统内部行为的所有后续建模的背景。

### 5.4.2　参与者

系统被设计为由用户使用。广义上，用户意味着直接使用系统的人。实际上，用户也可以是处理信息的其他系统、硬件组件或设备通常，用例图、人员、系统、硬件组件和设备都被称为“参与者”。参与者被定义为外部实体中与系统有关的角色。简而言之，参与者是一个角色，而不一定是一个特定的人或具体的系统。同一个人可以在同一系统中扮演不同的参与者，即他可以在不同的场景下在系统中扮演不同的角色。图 5–4 显示了“孩子手机监控”这个问题域中使用的参与者图标变量。

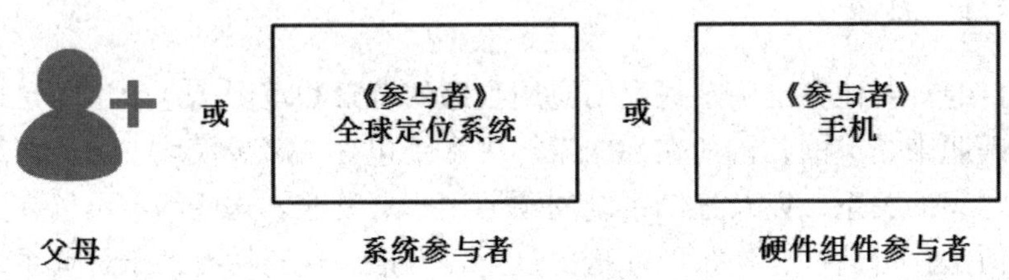


图 5–4　参与者图标

例如，参与者可以是向学生教授课程并指导研究学者的教授的角色。同样的教授可能会评估学生的答卷，在那里他担任“考官”的角色。同一个人因此扮演了两个角色。同样，不同的人也可以同时扮演同样的角色。例如，图书馆有很多借书的人。角色的使用可以指导分析人员如何使用系统，而不是关注公司现有的各种职位和职责。为了以更灵活的方式构建系统，同时向任何变化开放，每个人的任务必须与目前的职务分开考虑。

一个非常基本的问题就是，你如何识别潜在的参与者？你需要仔细观察系统的描述，注意人们在使用系统时扮演的角色。当许多人同时执行相同的功能时，尝试为他们在执行该特定功能时共同扮演的角色定义一个共同的名称。

这里有一个小提示，可以帮助你识别系统中涉及的参与者，那就是提出以下简单问题：

●谁会使用系统的主要功能？

●谁需要系统的支持，以完成他们的日常任务？

●谁会维护和管理系统并保持系统的持续运转？

●系统需要控制哪些硬件设备？

●系统需要和哪些其他系统进行交互？

这可以分为发起联系的系统，以及与该系统交互的那些系统，例如包括其他计算机系统以及该系统操作的计算机中的其他应用程序。

●谁对系统产生的结果（值）感兴趣？

基于上述问题，我们获得了“孩子手机监控”这个问题域中的参与者列表。

使用主要功能的用户：父母、孩子

维护和管理系统的用户：网络管理员、管理员（软件组件）
外部硬件系统：手机
软件系统：网络应用程序接口（软件组件）
交互的外部系统：全球定位系统（Global Positioning System，GPS）

### 5.4.3　用例

用例是定义系统执行所需功能的元素。如果没有这些功能，系统将毫无用处。一旦确定了参与者就可以根据下列问题来确定用例。

参与者要求系统具备哪些功能？

系统是否存储信息？通过诸如创建、读取、更新或删除这些信息的操作来处理这些信息将涉及哪些参与者？

一旦系统的内部状态发生变化，系统是否需要提醒参与者？

系统需要注意哪些外部事件？通过哪些参与者，系统可以了解这些外部事件？

这些用例的名称主要是一个动词短语，表示预期系统必须完成的目标之一，例如查看地理位置、查看通话记录和阻止应用程序（图 5–5）。虽然这些用例代表了一个支持的过程，但是重点放在总体目标上，而不是过程。

图 5–5　用例图标

当以这种方式定义用例时，系统被指定为一组需求而不是解决策略。分析人员没有描述系统是如何执行的，而是指定了系统必须执行什么。每一个用例都为使用系统该功能的有关参与者传达那些可见的且有意义的功能。这个事实有助于避免不正确的功能分解。功能分解就是将过程和任务分解成更小的子过程直到充分描述系统的所有内部工作。经常遇到的系统开发的陷阱之一是预算超支，这是在每个任务的范围不受控制或模型被设计得太过全面的情况下发生的。

把从客户和潜在用户那里收集的需求作为重要的信息，用于识别参与者和用例。在识别完成之后，系统将简要解释用例和参与者。客户必须验证并确保所有的用例和参与者都被识别且能共同满足客户的需求，在此步骤之后，执行用例的描述。这是一个迭代的开发过程，其中每个迭代是用例的一个子集被选择和细化的过程。

最后，审查完成的用例模型（包括用例的描述），客户和开发人员据此讨论系统应该做什么并达成一致意见。

### 5.4.4 关系

之前的章节已经定义了系统、参与者和用例等用例图中使用的基本元素。实际上，在实际操作中，用例与参与者或其他用例之间存在关联性。以下部分将描述这种关系。

#### 5.4.4.1 关联关系

它通过连接参与和用例的简单线段来表示，如图 5-6 所示。基本上，关联关系意味着参与者与用例通信的过程。事实上，早期版本的 UML 规范称之为“与……通信”的关系。也许这是用例和参与者之间存在的唯一可能的关系。UML 规范还允许在关联线段的任一端使用方向箭头来表示通信的方向。尽管一些关联关系是单向的（例如，参与者向用例提供信息），但大多数关联关系是双向的（参与者触发用例，用例为参与者提供所需的功能）。为了表示这些双向的关联，箭头可以放置在关联线段的两端，或者根本就不显示箭头。为了简化，大多数用户并不使用箭头表示。一个参与者可以与多个用例相关联。类似的，一个用例可能由多个参与者触发。该图没有提供关于哪个参与者（即“主要参与者”）触发用例的任何明显的线索。一般来说，主要参与者是使用系统服务的人员，辅助参与者是向系统提供服务的角色。

在参与者参与了相似类型的多个用例的情况下，可以在用例末端用多重性因子表示关联关系，如图 5-7 所示。这种多重性参与的具体性质取决于当前的用例。

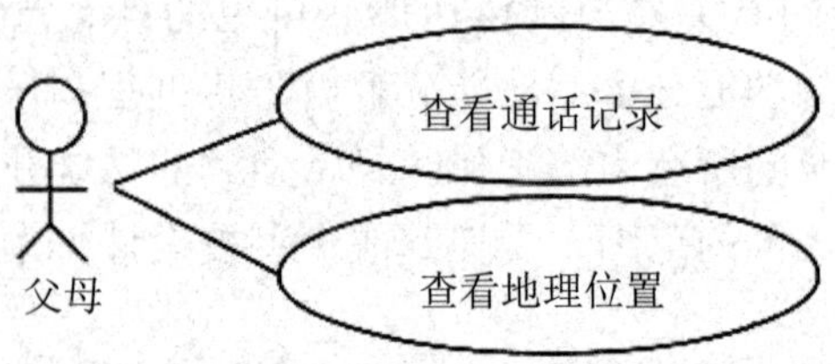


图 5-6　父母参与者与两个用例的关联关系

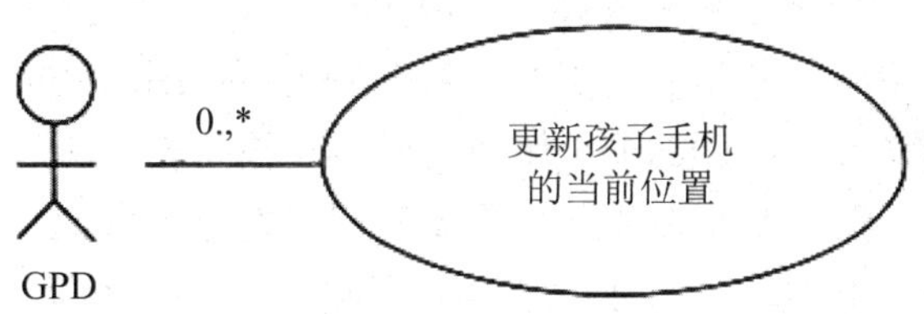


图 5-7　GPS 参与者涉及多次访问用例

基本上，用例多重性意味着一个参与者触发了多个用例：

（1）并行（并发）；

（2）在不同的时间点；

（3）在时间上互斥。

类似的，当用例涉及许多参与者实例时，多重性因子被放置在图中参与者的末端，如图 5-8 所示。

参与者的多重性可能意味着：

（1）特定的用例可能涉及两个独立参与者的同时（并发）的行为；

（2）可能需要参与者之间互补和连续的行为（如一个参与者开始做某事，而另一个人停止操作）。

这里的关注点是确定参与者需要获取哪些用例，而非其他。这些连接线段是设计系统接口和后续建模工作的核心。

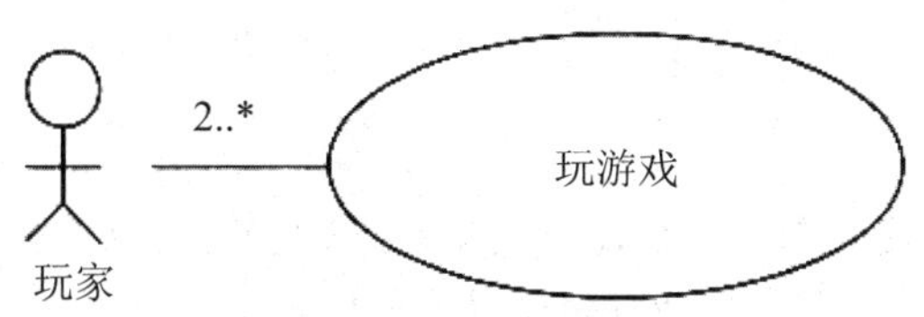


图 5-8　两个或更多的玩家参与者要求触发“玩游戏”用例

#### 5.4.4.2　依赖关系

（1）扩展关系：扩展关系定义了一个定向关系，指定了如何以及何时将一个常用的补充扩展用例的行为插入扩展用例的行为中。

被扩展的用例与扩展用例无关，具有自己的语义。扩展关系由扩展用例所有。同一扩展用例可以扩展多个用例，扩展用例本身也可以被扩展。

被扩展用例可以定义一个或多个扩展点。

扩展关系被表示为带箭头的虚线，其中箭头从扩展用例指向被扩展（基础）用例。箭头以构造型 << extend>> 作为其标签，如图 5–9 所示。

（2）包含关系：包含关系也在需要时定义两个用例之间的定向关系，将被包含用例中非可选的行为添加到包含（基础）用例的行为中。包含用例只有添加了被包含用例，才是完整的、有意义的。

包含关系在以下两种情况下有帮助：

①当两个或多个用例的行为中存在相同的部分时；

②当通过将大的用例分解成若干用例来简化时。

被包含的用例对于包含关系来说是必需的，而不是可选的。被包含的用例的执行类似于编程中的函数调用或宏命令。在执行包含用例之前，必须已经在包含用例的某个位置上执行被包含用例的所有行为。

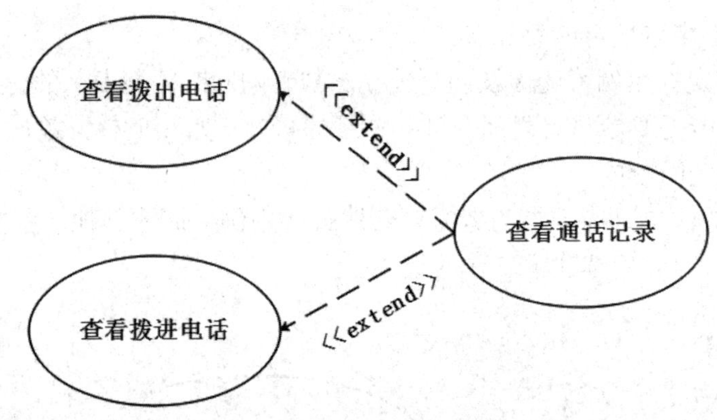


**图 5–9　“查看通话记录”用例本身是有意义的。它可以扩展为“查看拨出电话”和“查看拨进电话”两个用例**

如图 5–10 所示，用例之间的包含关系由带箭头的虚线表示，从包含（基本）用例指向被包含（公共部分）用例。箭头以构造型 << include>> 作为其标签。当两个或多个用例有些共同的行为时，这个共同的部分可以被提取到一个单独的用例中，被多个基本用例所包含。

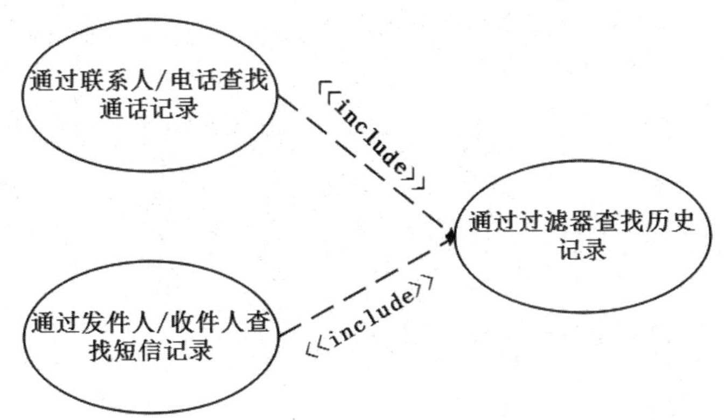


图 5-10　“查找通话记录”和“查找短信记录”用例都要求（包含）“通过过滤器查找历史记录”用例

#### 5.4.4.3　泛化关系

有时我们遇到不同的参与者以相同的方式使用同一系统的情况。例如，母亲和父亲可能都会登录和退出“孩子手机监控软件”这个系统。在这种情况下，用例对用户提供的功能是类似的。例如，他们都会查看通话记录、查看短信记录、阻止某些不需要的应用程序、阻塞时间和定期监视孩子的联系人。所有这些用例都由所有这些参与者使用。

泛化是一种概念，可以帮助我们表示这些类型的场景，在面向对象编程、分析和设计中代表继承。继承是指一个对象在创建时可以访问除了自己的类之外的另一个类的所有属性，并且这些属性具有该对象自身定义的属性值。通常在用例图中，泛化经常被用于描述参与者和用例，也常表示“是一个”关系。

（1）参与者之间的泛化关系：参与者之间的泛化关系是指将用例中更具体的参与者连接到更为一般化的参与者，表明这些具体参与者的实例可以替代一般参与者的实例。这些具体的参与者拥有用例提供的相同功能，而无论其身份如何。参与者之间的泛化关系用一条实线路径表示，从更具体的参与者出发，指向更为一般化的参与者，并在路径的末端（即更一般化的参与者）加上一个空心的三角形。

图 5-12 用参与者之间的泛化关系细化了图 5-11。图中，参与者“父母”触发了“登录”和“退出”两个用例。父亲、母亲都属于参与者“父母”。

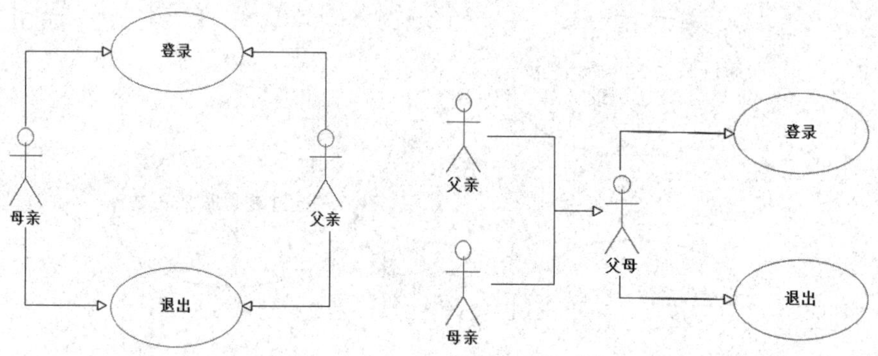


图 5-11 相似参与者　　图 5-12 参与者之间的泛化关系

（2）用例之间的泛化关系：在图 5-13 中，父母需要查看孩子的地理位置，这里通过两种方式查看。父母通过手机上的应用程序组件向服务器发送一个短信请求，服务器告知孩子的地理位置；或者父母登录网络应用程序界面，通过在线表单提交请求，以查看孩子的地理位置。因此，用例涉及父母对孩子地理位置的查看，地理位置状态信息的收集、存储和操作等所有的过程。使用用例之间的泛化关系来表示以上的场景，即抽取和重用多个用例中的相同行为。

用例之间泛化关系的表示是从更具体的用例指向更为一般化的用例，表明这些更具体的用例获取或继承了更一般化的用例，包括其过程、参与者、行为序列和扩展点，具体用例的实例也可以替代一般化用例的实例。用例之间的泛化关系也显示为一条实线路径，由更具体的用例指向更为一般化的用例，并在路径的末端（即更一般化的用例）加上一个空心的三角形。

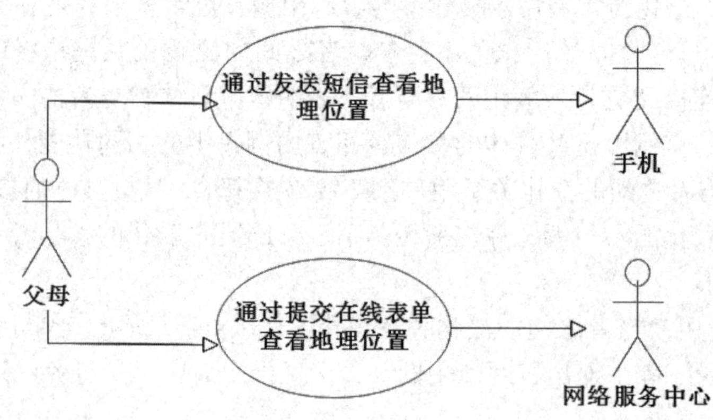


图 5-13 相似用例

图 5-14 通过用例之间的泛化关系细化了图 5-13“发送短信”和“提交在线表单”，这两个用例继承了“查看地理位置”这个用例的参与者：“父母”、行为序列和扩展点。

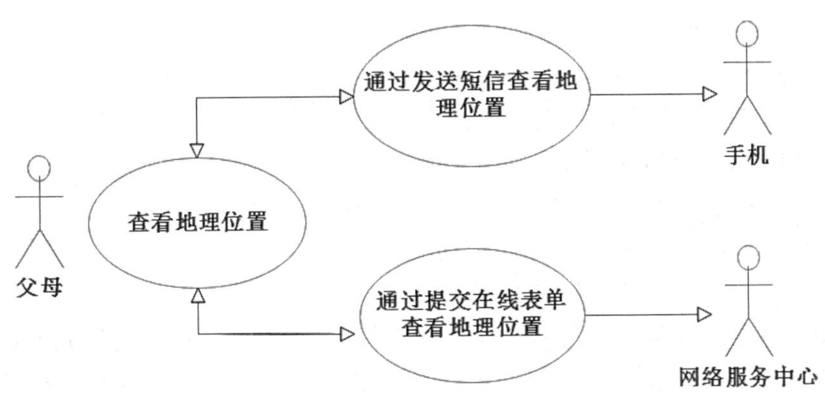


图 5-14　用例之间的泛化关系

描述系统核心功能的用例图也被称为“主用例”，而另外一类用例图提供了每个用例的细节。

## 5.5　用例图的目的

本质上，用例图表征了外部参与者和当前系统之间发生的一系列面向目标的交互行为。参与者是在系统之外与系统进行交互的群体。参与者可以是一类用户、用户承担的角色，甚至是其他系统。一方面，主要参与者是从系统中获取帮助的参与者。另一方面，次要参与者是向系统提供帮助的参与者。用例由具有特定目标的用户触发，满足了目标，用例即为成功。它阐明了参与者和系统之间的交互序列，以便提供满足目标的所需服务。它还包括此序列的可能变体，例如也可以满足相同目标的任何替代序列，以及由于异常行为、错误处理等可能导致无法完成服务的序列。系统被看作一个“黑盒”，与系统的交互（包括系统响应等）都是从系统外部感知到的。因此，用例限制了谁（参与者）与系统进行的什么行为（互动）以及为什么（目标），而不处理系统内部情况。一整套用例识别了使用系统的所有不同的可能方式，因此定义了系统所需的所有行为，限制了系统的范围。一般来说，用例的步骤是使用域的词汇并以易于理解的说明结构撰写的。这对于可以轻松跟踪和验证用例的用户来说是有吸引力的，其可访问性也鼓励用户积极地参与需求的定义。

简而言之，用例图的目的如下：

（1）记录现有流程（As-ls 分析）；

（2）分析新流程的概念（To-Be 分析）；

（3）识别可能存在的 IT 杠杆；

（4）寻找重构的机会；

（5）通过构造一个语义网络图来识别系统的边界；

（6）更改和扩展参与者或用户的功能；

（7）一些场景解决非功能性需求。

用例图通过观察来捕获和记录待开发系统的特征，以此在开发或配置系统的过程中控制项目以迭代的方式发展。不过用例图不能用来说明建模内部的过程细节。

## 5.6 如何绘制用例图

### 5.6.1 熟悉你的业务

（1）关注业务。

（2）专家必须参与用例的确定。

### 5.6.2 遵循抽象原则

（1）描述功能而非解决方案设计。

（2）避免纯粹是“计算机显示器式的思维方式”的用例描述。

### 5.6.3 需求规范要包含创造力和想象力

（1）重要的一点是，项目参与者需要有想象力，不能只是照搬现有的解决方案。

（2）你可能希望具有能够协调业务和技术方面的资源。
（3）能够了解如何在技术上实现用例。
（4）可以与技术人员讨论相关问题。

### 5.6.4　避免功能分解

很少见到用例模型被简化为系统的简单功能分解。需要小心避免以下陷阱：
（1）“小”用例，即事件流的流描述只有一句或几句话。
（2）“很多”用例，即用例不止上百个，而有上千个。
（3）用例的名称类似“对此特定数据执行此操作”或“使用此特定数据执行此功能”这样的结构。例如，对于“孩子手机监控”这个应用程序，不应该将“在孩子手机监控应用程序中输入孩子的账号”建模为一个单独的用例，因为没有人只是为了这个操作而使用系统。用例应当是一个完整的事件流，能够产生对参与者有价值的东西。
以下问题的答案有助于避免功能分解：
（1）系统的上下文是什么？
（2）系统构建的目的是什么？
（3）用户使用系统是为了实现什么目的？
（4）系统能为用户创造什么价值？

# 第 6 章　面向对象分析之静态分析与类图

基于用例的需求分析模型描述的是参与者和系统边界之间的交互操作，系统本身是黑盒子，只有外部才能看到的接口。但是，用例模型并不能全面描述系统，开发人员仅通过这些模型也无法全面理解问题。在 UML 软件开发过程中的系统分析与设计阶段，都会涉及对象类建模。类图建模用于描述系统的静态结构。本章主要阐述静态分析与类图的相关内容，以期读者可以对静态分析的含义、类图的必要性、重要性以及基本概念和组成要素等有所了解。

## 6.1　类图的定义

面向对象方法在处理实际问题时，需要建立面向对象模型，把复杂的系统简单化、直观化，而且易于使用面向对象编程语言来实现，方便日后对软件系统的维护。构成面向对象系统的基本元素有类、对象、类与类之间的关系等。软件系统的静态分析模型描述的是系统所操纵的数据块之间特有的结构上的关系。它们描述数据如何分配到对象中，这些对象如何分类，以及它们之间可以具有什么关系。类图和对象图是两种最重要的静态模型。UML 中的类图和对象图显示了系统的静态结构，其中的类、对象和关联是图形元素的基础。类图表达的是系统的静态结构，因此在系统的整个生命周期中，这种描述都是有效的。

### 6.1.1　类图概述

在软件系统中，我们使用类表示系统中的相关概念，并把现实世界中我们能够识别的对象分类表示，这种处理问题的方式我们称为面向对象。因为面向对象思想与现实世界中事物的表示方式类似，所以采用面向对象思想构造系统模型给建模者带来很多方便。

类图是用类和它们之间的关系描述系统的一种图形，是从静态角度表示系统的。因此，类图属于一种静态模型。类图就是用于对系统中的各种概念进行建模，并描绘出它们之间关系的图。类图显示了系统的静态结构，而系统的静态结构构成系统的概念基础。类图的目的是描述系统的构成方式，而不是描述系统如何协作运行。

类图中的关键元素是类元及它们之间的关系。类元是描述事物的建模元素，类和接口都是类元。类之间的关系包括依赖（Dependency）关系、泛化（Generalization）关系 、关联（Association）关系以及实现（Realization）关系等。和 UML 中的其他图形类似，类图也可以创建约束、注释和包等。一般的类图如图 6-1 所示。

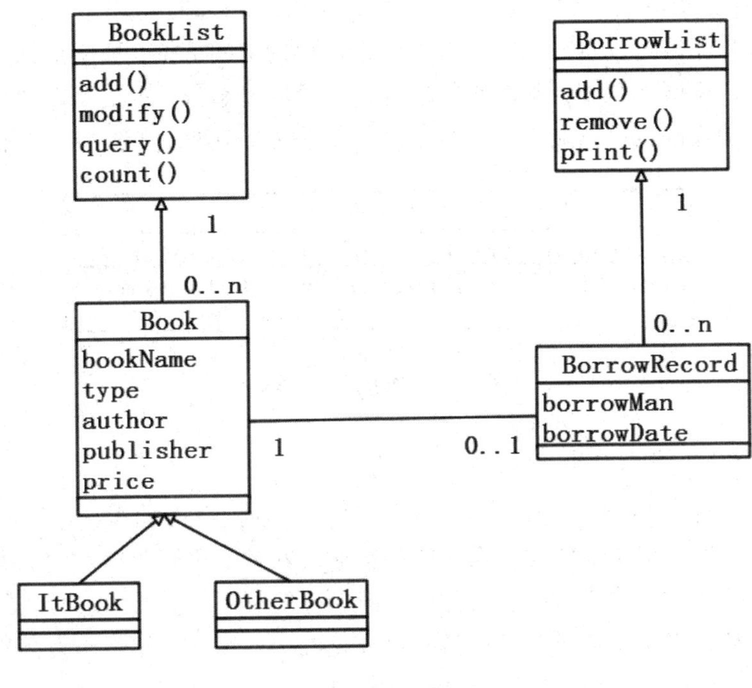


图 6-1　类图示例

### 6.1.2　类及类的表示

类表示被建模的应用领域中的离散概念，这些概念包括现实世界中的物理实体、商业事务、逻辑事物、应用事物和行为事物等，例如：物理实体（如飞机）、商业事物（如订单）、逻辑事物（如广播计划）、应用事物（如取消键）、计算机领域的事物（如哈希表）或行为事物（如任务），甚至还包括纯粹的概念性事物。根据系统抽象程度的不同，我们可以在模型中创建不同的类。

类是面向对象系统的组织结构的核心。类是一组具有相同属性、操作、关系和语义的事物的抽象。在 UML 中，类被表述为具有相同结构、行为和关系的一组对象的描述符号，所用的属性与操作都被附在类中。类定义了一组具有状态和行为的对象。其中，属性和关联用来描述状态。属性通常使用没有身份的数据值来表示，如数字和字符串。关联则使用有身份的对象之间的关系来表示。行为由操作来描述，方法是操作的具体实现。对象的生命周期则由附加给类的状态机描述。

在 UML 的图形表示中，类的表示形式是一个矩形。这个矩形由三个部分构成，分别是类的名称（Name）、类的属性（Attribute）和类的操作（Operation）。类的名称位于矩形的顶端，类的属性位于矩形的中间部位，而矩形的底部显示类的操作。中间部位不仅显示类的属性，还可以显示属性的类型以及初始化值等。矩形的底部也可以显示操作的参数表和返回类型等，如图 6-2 所示。

| ClassName |
|---|
| attribute:AttributeType=InitialValue |
| operation(arg:ArgumentType):ReturnType |

图 6-2　类的表示形式

### 6.1.2.1　类的名称（类名）

类的名称（Name）是每个类的图形中所必须拥有的元素，用于同其他类进行区分。类的名称通常源于系统的问题域，并且尽可能明确表达要描述的事物，不会造成类的语义冲突。对类命名时最好能够反映类所代表的问题域中的概念，比如，表示交通工具类产品，可以直接用“交通工具”作为类的名称。另外，类的名称含义要清楚准确，不能含糊不清。

按照 UML 的约定，类名的首字母应当大写。如果类的名称由两个单词组成，那么将这两个单词合并，第二个单词的首字母也大写。类名的书写字体也有规范，正体字说明类可被实例化，斜体字说明类为抽象类。图 6-3 为 Graphic 的抽象类。

类的名称分为简单名称和路径名称。用类所在的包的名称作为前缀的类名叫作路径名（PathName），如图 6–4 所示。不包含前缀字符串的类名叫作简单名（Simple Name）。

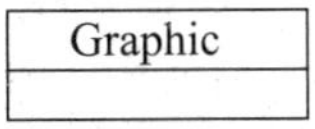

Graphic

图 6–3　抽象类示例

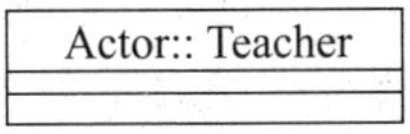

Actor:: Teacher

图 6–4　路径名

### 6.1.2.2　类的属性

类的属性（Attribute）是类的一个特性，也是类的一个组成部分，描述了在软件系统中所代表对象具备的静态部分的公共特征抽象，这些特性是这些对象所共有的。当然，有时候，对象的状态也可以利用属性值的变化来描述。一个类可以具有零个或多个属性。

类的属性放在类名的下方，如图 6–5 所示，"教师"是类的名称，name（姓名）和 age（年龄）是"教师"类的属性。

教师

name
age

图 6–5　类的属性

在 UML 中，描述属性的语法格式为（方括号中的内容是可选的）：

[可见性] 属性名称 [ : 属性类型] = [初始值] [{属性字符串}]

其中，属性名称是必须有的，其他部分根据需要可有可无。

#### 6.1.2.2.1　可见性

属性有不同的可见性（visibility），属性的可见性描述了属性是否对于其他类能够可见，从而是否可以被其他类引用。利用可见性可以控制外部事物对类中属性的操作方式，属性的可见性通常分为三种：公有的（public）、私有的（private）和保护的（protected）。公有属性能够被系统中的其他任何操作查看和使用，当然也可以修改；私有属性仅在类的内部可见，只有类的内部操作才能存取私有属性，并且私有属性不能被子类使用；保护属性经常和继承关系一起使用，允许子类访问父类中的保护属性。一般情况下，有继承关系的父类和子类之间，如果希望父类的所有信息对子类都是公开的，也就是子类可以任意使用父类中的属性和操作，而使没有继承关系的类不能使用父类中的属性和操作，那么为了达到此目的，必须将父类中的属性和操作定义为保护的；如果并不希望其他类（包括子类）能够存取该类的属性，那么应将该类的属性定义为私有的；如果对其他类（包括子类）没有任何约束，那么可以使用公有属性。

在类图中，公有类型表示为 +，私有类型表示为 -，受保护类型表示为 #，它们一般在属性名称的左侧。其表示方法见表 6-1 所列。

表 6-1 属性的可见性

| 可见性 | UML 图注 |
| --- | --- |
| 公有的 | + |
| 保护的 | # |
| 私有的 | - |

6.1.2.2.2 属性的名称

属性是类的一部分，每个属性都必须有一个名称以区别于类的其他属性。通常情况下，属性名由描述所属类的特性的名词或名词短语构成按照 UML 的约定，属性名的第一个字母小写，如果属性名包含多个单词，那么这些单词需要合并，并且除了第一个英文单词外，其余单词的首字母要大写，如 teacherName。

6.1.2.2.3 属性的类型

属性也有类型，用来指出属性的数据类型。典型的属性类型包括 Boolean、Integer、Byte、Date、String 和 Long 等，这些被称为简单类型。这些简单类型在不同的编程语言中会有所不同，但基本上都是得到支持的。在 UML 中，类的属性可以是任意类型，包括系统中定义的其他类都可以使用。

6.1.2.2.4 初始值

在程序语言设计中，设定初始值通常有如下两个用处：用来保护系统的完整性，在编程过程中，为了防止漏掉对类中某个属性的取值，或者防止类的属性在自动取值时破坏系统的完整性，可以通过赋初始值的方法保护系统的完整性；为用户提供易用性，设定一些初始值能够有效帮助用户输入，从而为用户提供很好的易用性。

6.1.2.2.5 属性字符串

属性字符串用来指定关于属性的一些附加信息，任何希望添加到属性定义字符串中但又没有合适地方可以加入的规则，都可以放在属性字符串中。例如，如果想说明系统中“汽车”类的“颜色”属性只有三种状态“红、黄、蓝”，就可以在属性字符串中进行说明。

#### 6.1.2.3　类的操作

属性仅仅表示需要处理的数据，对数据的具体处理方法的描述则放在操作部分。存取或改变属性值以及执行某个动作都是操作，操作说明了类能做些什么工作。操作通常又称为函数或方法，是类的组成部分，只能作用于类的对象。从这一点也可以看出，类将数据和对数据进行处理的函数封装起来，形成一个完整的整体，这种机制非常符合问题本身的特性。

一个类可以有零个或多个操作，并且每个操作只能应用于类的对象。在类的图形表示中，操作位于类的底部，如图 6–6 所示，“教师”类具有操作“上传课件”和“修改成绩”。

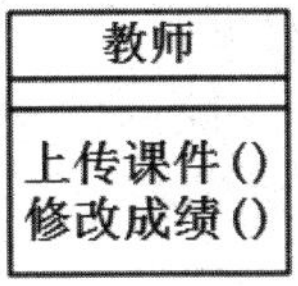

| 教师 |
| --- |
| |
| 上传课件()<br>修改成绩() |

图 6–6　类的操作

类的操作往往由返回类型、操作名称以及参数表来描述。类似于类的属性，在 UML 中，描述操作的语法格式为（方括号中的内容是可选的）：

［可见性］操作名称［（参数表）］［：返回类型］［{属性字符串}］

##### 6.1.2.3.1　可见性

操作的可见性也分为三种，分别是公有的（public）、保护的（protected）和私有的（private），含义等同于属性的可见性。类的操作在 UML 中的表示方法如表 6–2 所列。

表 6–2　操作的可见性

| 可见性 | UML 图注 |
| --- | --- |
| 公有的 | + |
| 保护的 | # |
| 私有的 | – |

6.1.2.3.2　操作名称

操作作为类的一部分，每个操作都必须有一个名称以区别于类中的其他操作。通常情况下，操作名由描述所属类的行为的动词或动词短语构成。和属性的命名一样，操作名称的第一个字母小写，如果操作名包含多个单词，那么这些单词需要合并，并且除了第一个英文单词外，其余单词的首字母要大写，如modifyCouse()。

6.1.2.3.3　参数表

参数表就是由类型标识符对组成的序列，实际上是操作或方法被调用时接收传递过来的参数值的变量。参数采用“名称类型”的定义方式，如果存在多个参数，就将各个参数用逗号隔开。如果方法没有参数，那么参数表就是空的。参数可以具有默认值，也就是说，如果操作的调用者没有为某个具有默认值的参数提供值，那么该参数将使用指定的默认值。

6.1.2.3.4　返回类型

返回类型指定由操作返回的数据类型，可以是任意有效的数据类型。绝大部分编程语言只支持一个返回值，即返回类型最多一种。如果操作没有返回值，在具体的编程语言中一般要加关键字 void 来表示，也就是返回类型必须是 void。

6.1.2.3.5　属性字符串

属性字符串用来附加一些关于操作的除了预定义元素之外的信息，以方便对操作的一些内容进行说明。类似于属性，任何希望添加到操作定义中但又没有合适地方可以加入的规则，都可以放在属性字符串中。

### 6.1.3　接口

有一定编程经验的人或者熟悉计算机工作原理的人都知道，通过操作系统的接口可以实现人机交互和信息交流。UML 中的包、组件和类也可以定义接口[①]，利用接口说明包、组件和类能够支持的行为。在建模时，接口起到非常重要的作用，因为模型元素之间的相互协作都是通过接口进行的。结构良好的系统，接口必然也定义得非常规范。

① 一个接口内，允许包含变量、常量等一个类所包含的基本内容。但是，接口中的函数不允许设定代码，也就意味着不能把程序入口放到接口里。由上可以理解到，接口是专门被继承的。接口存在的意义也是被继承。和 C++ 里的抽象类里的纯虚函数是相同的，不能被实例化。

接口通常被描述为抽象操作，也就是只用标识（返回值、操作名称、参数表）说明行为，而真正实现部分放在使用接口的元素中。这样，应用接口的不同元素就可以对接口采用不同的实现方法。在执行过程中，调用接口的对象看到的仅仅是接口，而不管其他事情。比如，接口是由哪个类实现的，是怎样实现的，都有哪些类实现了该接口，等等。

通俗来讲，接口是在没有给出对象的实现和状态的情况下对对象行为的描述。通常，接口包含一系列操作，但是不包含属性，并且没有外界可见的关联。接口可以通过一个或多个类来实现，并且接口中的操作在每个类中都可以实现。

接口是一种特殊的类，所有接口都是有构造型 << interface>> 的类。类可以通过实现接口来支持接口指定的行为。在程序运行的时候，其他对象可以只依赖于接口，而不需要知道类关于接口实现的其他任何信息。拥有良好接口的类具有清晰的边界，并成为系统中职责均衡分布的一部分。

在 UML 中，接口使用带有名称的小圆圈来表示，如图 6–7 所示。接口与应用接口的模型元素之间用一条直线相连（模型元素中包含接口的具体实现方法），它们之间是一对一的关联关系。调用接口的类与接口之间用带箭头的虚线连接，它们之间是依赖关系。

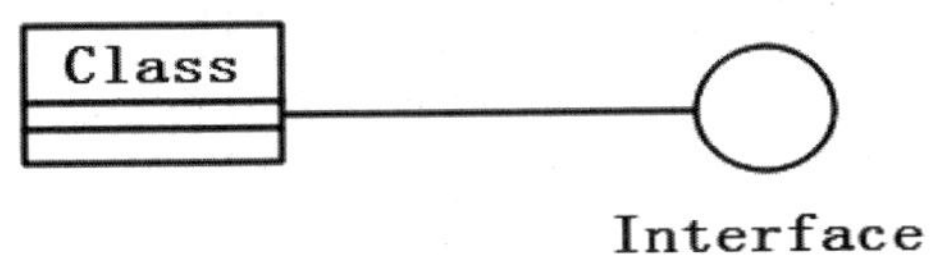


图 6–7　接口

为了具体标识接口中的操作，接口也可以用带构造型 <<interface>> 的类来表示。接口的相关知识在后文会做详细解释。

### 6.1.4　类之间的关系

类图由类和它们之间的关系组成。类与类之间的关系最常用的有四种，它们分别是关联（Association）关系、泛化（Generalization）关系、依赖（Dependency）关系和实现（Realization）关系。四种关系的表示方法及含义见表 6–3 所列。这四种关系的深层次内容将在后面进行详细介绍。

表 6-3 类之间的关系

| 关系 | 表示方法 | 含义 |
|---|---|---|
| 关联关系 | —————— | 事物对象之间的连接 |
| 泛化关系 | ————▷ | 类的一般和具体之间的关系 |
| 依赖关系 | ------------> | 在模型中需要另一个元素的存在 |
| 实现关系 | - - - - - - -➔ | 将说明和实现联系起来 |

### 6.1.5 基本类型的使用

基本类型指的是整型、布尔型[①]、枚举型[②]这样的简单数据类型，它们不是类。基本类型常常被用来表示属性类型、返回值[③]类型和参数类型。在UML中，没有预定义的基本类型。当用户在UML建模软件中画图时，可以将建模工具的工作环境配置为某种具体的编程语言，这样编程语言本身提供的基本类型就可以在建模软件中使用了。如果不需要以某种具体编程语言为实现背景，或者不需要指定某种编程语言，那么可以使用最简单常用的整型、字符串类型和浮点类型等，这些常用的数据类型可以在UML建模语言中直接定义。以类图方式定义的类也可以用于定义属性类型、返回值类型和参数类型等。

① 虽然数值和字符串数据类型实际上可以有无限多个不同的值，但boolean数据类型只能有两个值。它们是标识符true和false。布尔值表示条件的有效性（告知条件是真还是假）。

② 枚举型是四种基本数据类型之一。常量、字符型、布尔型可以用来表达数、字符、真假的描述。但我们还是觉得有点缺欠：它们不能方便地进行一些标识符的描述，如红、橙、黄、绿、青、蓝、紫七种颜色。要在数据类型中把它们直接表达出来，我们觉得有障碍。而在计算机内有没有这种数据类型，能够很方便地将它们表示出来？有，枚举型能办到。用四种基本数据类型不便表示的标识符，而且这些标识符的数量是有限的，我们可以用枚举的方法来表达它，把要用的所有标识符全部枚举出来。这种方法比较接近自然语言的表达。

③ 一个函数的函数名即是该函数的代表，也是一个变量。函数名变量通常用来把函数的处理结果数据带回给调用函数，即递归调用，所以一般把函数名变量称为返回值。

## 6.1.6　类图中使用的基本符号

### 6.1.6.1　抽象类

抽象类是没有被直接实例化的类。抽象类的存在只是为了派生其他的类，并支持类中声明属性的重用性。抽象类不可以直接实例化对象，因此对象可以通过抽象类的非抽象子类实例化。

抽象类的行为都是未定义的，有一些面向对象语言可能会将这个行为声明为非法的，而其他语言可能会创建用于测试目的的一部分实例。抽象类的名称用斜体格式表示，也可以在名字下方或后方加上关键字 {abstract} 来表示，如图 6–8 所示。

| SearchRequest |
|---|

图 6–8　SearchRequest 类是一个抽象类

### 6.1.6.2　标准的类构造型

构造型是 UML 中的核心扩展机制，用于对 UML 目前不支持任何符号的基本构造进行建模。构造型通常在双尖括号之间以文本格式表示（例如接口），但也可以通过为该构造型定义图标来表示。

构造型可以被认为是各种元模型类型的子类型，在类图中，可以是类、关联关系或泛化关系的构造型。其中共有 4 种构造型：

（1）<<Focus>>（焦点类）

（2）<<Auxiliary>>（辅助类）

（3）<<Type>>（类型类）

（4）<<Utility>>（工具类）

<< Focus >>：焦点类描述一个或多个支持类的基本逻辑或控制流。支持类可以使用辅助类来明确地定义，也可以通过相应的依赖关系隐含地定义。焦点类通常用于在设计阶段指定系统组件的核心业务逻辑或控制流程。

<<Auxiliary>>：辅助类支持另一个更基础的类或核心类，通常实现次要逻辑或控制流。辅助类支持的类可以使用焦点类来明确地定义，也可以通过相应的依赖关系隐含地定义。辅助类通常用于在设计阶段指定组件的次要业务逻辑或控制流。

<<Type>>：类型类用于定义对象域以及适用于对象的操作，而不指定这些

对象的物理实现。类型类可以具有属性和关联关系，可以使用活动图表示类型类操作的行为规范。任何对象最多只能有一个实现类，但它可能属于多种不同的类型。

<<Utility>>：工具类只包含具有静态属性和操作的类通常，工具类不具有任何实例。

#### 6.1.6.3 非标准的类构造型

还有一些常规但不是标准的类构造型，它们通常在UML商业软件中使用，如下所示：

（1）<<Boundary>>（边界类）

（2）<<Control>>（控制类）

（3）<<Entity>>（实体类）

<<Boundary>>：系统边界（如用户界面屏幕、设备接口对象或系统接口）都使用边界构造型类来表示。这有助于捕获关于与正在开发的系统进行交互的用户或外部系统的细节，并在后期阶段用于分析或概念开发。边界类经常与顺序图一起使用，显示了用户与系统的交互。边界用一个圆圈来表示，圆圈由一条短线连接到左侧的垂直线，如图6–9所示，也可以显示为带有<<Boundary>>构造型的类。

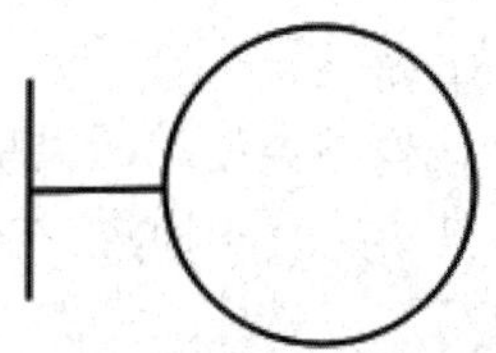

图6–9　边界类表示法

<<Control>>：任何系统中的控制流程都使用控制构造型类进行建模。一个或几个控制类可以共同用于用例的实现。系统控制显示了设计系统的动态，通常定义了一些关键的“业务逻辑”。控制用一个圆圈来表示，圆圈的最高点有一个箭头，如图6–10所示，也可以显示为带有<<Control>>构造型的类。标准的<< Focus >>构造型类也可用于指定组件的核心业务逻辑或底层控制流程。

<<Entity>>：持久性信息或数据使用实体构造型类来表示实体，用一个圆圈来表示，圆圈的底部连着一条直线，如图6–11所示，也可以显示为带有<<Entity>>构造型的类。

实体分为两类：

（1）业务实体

（2）系统实体

业务实体包含业务工人处理业务所用的文档、项目或信息等，如医生开的处方、餐厅中的菜单、柜台内的通行证等。

系统处理的常用但不持久的数据或信息被表示为系统实体。

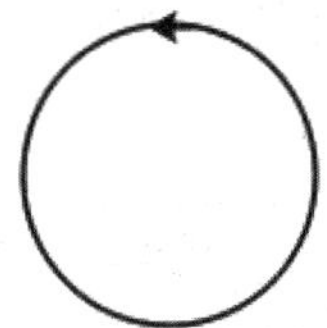

图 6-10　控制类表示法

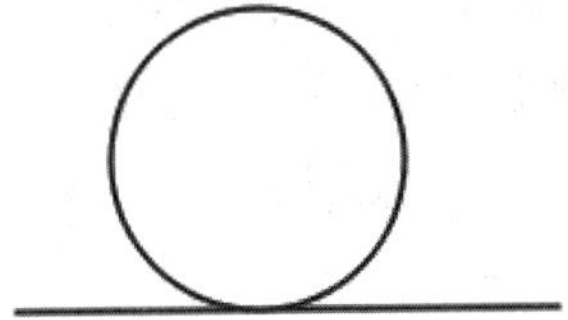

图 6-11　实体类表示法

6.1.6.4　**类模板**

UML 有助于类的模板化或绑定。以下是模板类[①]的示例。

模板类 Array 有两个正式的模板参数（图 6-12）。第一个模板参数 T 表示一个无约束的类模板参数。第二个模板参数 n 为整数表达式模板参数。

这里，绑定到绑定类 Customers 上的模板将无约束类 T 替换为 Customer 类，将边界 n 替换为整数值 24。因此，绑定类 Customers 表示一个具有 Customer 类的 24 个对象的数组。

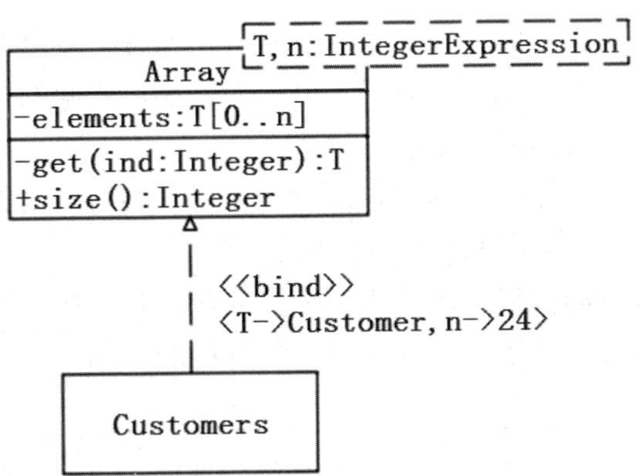


图 6-12　模板类 Array 和绑定类 Customers

① 模板是根据参数类型生成函数和类的机制（有时称为“参数决定类型”），通过使用模板，可以只设计一个类来处理多种类型的数据，而不必为每一种类型分别创建类。

#### 6.1.6.5 接口

接口也是一个声明一组一致的公共特征和职责的类。接口指定了一个契约。任何实现接口的类的实例都应该履行这个契约，从而提供契约描述的服务在形式上，一个接口相当于一个抽象类，只有抽象操作，没有属性和方法。接口使用矩形符号表示，关键字 <<interface>> 写在名称之前，居中且字体格式为粗体（图 6–13）。

职责可以是各种形式，如前置条件和后置条件或协议规范等约束(图 6–14)，后者可能会通过接口给出交互的排序限制。

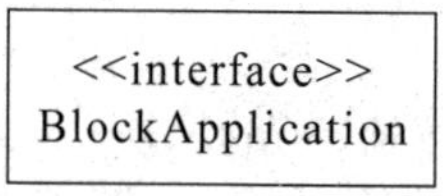

<<interface>>
BlockApplication

图 6–13　BlockApplication 接口

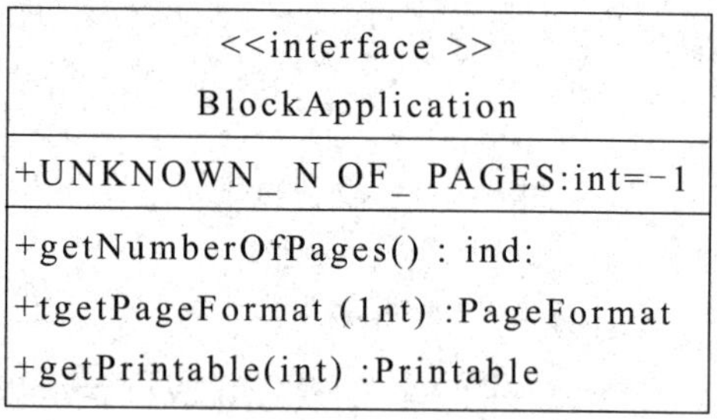

<<interface >>
BlockApplication
+UNKNOWN_ N OF_ PAGES:int=-1
+getNumberOfPages() : ind:
+tgetPageFormat (1nt) :PageFormat
+getPrintable(int) :Printable

图 6–14　Pageable 接口

接口只是声明，因此不是用于实例化对象，而是通过可以实例化类的实例来实现接口的规范。一个类可以拥有多个接口的实现。相应的，一个接口每次可以由多个类实现。

一方面，接口和类之间的关联关系意味着在该特定接口的实现与相应的分类器之间普遍存在一致的关联关系。另一方面，接口之间的关联关系表明在接口的实现之间存在一致的关联关系。

假设接口是由分类器实现的接口的分类，表示类的实例和客户端之间可能存在的职责，即由分类器向其客户提供的服务。

实现依赖关系中的接口被表示为一个圆或球，其中接口名称作为标签，并有一条实线连接到实现该接口的分类器，如图 6–15 所示。

BlockFacebook
BlockApplication

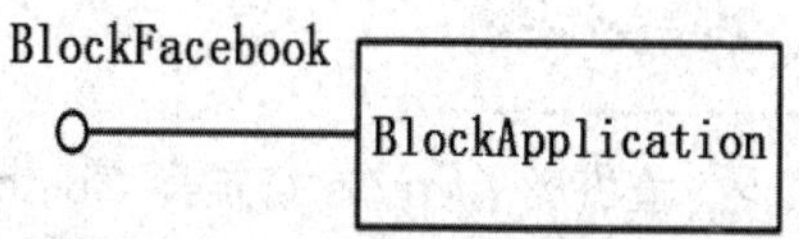

图 6–15　BlockFacebook 接口通过 BlockApplication 类实现（实施）

所需接口是类需要的服务类别，以执行其功能并满足对客户的责任。该规范是根据类和相应接口之间的使用依赖关系给出的。它被表示为半圆或套接字，接口名称作为标签给出，以实线连接到需要此接口的类，如图 6-16 所示。

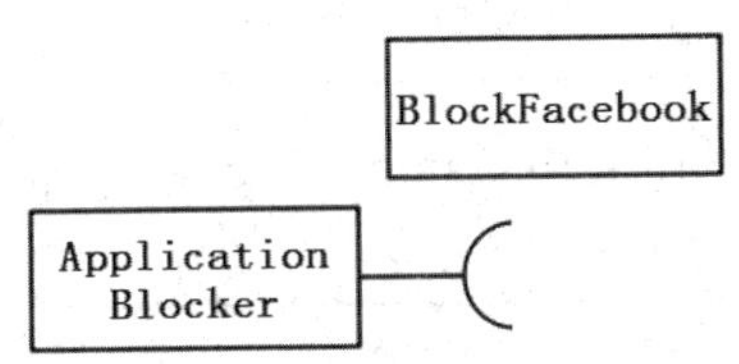


图 6-16　Blockfacebook 接口被 ApplicationBlocker 使用（需要）

某些应用需要两个或多个接口相互耦合。在这种情况下，每个接口都代表多方协议中的特定角色，这种类型的耦合由接口之间的关联关系来捕获。

#### 6.1.6.6　对象

类或接口的实例被称为对象，在技术上，对象本身不是一个 UML 元素，但是通常在对象图中会被指定为实例规范。图 6-17 为名实例。

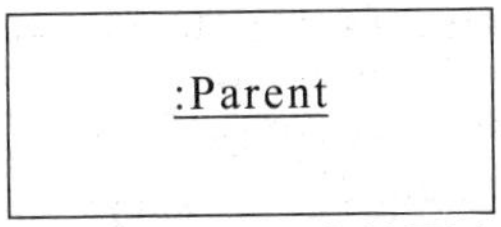

:Parent

图 6-17　Parent 类的匿名实例

在某些情况下，实例的类名未指定或未知。当实例名称也没有提供时，这个未命名类的匿名实例就用一个简单的下画线和冒号表示，如图 6-18 和图 6-19 所示。

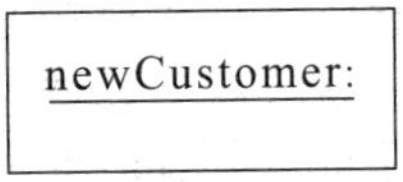

newCustomer:

图 6-18　无名或未知类的 newCustomer 实例

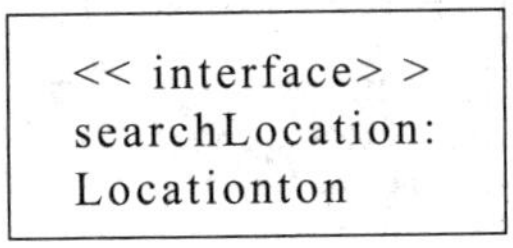

<< interface> >
searchLocation:
Locationton

图 6-19　位置的 searchLocation 实例

图 6-20 所示的这个对象包括对象（实例）名称、类和指定的包（命名空间）。

如果实例有任何值，则将其指定为实例的名称。名称下方可以有等号（“=”），也可以没有等号（图 6-21）。

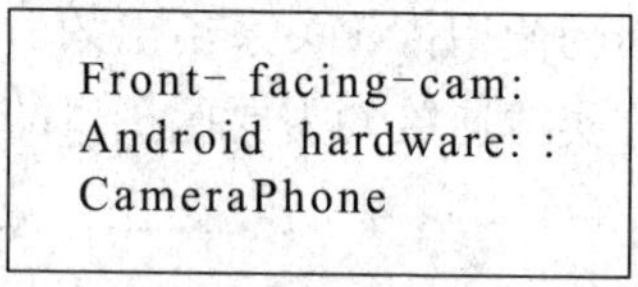

```
Front- facing-cam:
Android hardware: :
CameraPhone
```

图 6-20 android.hardware 包中 CameraPhone 类的 Front-facing-cam 实例

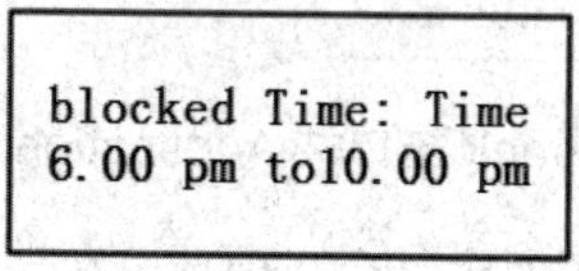

```
blocked Time: Time
6.00 pm to10.00 pm
```

图 6-21 Time 类的 blockedTime 实例的值为 6.00 ～ 10.00pm

有分隔栏的图表可以指定结构特征，特征名称后接等号（“=”）和值规范，如图 6-22 所示，还可以显示类的类型。

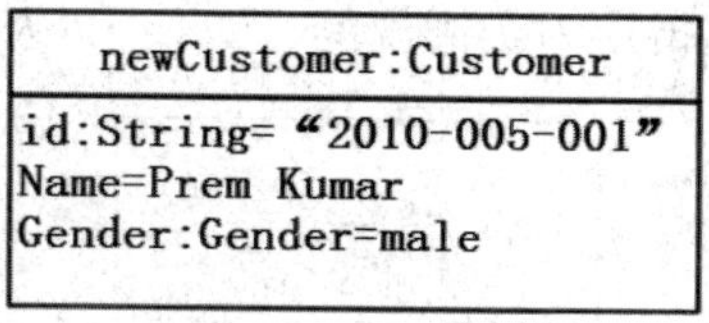

```
newCustomer:Customer
--------------------
id:String= “2010-005-001”
Name=Prem Kumar
Gender:Gender=male
```

图 6-22 Customer 类的 newCustomer 实例有指定值

#### 6.1.6.7 数据类型

与类相似，数据类型也是一个类，其实例通过它们的值被识别。

基本上，使用数据类型可以表示业务领域的值类型、任何编程语言的原始类型或结构化类型，典型的例子包括货币、数据和时间、性别和地址。一个特定数据类型的实例和具有相同值的同一数据类型的所有实例，其副本都被视为相等的实例。

数据类型使用关键 <<dataType>> 的矩形符号表示，如图 6-23 所示。

```
<<dataType> >
DateOfBirth
```

图 6-23 DateOfBirth 数据类型

就像编程语言中的结构化数据类型一样，UML 中的数据类型也具有属性和操作（图 6-24 和图 6-25）。如果结构化数据类型的两个实例的结构相同，并且相应的属性值相等，则可以认为这两个实例是相等的。

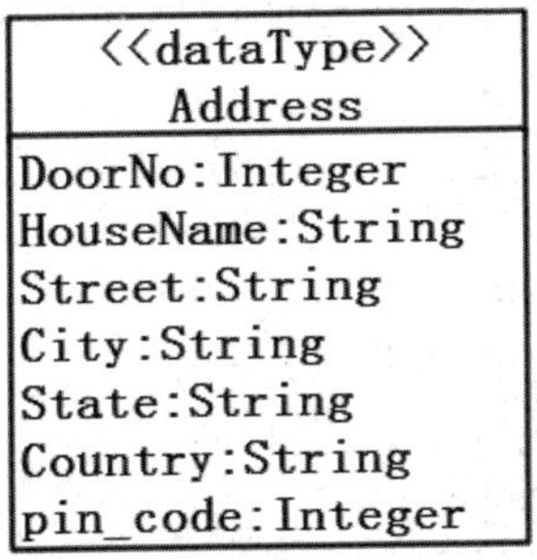

<<dataType>>
Address
DoorNo:Integer
HouseName:String
Street:String
City:String
State:String
Country:String
pin_code:Integer

图 6-24　结构化数据类型 Address

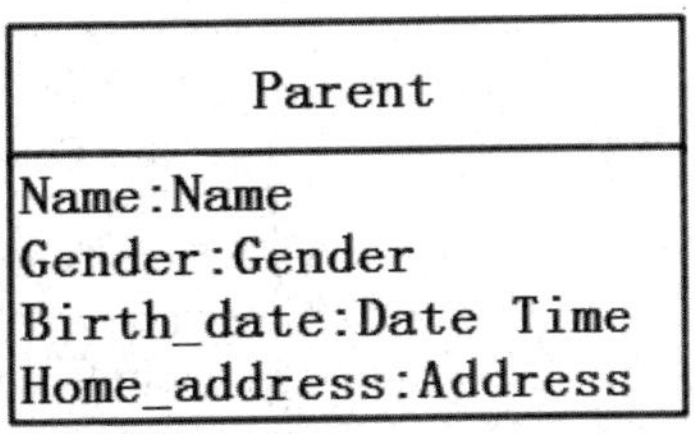

Parent
Name:Name
Gender:Gender
Birth_date:Date Time
Home_address:Address

图 6-25　Parent 类的属性有 Name、Gender、DateTime 和 Address

如果数据类型被简单地引用为类属性的类型之一，则数据类型仅显示其名称。

6.1.6.7.1　原始类型

当数据类型表示原子数据值时，即其无法被分割或不存在结构，这些数据类型就被称为原始类型。每个原始数据类型都具有明确的语义和数学定义的函数。

标准的 UML 原始类型包括：

（1）Integer

（2）UnlimitedNatural

（3）Real

（4）Boolean

（5）String

原始类型的实例没有标识。具有相同表示含义的两个实例是等价的。

关键字 <<primitive>> 写在原始数据类型的名称之上或之前，如图 6-26 所示。

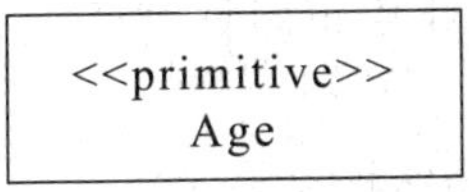

<<primitive>>
Age

图 6-26　原始数据类型 Age

6.1.6.7.2　枚举

模型中用户定义的枚举变量属于枚举数据类型。

枚举使用类符号（矩形）表示，矩形最上方有关键字 <<enumeration>>，如图 6–27 所示。枚举名称放置在顶部区域中。枚举的属性列表在中间区域中给出。第三个也是最底层的区域，列出了枚举的操作。

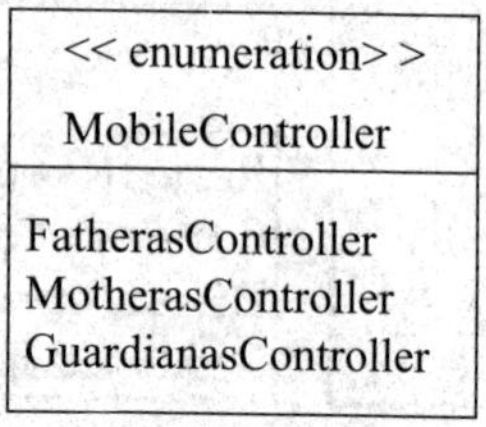

<< enumeration> >
MobileController

FatherasController
MotherasController
GuardianasController

图 6–27 Mobile ControllerType 枚举

属性和操作区域是可选的，有时会被屏蔽，以防它们为空。

#### 6.1.6.8 属性

表示类的特性或关联关系的特性的结构化特征称为属性。通常，属性将一个或多个命名关系的实例状态声明为单个值或多个值。

当创建实例时，属性表示与一个类型的实例相关的值或值的集合（如果它是一个三元关联，则表示多个类型的实例）。这组类被称为属性的上下文。如果该上下文为属性，则称为拥有的分类器。如果存在关联关系，在关联另一端的上下文被称为类型集合。

属性的语法如下，还可以向属性的规范中添加其他符号形式。

property :: = [visibility ] ['/'] prop-name[':'prop-type]
['['multiplicity' ] '] [' = 'default ]
[prop-modifiers]

属性的可见性是“可选可见性”。即使在模型中有一些值，也可以屏蔽可视性并且不会在图表上显示，没有默认的可见性。如果图中没有给出可见性，则它不被指定或屏蔽。

visibility :: ='+'|'~'|'#'|'–'

当属性是派生属性时，则使用正斜杠“/”；当属性值可以由其他信息计算得到时，它被称为派生属性。

prop-type 是由类名表示的属性的类型。

属性也可以有多重性。多重性绑定限制了属性值集合的大小。默认最大绑定值为 1。

属性的默认值将使用默认选项来表示。

属性有时可以有可选的修饰符，按照以下规则书写：

prop-modifiers :: = '{prop-modifier[ ', 'prop-modifier]* ' } '

prop-modifier :: = 'readOnly '| 'union '| 'ordered '| 'unique '| 'nonunique '|prop-constraint| 'readfines 'prop-name| 'subjects 'prop-name

#### 6.1.6.9　分类器属性

类拥有的特性通常表示该类的属性。

当与类实例相关联的值保存在实例槽中时，属性的所有权会被定义为某种关系。

槽（slot）是表示一个实例具有特定结构化特征值的 UML 元素。一个实例可以为其类的每个结构化特征（包括继承的特征）分配一个槽。

这种映射通常被称为编程中的内存槽或存储器类的属性存储在分类器的槽中，当关联终端被一个类所拥有时，其相应的属性表示关联终端。

以关联的类结尾的关联关系由一个小实心圆（也称为圆点）表示，如图 6-28 所示。圆点画在线和类的交接处。可以这样解释，模型包括圆点连接的类所表示的类型的属性。该属性由关联线段另一端的类所拥有。

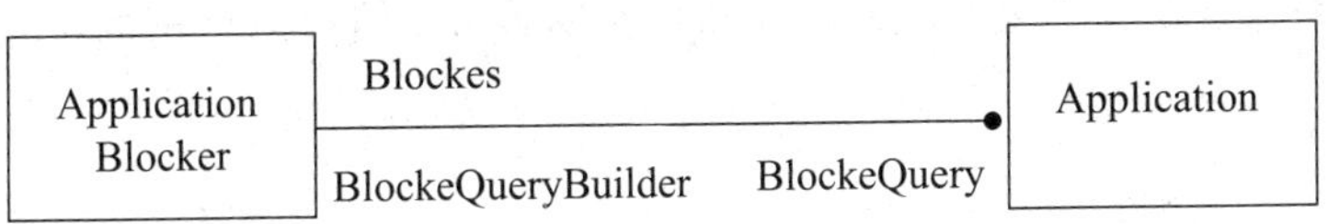


图 6-28　关联终端 BlockQuery 被 ApplicationBlocker 所有，关联终端 Block-Querybuilder 被 Blocks 关联所有

#### 6.1.6.10　关联属性

当关联线段的一端为属性时，属性的值将与关联线段另一端的实例相关联。

当属性由关联所有时，属性被称为关联属性。

关联终端的所有者可以是：

（1）关联本身

（2）终端分类器

当关联有多个端点时，这些端点由该关联关系所有。

二元关联不使用圆点表示，因此关联的端点由关联本身所有。

#### 6.1.6.11　限定符

一个有趣的元素是限定符——定义有关限定端的实例的关联实例集的一个分区的属性。简单来说，它们可以被理解为属性的属性。限定符的更合适的名称可能是选择器或键。

编程语言中有限定符的简单示例，包括 Java 中的散列映射、C # 中的字典、索引表等，分别使用限定符作为散列键、搜索参数或索引，提供了对链接对象的快速访问。

限定符表示为一个小矩形，被附加到限定类，也称为源。此限定符矩形仅是该关联关系的一部分，而不是类的一部分。UML 不允许屏蔽限定符，需要显式地表达出来。

这里，除了不使用初始值之外，限定符属性的符号与类属性的符号相同。限定符中的一个或多个属性显示在限定符框中，一行一个。在单个关联的情况下，限定符显示在每个关联关系的端点处。

#### 6.1.6.12 多重性

（1）目标：对于给定的限定对象和限定符实例，关联关系目标端的对象总数量受限于所声明的目标的多重性。

如果限定符的域很大或无限，例如数字、字符串、日期，那么目标多重性应该用 0 表示“没有结果”。对于枚举域或受限域，值可以精确为 1，如图 6-29 所示。

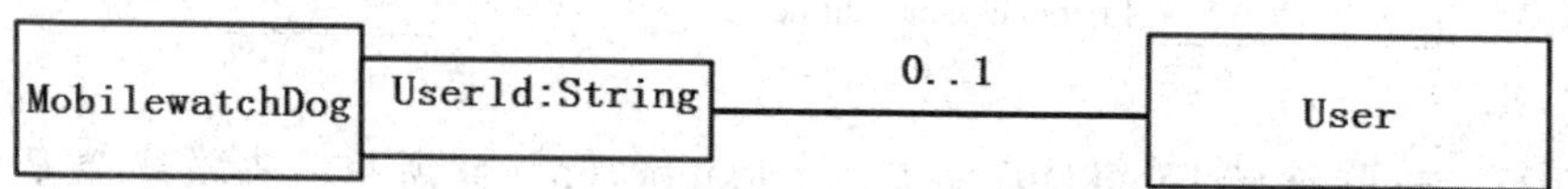


图 6-29　给定 MobilewatchDog 的应用和 UserId 最多只有一个用户

当限定对象的限定符唯一并且最多与一个关联对象连接时，目标多重性描述为 0..1。

当关联实例集被划分为可能为空的子集时，每个子集由给定的限定符实例选择，那么目标多重性描述为 0..*，如图 6-30 所示。

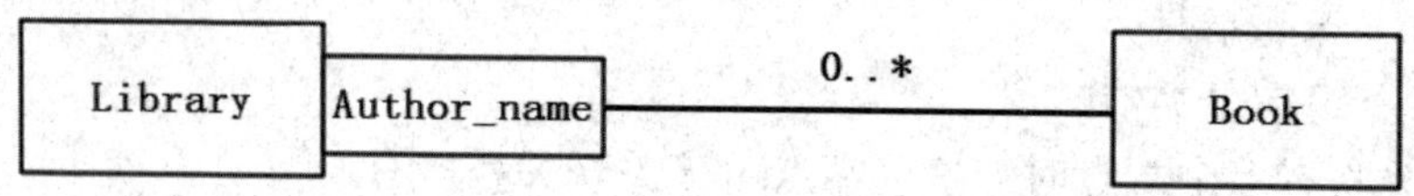


图 6-30　Library 和 Author_name 没有连接任何 Book

（2）限定符：限定词的多重性给出了提供限定符值的假设。没有限定符时的“原始”多重性值假定是 0..*。在原始多重性为 1 的情况下，最好不用限定符来建模。

### 6.1.6.13　操作

操作是一个类的行为特征或只是类的函数，它是由调用此关联行为的名称、类型、参数和约束指定的。

通常在该类的实例上调用操作，对此类来说，这个操作是一个特征。如果操作标记为 isQuery，那么执行这样的操作不会影响系统的状态，因而不会出现副作用。默认值为 false，因此该操作假定有副作用，并影响系统的状态。

在 UML 中，操作最多只有一个返回参数。调用操作期间也会引发异常。

有时，必须在特征类的专门化中重新定义操作，这个发生在继承的情况下。这种重新定义可以改进所属参数的类型，添加新的前置条件或后置条件，添加新的异常，或以其他方式改进操作规范。

当操作在图中显示时，文本应符合 UML 规范中定义的语法。典型语法如下:

operation :: [visibility] signature [oper-properties]

通常，操作的可见性是可选的，如果存在，它可能是以下可见性之一：:: = '+'|'-'|'#'|'~'，如图 6-31 所示。

| CustomerController |
|---|
| +CreateCustomerAccount()<br>+RemoveCustomerAccount()<br>#ChargeSummary(ID String): Currency<br>-GetCustomerbyID(ID String): MobileWatchDogCustomer<br>-SearchCustomerbyName(Name String): MobileWatchDogCustomer |

图6-31　操作 Create CustomerAccount 和 RemoveCustomerAccount 是公开的，ChargeSummary 是受保护的，GetCustomerbyID 和 Search Customerby Name 是私有的

参数列表和签名的返回规范是可选的。

signature :: =name'('[parameter-list] ') '[': 'return-spec]

名称是操作名。参数列表是以下格式中操作的参数列表 :

parameter-list :: = parameter[', 'parameter]*

parameter :: =[direction]param-name':'type-expression['['multiplicity'] '] ['='default][parm-properties]

param-name 是参数名称。type-expression 是参数类型的表达式。multiplicity 是指参数的多重性。default 是定义参数默认值的值规范的表达式。

参数方向被描述为（如果省略，则默认为 in）:

direction :: ='in'|'out'|'inout'|'return'and defaults to 'in'if omitted

可选的 pamm -properties 表示适用于参数的附加属性值。

parm-properties :: ='{' parm-property[', ' parm-property ]* '}'

如果有返回值，则定义为：

return-spec :: =[return-type] ['['multiplicity'] ']

如果返回类型是为操作定义的，则它是计算结果的数据类型。返回规范还支持返回类型的可选多重性。

操作的属性也是可选的，按以下规则表达：

oper-properties :: ='{'oper-property[', 'oper-property]* '}'

oper-property :: ='redefines'oper-name |'query'|'ordered'|'unique'| oper-constraint

通常情况下，操作的属性描述了操作或是返回参数，定义如下。

（1） redefines oper-name：操作重定义了由操作名称标识的继承操作。

（2）query：操作不改变系统的状态。

（3） ordered：返回参数的值是有序的。

（4） unique：参数返回的值不重复。

（5）oper-constraint：应用于操作上的约束。

图 6-32 给出了示例。

| Identify |
|---|
| -check(geolocation: String) {redefines location_points}<br>-getLocation(): Location{latitude, longitude}<br>-traceRoute():location_points [*] {unique, ordered} |

**图 6-32 操作 check 重定义继承操作 location_points，操作 getLocation，没有改变系统的状态。操作 traceRoute 不重复地返回 location_points 的有序数组**

#### 6.1.6.14 抽象操作

抽象操作被简单地定义为没有实现的操作——“类不实现相应的操作”。该实现必须由超类的后代类完成。

基本上，抽象操作没有定义或概念，抽象操作及签名用斜体表示，或者简单标记为 {abstract}。

#### 6.1.6.15 约束

类图的各种元素的条件或限制作为 UML 中的约束。这些约束必须以某种方式进行评估，以产生一个真值，从而确保系统设计的正确性，如图 6-33 所示。

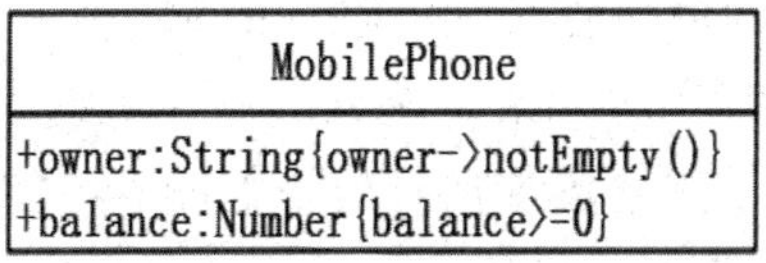

MobilePhone
+owner:String{owner->notEmpty()}
+balance:Number{balance>=0}

图 6-33　MobilePhone 的属性约束——非空值所有者和正余额

如果有单个元素（例如类或关联路径）具有约束，则约束字符串放在该元素的符号附近，一般靠近名称（如果有的话）。

如果约束应用于两个元素（如两个类或两个关联），则在由大括号内写入的约束字符串标记的两个元素之间显示为虚线，如图 6-34 所示。

Person
+owner
Account
{xor}
+owner
Corporation

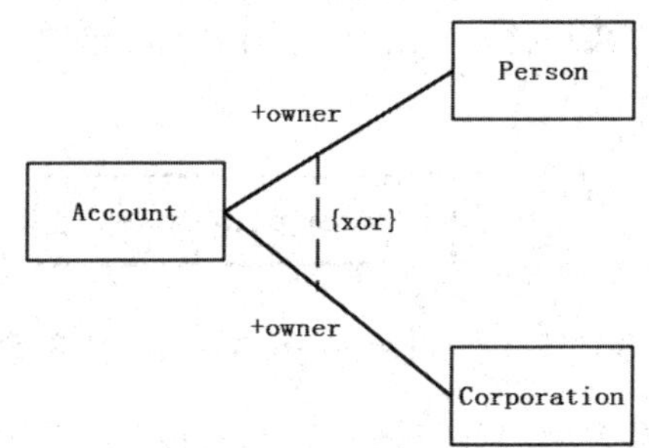

图 6-34　账户所有者既不是 Person 也不是 Corporation，{xor} 是预先定义的 UML 约束

约束字符串也可以放置在注释符号中（与用于注释的情况相同），并通过虚线附加到受限元素的每个符号上，如图 6-35 所示。

BankAccount
+owner:String
+balance:Number
{owner->notEmpty()
and balance>=0

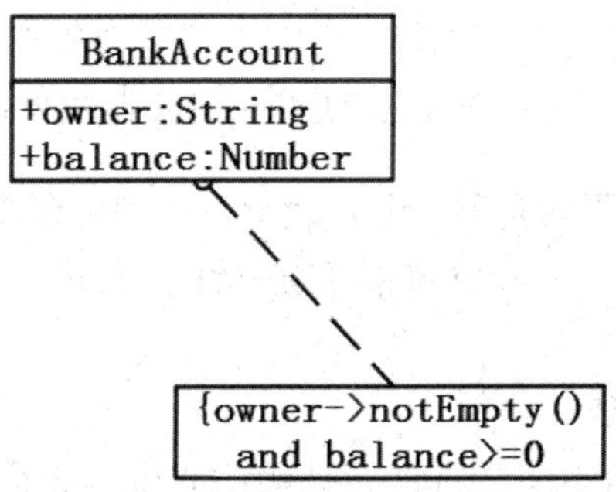

图 6-35　BankAccount 约束——非空值所有者和正余额

### 6.1.6.16　多重性

多重性允许提及所描述的元素的基数（允许的实例数），多重性元素还可

以说明集合的实例化中的值是否必须是唯一的和 / 或有序的。

对于符号为文本字符串的元素（例如类属性）的多重性，多重性字符串作为该文本字符串的一部分放置在方括号内，如图 6-36 所示。

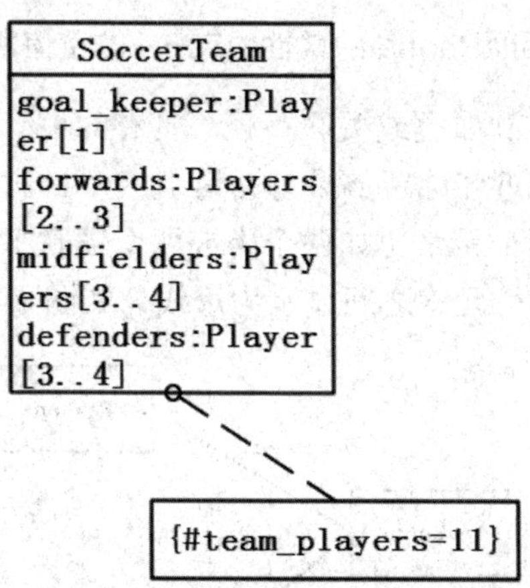


图 6-36　SoccerTeam 类中 Players 的多重性

如果多重性元素是多值的并且被指定为有序的，则该元素实例化中的值的集合被顺序排列。默认情况下，集合不会被排序。

如果多重性元素是多值且被指定为唯一的，则该元素实例化中的值的集合中的每个值必须是唯一的。默认情况下，集合中的每个值都是唯一的。图 6-37 展示了一个示例。

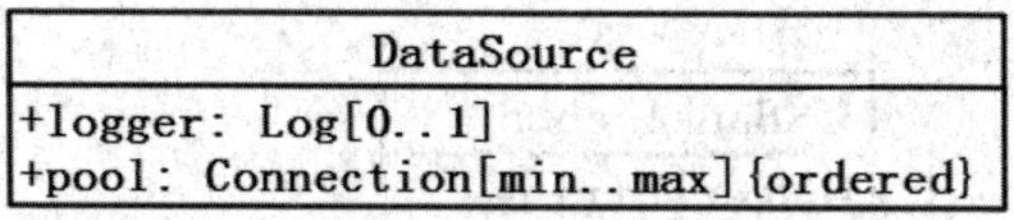

DataSource
+logger: Log[0..1]
+pool: Connection[min..max]{ordered}

图 6-37　DataSource 可能含有一个 logger 和有序的最小到最大连接的 pool，每一个连接都是唯一的（默认）

#### 6.1.6.17　可见性

可见性允许在命名空间或对该元素的访问中约束命名元的使用。它与类、包、泛化、元素导入和包导入一起使用。

UML 具有以下类型的可见性：

（1）公有

（2）包

（3）保护

（4）私有

注意，如果一个命名元素不属于任何命名空间，那么它没有可见性。

公有元素对于所有可以访问拥有它的命名空间的内容的元素都可见。公有可见性由“+”符号表示。

包元素由不是包的命名空间拥有，对于与其拥有的命名空间位于同一个包中的元素可见。只有不属于包的命名元素才能被标记为具有包可见性。标记为具有包可见性的任何元素对于最近的封装包中的所有元素（假设其他所拥有元素具有适当的可见性）是可见的。在最近的封闭包外面，标记为包可见性的元素不可见。包可见性由“~”符号表示。

受保护的元素对于与拥有它的命名空间具有泛化关系的元素可见。受保护的可见性由“#”符号表示。

私有元素只能在拥有它的命名空间中可见。私有可见性由“–”符号表示。

示例参见图 6–38 所示。

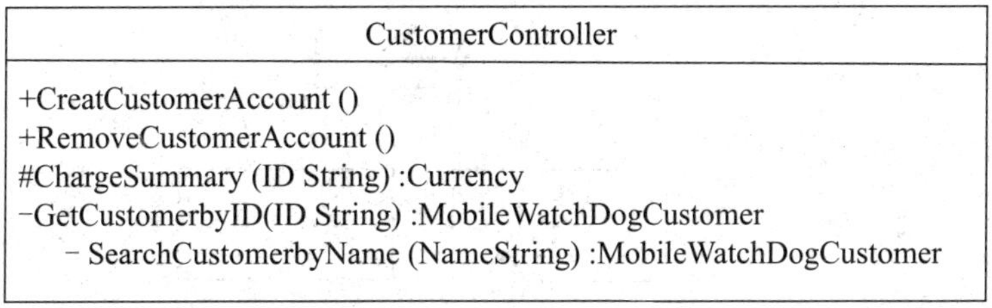

| CustomerController |
|---|
| +CreatCustomerAccount ()<br>+RemoveCustomerAccount ()<br>#ChargeSummary (ID String) :Currency<br>–GetCustomerbyID(ID String) :MobileWatchDogCustomer<br>– SearchCustomerbyName (NameString) :MobileWatchDogCustomer |

图 6–38 操作 CreateCustomerAccount 和 RemoveCustomerAccount 是公开的，ChargeSummary 是受保护的，GetCustomerbyID 和 SearchCustomerbyName 是私有的

如果某些命名元素具有多个可见性，例如，通过多次导入，公有可见性将覆盖私有可见性。如果一个元素两次导入同一个命名空间中，一次使用公有导入，另一次使用私有导入，则生成的可见性是公有。

#### 6.1.6.18 UML 关联

关联是分类器之间的关系，用于显示分类器的实例可以彼此连接或者逻辑或物理组合成一些聚合。

关联可用于不同类型的 UML 结构图：

（1）类图关联

（2）用例图关联

（3）部署图工件关联

（4）部署图通信路径

有几个与关联相关的概念：

（1）关联终端所有权

（2）可导航性

（3）关联元数

（4）聚合类型

通常，聚合类型、可导航性和终端所有权被认为是正交概念，正交通常意味着完全独立。虽然聚合类型、可导航性和关联终端所有权的符号可以独立使用，但概念本身不是正交的。

例如，由终端类拥有的关联的终端属性是可导航的，这显然使得可导航性取决于所有权。

图 6-39 为关联关系概述图。

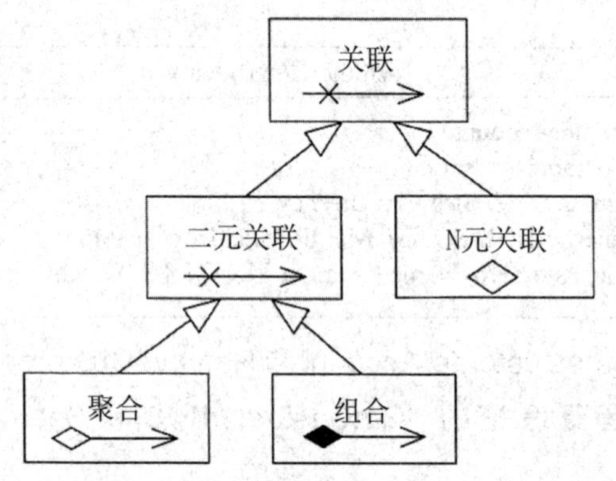


图 6-39　关联关系概述图

通常，关联被绘制为将连接两个分类器或将单个分类器连接到自身的实线。关联的名称可以显示在关联线的中间附近，但不能太靠近线的任何一端。该线的每一端可以写上关联终端的名称，如图 6-40 所示。

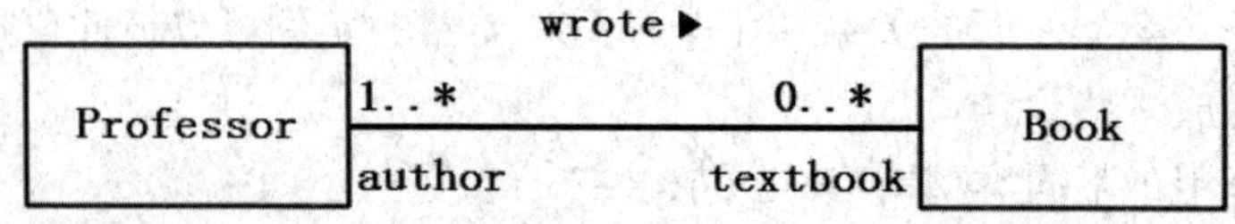


图 6-40　Wrote 关联在 Professor 与 Book 之间存在关联终端 author 和 textbook

### 6.1.6.19　关联终端

关联终端是描绘关联的线和描绘连接分类器的图标之间的连接。关联终端的名称可以放置在线尾的附近。关联终端名称通常称为角色名称。角色名称是可选的和可屏蔽的。图 6–41 显示了一个示例。

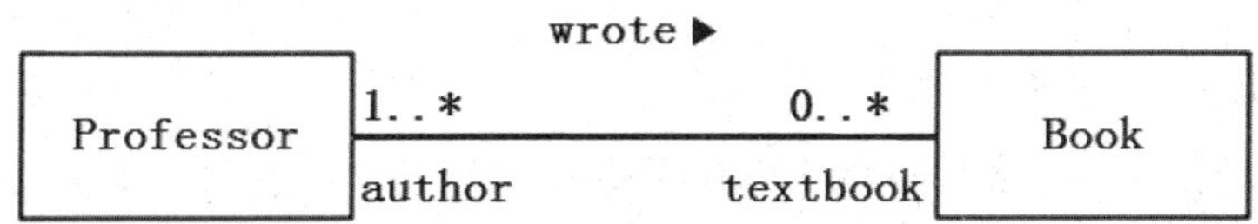


图 6–41　扮演 author 角色的 Professor 与类型为 Book 的 textbook 终端相关联

角色是指相同的分类器可以在其他关联中发挥相同或不同的作用。例如，教授可能是一些书籍的作者或是一个编辑。

关联终端可以属于：

（1）终端分类器

（2）关联本身

关联两个以上终端的关联终端必须由关联所有。

如图 6–42 所示，可以由小的填充圆圈（也称为点）以图形方式表示关联终端属于关联分类器。点在线与类的交点处绘制。它显示了模型包括与点相交的分类器所表示的类型的属性，该属性由另一端的分类器拥有。

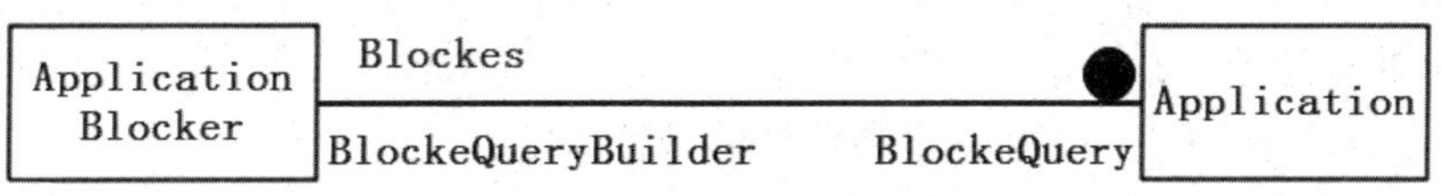


图 6–42　关联终端 BlockQuery 属于 Application 类，关联终端

BlockQuerybuilder 属于 ApplicationBlocker 类。

“所有权”点可以与其他图形线路符号结合使用，表示关联和关联终端的属性，包括聚合类型和可导航性。

UML 标准不是使用明确的终端所有权符号，而是定义一个符号，该符号应适用于此类使用方式的模型，点符号必须在完整关联或更高层次上应用，因此没有点符号就表示终端属于关联本身，换句话说，在二元关联中，只有不是由分类器所拥有的终端可以省略点符号。

属性符号表示类所拥有的关联终端，因为类所拥有的关联终端也是属性。该符号可以与线箭头符号一起使用，完全清楚地表示该属性也是一个关联终端，如图 6–43 所示。

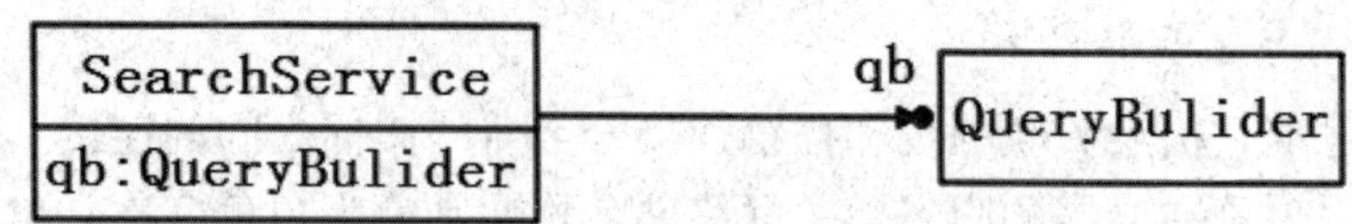


图 6-43　关联终端 qb 是 SearchSevice 类的属性，也属于该类

#### 6.1.6.20　可导航性

如果在链路这一端的分类器实例可以在运行时被链路另一端的实例有效地访问，那么关联的终端属性就被认为是可以从关联的相对端导航。

UML 规范不规定此访问应该有多高效，也没有任何的具体机制来实现这一效率。这只用于具体的实现。

当关联的终端属性被标记为不可导航时，这意味着“从另一终端可能或不能访问，如果可以访问，则访问可能不是有效的”，这个不可导航的定义实际上意味着“什么都可以”或“谁在乎”可导航性。

由终端类所拥有的关联的终端属性或者是作为关联的可导航终端的终端属性表示该关联可从另一终端导航；否则，关联不能从另一终端导航。

#### 6.1.6.21　不推荐的可导航性惯例

（1）假定不可导航的终端由关联本身所有。

（2）假定可导航的终端由另一端的分类器所有。

可能的符号有：

（1）可导航的终端由关联终端处的开箭头表示。

（2）不可导航的终端由关联终端处的小 × 符号表示。

（3）关联终端没有修饰符号意味着未指定可导航性。

示例参见图 6-44。

可见性符号可以作为修饰符添加到可导航终端，表示终端作为特征分类器属性的可见性。

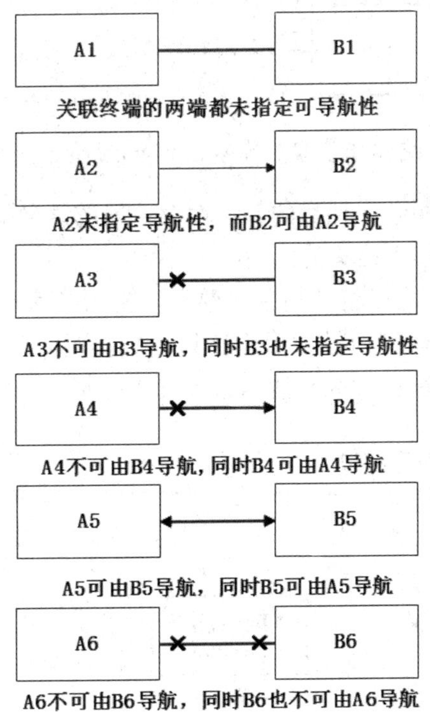


图 6-44　多种可能的、不可能的导航

#### 6.1.6.22　*元数*

每个关联具有特定的元数，因为关联可以和两个或多个项相关。

（1）二元关联：它涉及两种类型的实例，如图 6-45 所示。它通常呈现为连接两个分类器的实线，或连接单个分类器到其自身的实线（两端是不同的）线可以由一个或多个连接的段组成。

一个小的实心三角形可以放置在二元关联的名称旁边（用实线绘制），以显示关联终端的顺序。箭头沿着直线按照该关联的顺序指向下一个终端。这个符号也表示该关联将从第一个终端读取到最后一个终端，如图 6-46 所示。

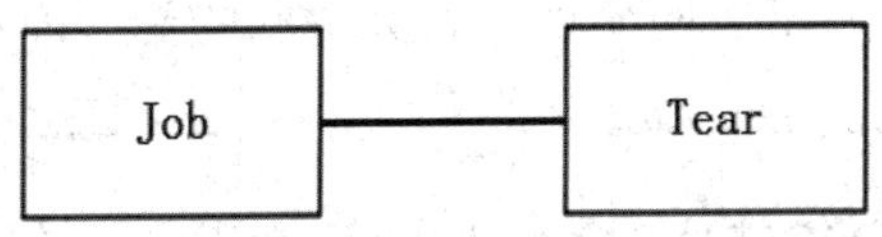


图 6-45　Job 和 Year 两个分类器相关联

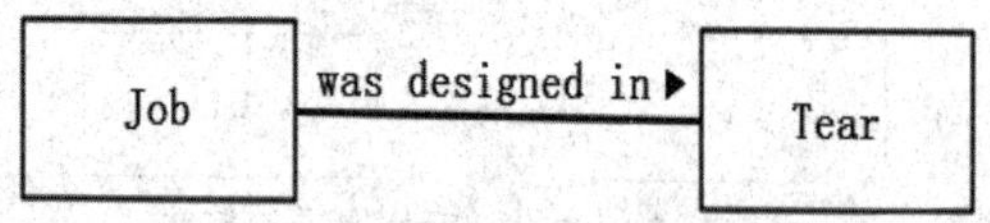


图 6-46　终端和读取的顺序 Job-was designed in-Tear

尽管这个箭头仅用于文档目的，也没有一般的语义解释，但它定义了关联终端的顺序——这也属于语义的范围。

（2）N 元关联：可以将任何关联绘制为菱形（大于线上的终止符），其中实线用于将每个关联端通过菱形连接到终端类型的分类器上，如图 6-47 所示。多于两个终端的 N 元关联只能以这种方式绘制。

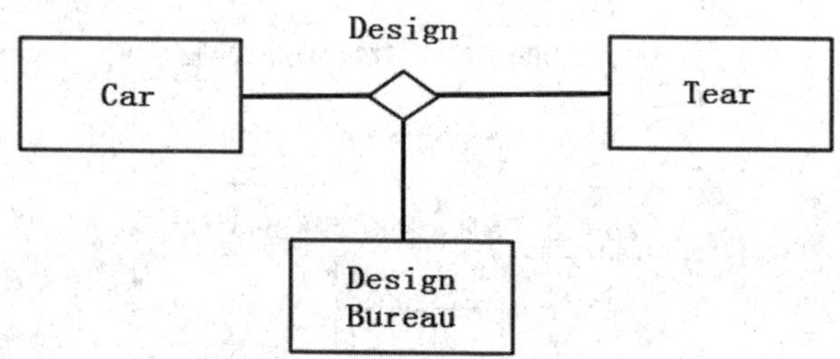


图 6-47　3 个分类器的三元关联 Design

### 6.1.6.23　共享聚合和复合聚合

聚合是表示某种整体 / 部分关系的二元关联。聚合类型可以是：

（1）共享聚合（也叫作聚合）。

（2）复合聚合（也叫作组合）。

#### 6.1.6.23.1　聚合

当部分实例独立于复合时，聚合（共享聚合）是一种“弱”形式的聚合：

（1）相同（共享）部分可以包含在几个复合中。

（2）如果复合被删除了，共享部分仍然存在。

共享聚合显示为二元关联，在关联线的聚合端以中空的菱形作为终端修饰符，如图 6-48 所示，菱形应明显小于 N 元关联的菱形符号。

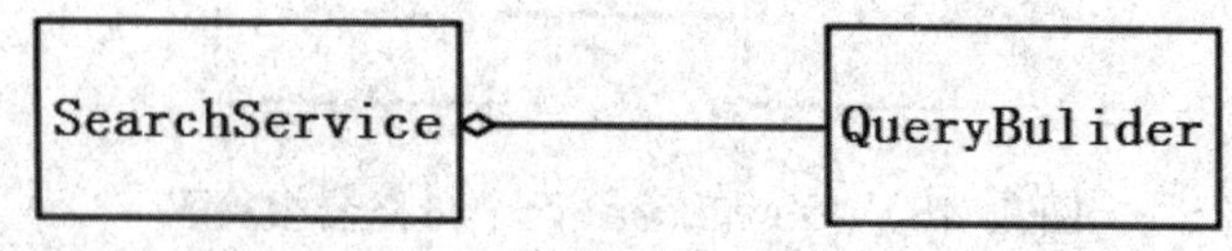


图 6-48　SearchService 使用共享聚合包含 QueryBuilder

6.1.6.23.2　组合

组合（复合聚合）是一种“强”形式的聚合，UML 规范中关于组合的要求 / 特征有：

（1）是整体 / 部分关系。

（2）是二元关联。

（3）一次最多可以包含一个复合（整体）。

（4）如果删除了一个复合（整体），所有的复合部分也一并被删除。

复合聚合被描绘为在聚合（整体）终端用填充的黑色菱形修饰的二元关联，如图 6-49 所示。

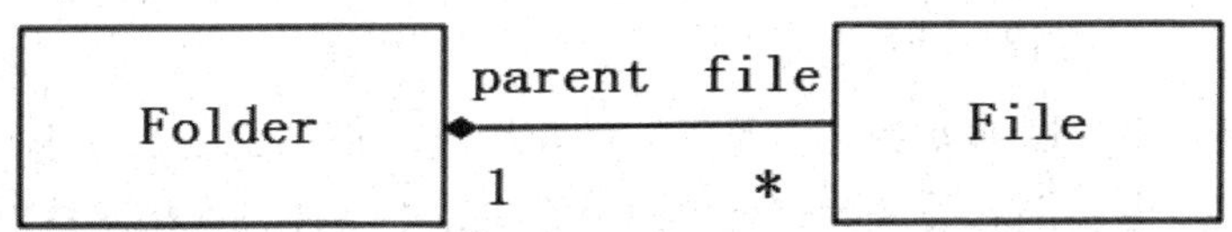


图 6-49　Folder 可以包含很多 file，一个 File 刚好带有一个 Folder

如果 Folder 被删除，那么其中包含的所有 file 也被删除。

当在领域模型中使用组合时，整体部分关系以及复合“删除”的事件应被形象地而非必要地解释为物理包含和或终止，如图 6-50 所示。

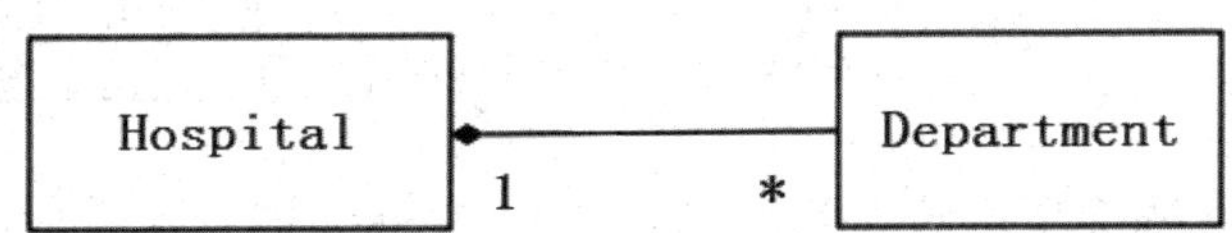


图 6-50　Hospital 可有一个或多个 Department，每个 Department 只属于一个

如果 Hospital 关闭，那么它的所有 Department 也会关闭。

注意，尽管看起来很奇怪，但复合（整体）的多重性可以被指定为 0..1（“最多一个”），这意味着该部分被允许为“独立”，而不是由任何特定的复合所拥有（图 6-51）。

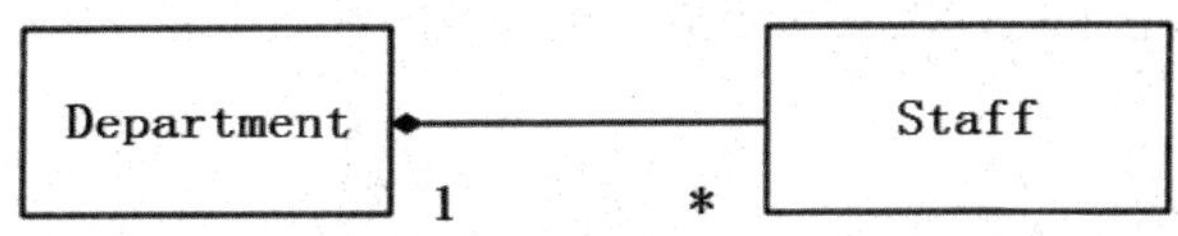


图 6-51　每个 Department 都有一些 Staff，每个 Staff 是（或不是）一个 Department 的成员。如果 Department 关闭，它的 Staff 就被解雇（除了独立的 Staff）

#### 6.1.6.24 关联类

一个关联关系可以被细化，以具有自己的一套特征，也就是说，特征不属于任何连接的分类器，而属于关联本身。这样的关联被称为关联类。它是一个关联，连接一组分类器和一个类，因此可以具有特征并且被包括在其他关联中。

关联类可以被看作一个同样具有类属性的关联，或者作为一个同样具有关联属性的类。

关联类被表示为通过虚线附加到关联路径的类符号。联路径和关联类符号表示相同的底层模型元素，其具有单个名称。关联名称可以放置在路径和类符号上，但它们必须是相同的名称。

#### 6.1.6.25 链接

链接是一个关联的实例。它是关联的每个终端值的元组，其中每个值都是终端类型的一个实例。关联具有至少两个终端，由属性（终端属性）表示。

链接使用与关联相同的符号表示。实线连接实例不是分类器。链接的名称可以表示为下画线，但不是必需的，可以显示终端名称（角色）和导航箭头。示例如图 6-52 所示。

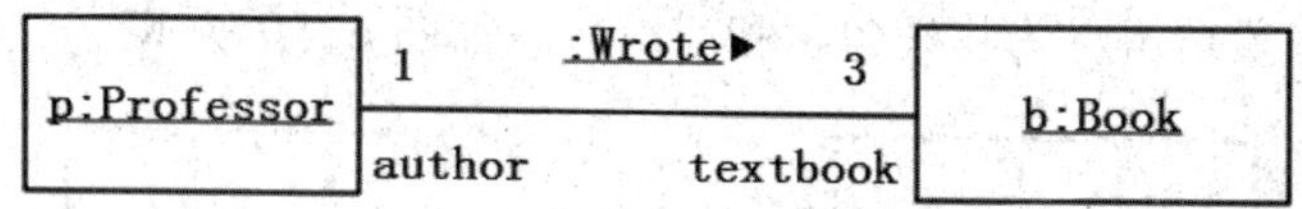


图 6-52 Wrote 链接在扮演 author 角色的 Professor 的 p 实例与 textbook 角色的 Book 的 b 实例之间

## 6.2 类之间的关系

类图由类和它们之间的关系组成。类与类之间通常有关联、泛化、依赖和实现四种关系。

### 6.2.1 关联关系

关联关系是一种结构关系，指出了一个事物的对象与另一个事物的对象之间在语义上的连接。例如，一名学生选修一门特定的课程。对于构建复杂系统的模型来说，能够从需求分析中抽象出类以及类与类之间的关联关系是很重要的。

6.2.1.1　二元关联

二元关联是最常见的一种关联，只要类与类之间存在连接关系就可以用二元关联表示。比如，教师使用计算机，计算机会将处理结果等信息返回给教师，因而在对应的类之间就存在二元关联。二元关联用一条连接两个类的实线表示，如图 6–53 所示。

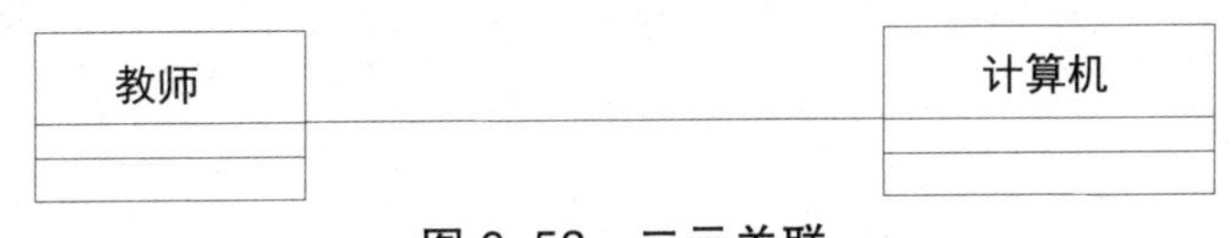


图 6–53　二元关联

一般的 UML 表示法允许一个关联连接任意多个类，然而，实际上使用的关联大多数是二元关联，只连接两个类。原则上，任何情况都可以只用二元关联建模，并且与涉及大量类的关联相比，二元关联更容易理解，用常规编程语言就能实现。

6.2.1.2　导航关联

关联关系一般都是双向的，关联的对象双方彼此都能与对方通信。换句话说，通常情况下，类之间的关联关系在两个方向都可以导航。但在有些情况下，关联关系可能要定义为只在一个方向导航。例如，雇员对象不需要保存相关公司对象引用，不能从雇员向公司发送消息。虽然系统仍然将雇员和他们工作的公司联系在一起，但是这并没有改变关联的含义，雇员和公司之间的关系为单向关联关系。

如果类与类之间的关联是单向的，则称为导航关联。导航关联采用实线箭头连接两个类。

箭头所指的方向表示导航性，如图 6–54 所示。图 6–54 只表示某人可以使用汽车。人可以向汽车发送消息，但汽车不能向人发送消息。实际上，双向的普通关联可以看作导航关联的特例，只不过省略了表示两个关联方向的箭头（类似于图的有向边和无向边）。

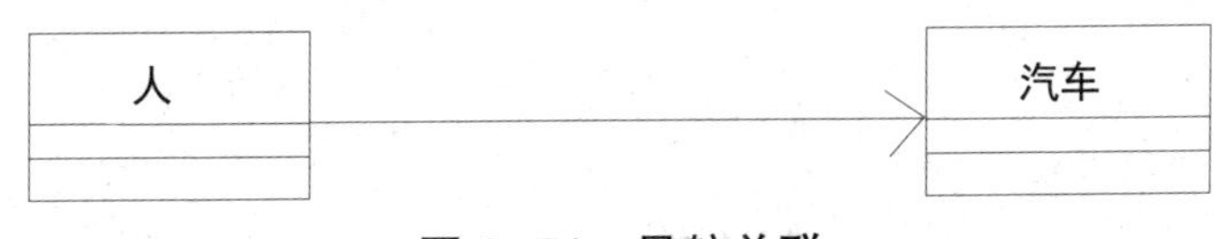


图 6–54　导航关联

#### 6.2.1.3 标注关联

通常，可以对关联关系添加一些描述信息，如名称、角色名以及多重性等，用来说明关联关系的特性。

6.2.1.3.1 名称

对于类之间的关联关系，可以使用动词或动词短语来命名，从而清晰、简洁地说明关联关系的具体含义。关联关系的名称显示在关联关系的中间。例如，人使用汽车，对人和汽车之间的关联关系进行命名，如图 6-55 所示。

图 6-55 关联关系的名称

6.2.1.3.2 角色名

关联关系中一个类对另一个类所表现出来的职责，可以使用角色名进行描述。角色名应该是名词或名词短语，以解释对象是如何参与关联关系的。例如，在某公司工作的人会很自然地将该公司描述为自己的“雇主”，“雇主”就可以作为 Company 端合适的角色名。同样，在另一端 Person 可以标注角色名“雇员”，如图 6-56 所示。

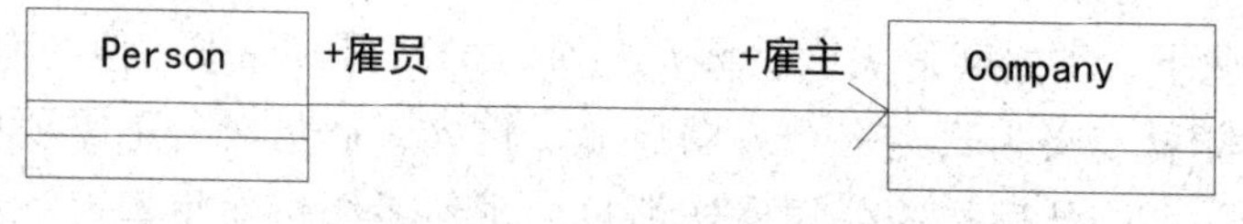


图 6-56 角色名

6.2.1.3.3 多重性

在关联的两端可以指定重数，重数表示在这一端可以有多少个对象与另一个端的一个对象关联。重数可以描述为取值范围、特定值、无限定的范围或一组离散值。例如，0..1 表示“0 到 1 个对象”，5..17 表示“5 到 17 个对象”，2 表示“2 个对象”。在图 6-57 中，多重性的含义是：人可以拥有零辆或多辆汽车，汽车可以被一至多人拥有。

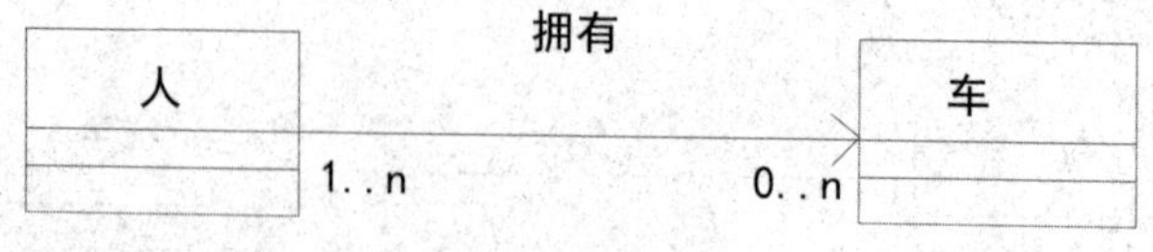


图 6-57 多重性

图 6–57 中，如果没有明确标识关联的重数，那就意味着重数是 1。在类图中，重数标志位于表示关联关系的某一方向上直线的末端。

#### 6.2.1.4　聚合与组合

聚合（Aggregation）是关联的特例。如果类与类之间的关系具有“整体与部分”的特点，就把这样的关联称为聚合。例如，汽车由四个轮子、发动机、底盘等构成，表示汽车的类与表示轮子的类、表示发动机的类、表示底盘的类之间就具有“整体与部分”的特点，因此，这是一种聚合关系。识别聚合关系的常用方法是寻找“由……构成”“包含”“是……的一部分”等语句，这些语句很好地反映了相关类之间的“整体与部分”关系。

在 UML 中，聚合关系用端点带有空菱形的线段来表示，空菱形与聚合类相连接，其中头部指向整体。如图 6–58 所示，球队整体类由多名球员（部分类）组成。

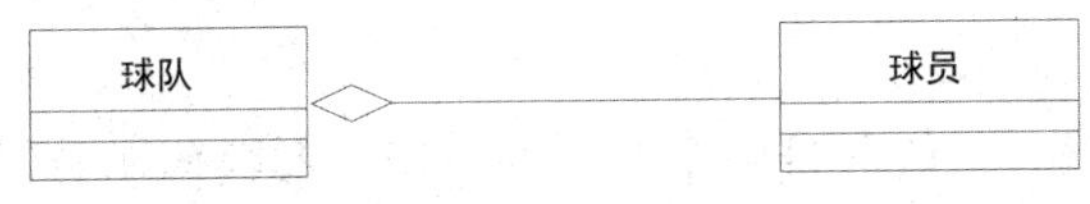


图 6–58　聚合关系

如果构成整体类的部分类完全隶属于整体类，就将这样的聚合称为组合（Composition）。换句话说，如果没有整体类，部分类也将没有存在的价值，部分类的存在是因为有整体类的存在。比如，窗口由文本框、列表框、按钮和菜单组合而成。

组合是更强形式的关联，有时也称为强聚合关系。在组合中，成员对象的生命周期取决于聚合的生命周期，聚合不仅控制着成员对象的行为，且控制着成员对象的创建和结束在 uML 中，组合关系使用带实心菱形的实线来表示，其中头部指向整体，如图 6–59 所示。

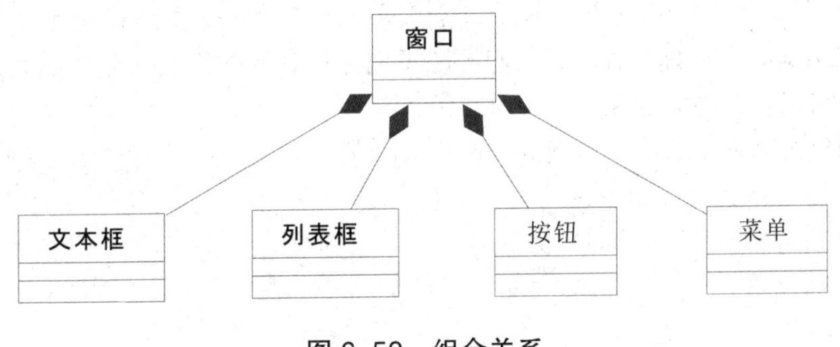


图 6–59　组合关系

#### 6.2.1.5 关联、组合与聚合关系辨析

关联是一种最普遍常见的关系，一般指一个对象可以发消息给另一个对象；典型情况下，指某个对象有一个指针或引用，指向某个实体变量。通过方法的参数来传递或创建本地变量的访问，也可以称为关联。

典型的代码如下：

（1）class A
（2）{
（3） private B item B;
（4）}

典型的代码也可能有如下形式：

（1）class A
（2）{
（3） void test（B b）{…}
（4）}

笼统的情况下，一般通过两个对象的引用、参数传递等形式产生的关系，都可以称为关联。

聚合表示的是一种 has-a 的关系，同时也是一种“整体与部分”关系。特点在于，部分的生命周期并不由整体来管理。也就是说，当整体对象已经不存在的时候，部分对象还可能继续存在，如图 6-60 所示。

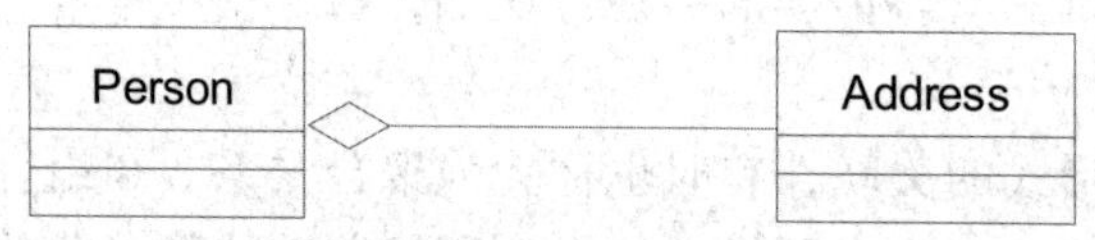


图 6-60 聚合关系示例

笼统来说，生命周期管理是比较模糊的。下面以图 6-59 所示的 Person 和 Address 类来做进一步解释，对于每个人来说，都有一个关联的地址。人和地址的关系是 has-a 的关系，但我们不能说地址就是人的组成部分。同时，地址和人是可以相对独立存在的。

用代码来表示的话，典型的代码样式如下：

（1）public class Addre
（2）{
（3）…
（4）}

（5）

（6）public class Person

（7）{

（8）private Address address;

（9）public Person(Address address)

（10）{

（11）this. address =address;

（12）}

（13）…

（14）}

我们通常以如下方式使用 Person 对象：

（1）Address address = new Address();

（2）Person person= new Person(address)。

或者：

（1） Person person= new Person(new Address())。

可以看到，上面创建了一个独立的 Address 对象，然后将这个对象传入 Person 类的构造函数。当 Person 对象的生命周期结束时，Address 对象如果还有其他指向 Person 对象的引用，那么它们可能继续存在。也就是说，它们的生命周期是相对独立的。

理解了聚合关系后，组合关系相对比较好理解。与聚合比起来，组合是一种更加严格的 has–a 关系。它表示一种严格的组成关系，以汽车和引擎为例，引擎是汽车的组成部分。它们是一种严格的部分组成关系，因此它们的生命周期也应该是一致的。也就是说，引擎的生命周期可通过汽车来管理，如图 6–61 所示。

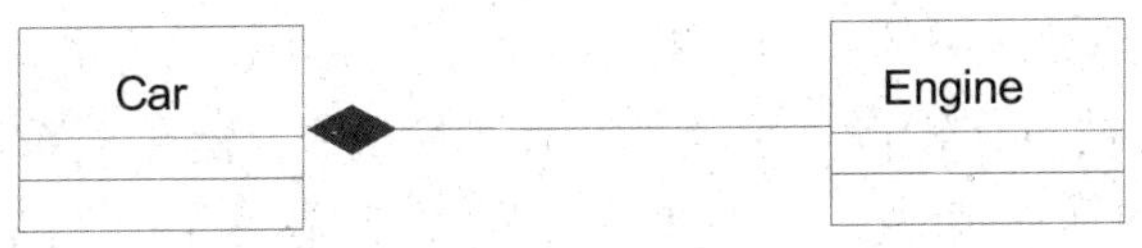


图 6–61　组合关系示例

组合关系的典型示例如下：

（1）public class Engine

（2）{

（3）…

```
}

public class Car
{
Engine e = new Engine();
……
}
```

Engine 对象是在 Car 对象中创建的，所以在 Car 对象的生命周期结束时，Engine 对象的生命周期也结束了。

### 6.2.2 泛化关系

一个类（通用元素）的所有信息（属性或操作）能被另一个类（具体元素）继承。继承某个类的类不仅可以有属于自己的信息，而且还拥有被继承类的信息，这种机制就是泛化（Generalization）。

#### 6.2.2.1 泛化及其表示方法

应用程序包含许多密切相关的类，这很常见。这些类可以共享一些特性和关系，也可以自然地看成代表相同事物的不同类。例如，考虑银行向顾客提供各种账户，包括活期账户、定期账户以及在线账户。银行操作的一个重要方面是一个顾客事实上可以拥有多个账户，这些账户属于不同的类型。通常，我们对账户是什么以及持有账户涉及什么，要有一般概念。除此之外，我们可以设想一系列不同种类的账户，像上面列举的那些一样，尽管它们有差异，却仍共享大量的功能。我们可以将这些直觉形式化，定义通用的“银行账户”类，对各种账户共有的东西建模，然后将代表特定类型账户的类表示为通用类的特例。

因此，泛化是类之间的一种关系，在这种关系中，一个类被看作通用类（父类），而其他类被看作特例（子类）。在 UML 中，泛化关系用从子类指向父类的带有实线的箭头来表示，指向父类的箭头是一个空三角形，如图 6-62 所示。

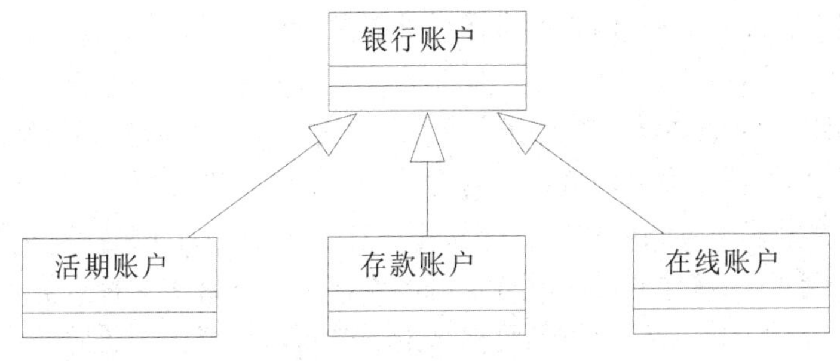


图 6-62　泛化关系

泛化关系描述的是 is kind of（是……的一种）的关系，它使父类能够与更加具体的子类连接在一起，有利于类的简化描述，可以不用添加多余的属性和操作信息，通过继承机制就可以方便地从父类继承相关的属性和操作。继承机制利用泛化关系的附加描述构造了完整的类描述。泛化和继承允许不同的类分享属性、操作和它们共有的关系，而不用重复说明。

泛化关系的第一个用途是定义可替代性原则，也就是当一个变量（如参数或过程变量）被声明存储某个给定类的值时，可使用类（或其他元素）的实例作为值，这被称作可替代性原则（由 Barbara Liskov 提出）。该原则表明无论何时祖先被声明后代的一个实例都可以使用。例如，如果"交通工具"这个类被声明，那么"地铁"和"巴士"对象就是合法的值。

泛化关系的另一个用途是在共享祖先所定义成分的前提下允许自身定义其他的成分，这被称作继承。继承是一种机制，通过该机制可以将对象的描述从类及其祖先的声明部分聚集起来。继承允许描述的共享部分只被声明一次，但可以被许多类共享，而不是在每个类中重复声明并使用，这种共享机制减小了模型的规模。更重要的是，减少了为了更新模型而必须做的改变以及意外的前后定义不一致。对于其他成分，如状态、信号和用例，继承通过相似的方法起作用。

泛化使得多态操作成为可能，即操作的实现是由它们使用的类而不是调用者确定的。这是因为一个父类可以有许多子类，每个子类都可实现同一操作的不同变体。

#### 6.2.2.2　抽象类与多态

在模型中，引入父类通常是为了定义一些相关类的共享特征。父类的作用是使用可替换性原则，而不是定义全新的概念，对模型进行总体简化。结果发现，不需要创建根类的实例，因为所有需要的对象可以更准确地描述为其中一个子类的实例。

账户层次为此提供了一个例子。在银行系统中，每个账户必须是活期账户、定期账户或其他特定类型的账户。这意味着不存在作为根类的“银行账户”类的实例，或更准确来说，在系统运行时，不存在应该创建的“银行账户”类的实例。

“银行账户”这样的类，没有自己的实例，因此被称为抽象类。不应该因为抽象类没有实例，就认为它们是多余的，就可以从类图中去除。抽象类或层次中根类的作用，一般是定义所有子孙类的公共特征。这有利于产生清晰且结构良好的类图，且效果显著。根类还为层次中的所有类定义了一个公共接口，使用这个公共接口可以大大简化客户模块的编程。抽象类能够提供这些好处，正像具有实例的具体类一样。

抽象类中一般都带有抽象操作。抽象操作仅仅用来描述抽象类的所有子类应有什么样的行为，抽象操作只标记出返回值、操作名称和参数表，关于操作的具体实现细节并不详细书写出来，抽象操作的具体实现细节由继承抽象类的子类实现。换句话说，抽象类的子类一定要实现抽象类中的抽象操作，为抽象操作提供方法（算法实现），否则子类仍然是抽象类。抽象操作的图示方法与抽象类相似，可以用斜体表示，如图 6-63 所示。

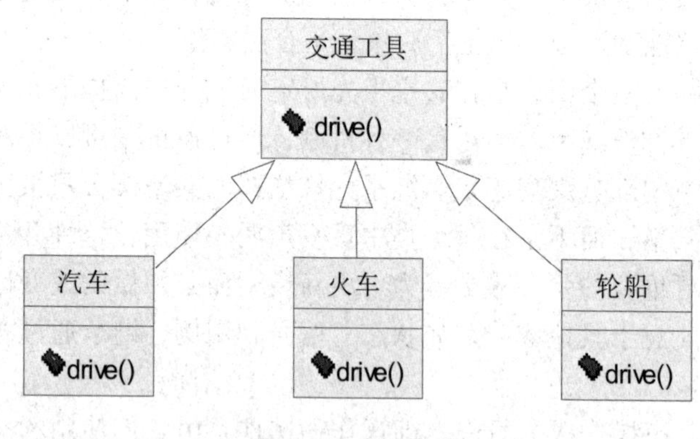


图 6-63　抽象类

与抽象类恰好相反的类称为具体类。具体类有自己的对象，并且具体类中的操作都有具体实现的方法，比如，图 6-63 中的“汽车”“火车”“轮船”三个类就是具体类。比较一下抽象类与具体类，不难发现，子类继承父类的操作，但是子类中对操作的实现方法却可以不一样。

这种机制带来的好处是子类可以重新定义父类的操作。重新定义的操作的标记（返回值、操作名称和参数表）应和父类一样，同时操作既可以是抽象操作，也可以是具体操作。当然，子类还可以添加其他的属性、关联关系和操作。

如果在图 6-63 中添加“人驾驶交通工具”这种关联关系，那么结果如图 6-64 所示。当人执行（调用）drive 操作时，如果当时可用的对象是汽车，那么汽车轮子将开始转动；如果当时可用的对象是轮船，那么螺旋桨将会动起来。这种在运行时可能执行的多种功能，称为多态。多态利用抽象类定义操作，而用子类定义处理操作的方法，达到“单一接口、多种功能”的目的在 C++ 语言中，多态是利用虚拟函数实现的。

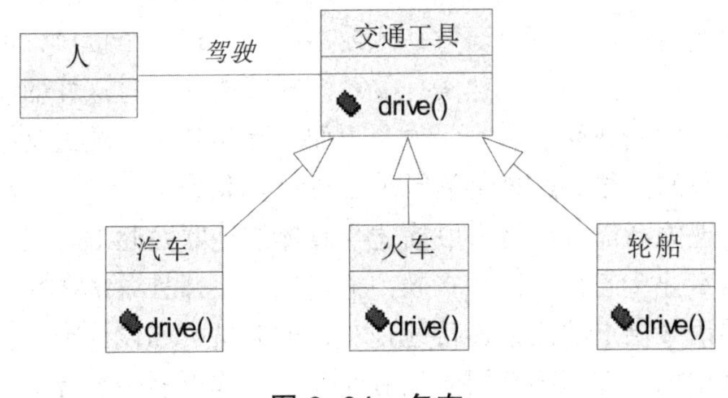


图 6-64　多态

### 6.2.3　依赖关系

依赖（Dependency）关系表示的是两个或多个模型元素之间语义上的连接关系。它只将模型元素本身连接起来，而不需要用一组实例来表达它的意思。它表示这样一种情形，提供者的某些变化会要求或指示依赖关系中客户的变化。也就是说，依赖关系将行为和实现与影响其他类的类联系起来。

根据这个定义，依赖关系包括很多种，除了实现关系以外，还可以包含其他几种依赖关系，包括跟踪关系（不同模型中元素之间的一种松散连接）、精化关系（两个不同层次意义之间的一种映射）、使用关系（在模型中需要另一个元素的存在）、绑定关系（为模板参数指定值）。关联和泛化也同样都是依赖关系，但是它们有更特别的语义，因而它们有自己的名称和详细语义。我们通常用依赖这个词来指其他的关系。

依赖关系还经常被用来表示具体实现之间的关系，如代码层的实现关系。在概括模型的组织单元（例如包）时，依赖关系是很有用的。例如，编译方面的约束也可通过依赖关系来表示。

依赖关系使用一个从客户指向提供者的虚箭头来表示，如图 6-65 所示。

图 6-65　依赖关系

### 6.2.4　实现关系

实现（Realization）关系将一种模型元素（如类）与另一种模型元素（如接口）连接起来。在实现关系中，接口只是行为的说明而不是结构或实现，而类中则要包含具体的实现内容，可以通过一个或多个类实现一个接口，但是每个类必须分别实现接口中的操作。虽然实现关系意味着要有接口这样的说明元素，但是也可以用具体的实现元素来暗示说明（而不是实现）必须被支持。例如，这可以用来表示类的优化形式和简单形式之间的关系。

泛化和实现关系都可以将一般描述与具体描述联系起来。泛化关系将同一语义层上的元素连接起来（比如在同一抽象层），并且通常在同一模型内。实现关系将不同语义层上的元素连接起来（比如分析类和设计类），并且通常建立在不同的模型内。在不同发展阶段可能有两个或更多个类等级，这些类等级的元素通过实现关系联系起来。各等级无须具有相同的形式，因为实现的类可能具有实现依赖关系，而这种依赖关系与具体类是不相关的。

在 UML 中，实现关系的表示形式和泛化关系十分相似，使用一条带封闭空箭头的虚线来表示，如图 6-66 所示。

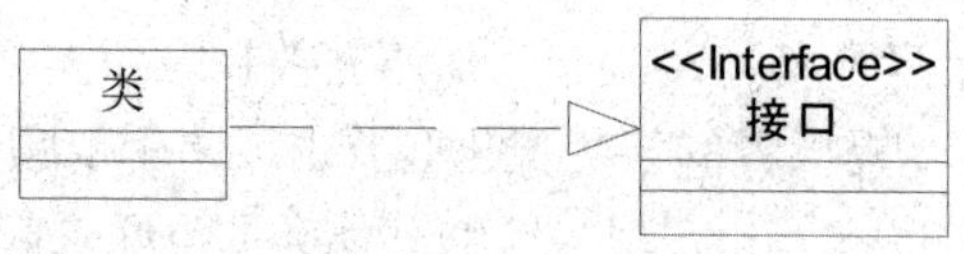


图 6-66　实现关系示例 1

在 UML 中，接口通常使用圆圈来表示，并通过一条实线附在表示类的矩形上来表示实现关系，如图 6-67 所示。

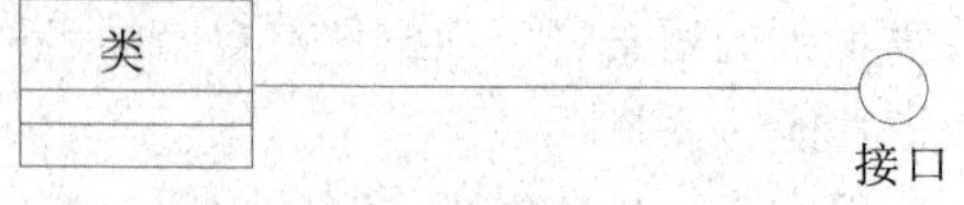


图 6-67　实现关系示例 2

# 6.3 系统静态分析技术

在面向对象系统开发过程中，经常采用自底向上的方法来开发一组可以复用的构件以装配系统。这些构件还应该能够适宜地放置到一个灵活的、可扩展的系统架构中，而只有通过自顶向下的方法才能实现这个系统架构，为了做到这一点，必须在使用一组高可重用性的构件构成系统之前，首先开发出这些构件。为了开发稳定的系统架构，使其能够充分地适应目标构件，在整个系统开发生命周期内，常常交叉使用自顶向下和自底向上方法。

## 6.3.1 如何获取类

识别对象是一项非常困难的任务，特别是根据上下文的不同，现实世界中的事物可能被认为既可以是属性，也可以是对象。例如，城市是现实世界中的物理对象，在地址 Address 上下文中，City 是 Person 类的属性而已；而在城市规划系统中，City 本身可能是类。通过检查类模型的可用性、可扩展性和维护性等来衡量类模型的优劣，好的类模型在其他面向对象系统组件中也应该被重用。可重用性是面向对象方法的一个关键优势。为了解决对象识别问题，应该同时进行领域分析和用例分析，领域分析从问题陈述着手，以产生类模型。领域分析关注可重用对象的识别，这些对象对于同样问题域的大多数应用来说都是通用的。因此，系统特定的对象也可以从用例中识别出来。领域分析和用例分析的结果都可以用来生成健壮的通用类模型。这将保证类模型可以满足用户的需求并可以被同一领域的其他应用重用。

## 6.3.2 领域分析

领域分析的目的是识别在某个领域中的很多应用都能够通用的类和对象，可以避免从开始造成的时间和精力浪费，并且可以提升系统组件的可重用性。领域分析涉及找出其他人在实现其他系统过程中已经做出的工作，并查找该领域中的文献。记住，面向对象方法要比传统的结构化方法优越，是因为系统的可重用性和可扩展性，而不是因为它们更加流行。

如上所述，领域分析的目标是识别一组类，这组类对于处理同一领域中的问题的应用来说都是通用的。然后，根据它们的特性，领域类和应用特有的类被划分成不同的包。这样，类模型的内聚性被最大化，同时类之间的耦合性则被最小化，从而极大地提高了系统的可维护性和可扩展性。简而言之，领域分析的好处是领域类可以被其他应用在解决同一领域内的问题时重用。进一步而言，使用领域中已被很好理解的术语来命名领域类，将提高文档的可读性。

然而，没有简单直接的方法能够识别问题域中的一组类。领域分析严重依赖于设计师对领域的知识、直觉以及先前的经验和技巧。一种常用的进行领域分析的办法是首先准备一份问题域的陈述，其次进行文本分析以识别候选类。问题陈述和文本分析为领域分析提供了一个很好的起点，再对候选类逐步进行细化，以向领域类模型添加关联关系、属性和操作。

领域分析从准备问题陈述开始，以提供领域问题的一般性描述，通常在采访领域的专家之后准备好问题陈述。Rumbaugh 等人为开发领域类模型推荐下列步骤：

（1）准备问题陈述。

（2）通过文本分析技术识别对象和类。

（3）开发数据字典。

（4）识别类之间的关联关系。

（5）识别类和关联关系类的属性。

（6）使用继承来组织类。

（7）为可能存在的查询验证访问路径。

（8）迭代并细化领域类模型。

### 6.3.3 保持模型简单

一旦开始建模，并且类的数目较多时，要保证所进行的抽象能够比较平衡地划分类的职责。这就意味着任何一个类都不能太大，也不能太小。每个类都应该做好一件事。如果类太大，模型将难以修改，并且不易于重用。如果类太小，模型中将会有太多类，这将导致难以管理和理解。这就是人们常说的“7 规则”，即假设人的短期记忆能力在同一时刻只能处理 7 段信息。

如果类超过 7 个，就要为不同上下文画图。例如，在零售信息系统中，可以根据不同的活动区域将类打包，比如销售、库存、管理、采购等这也相应地在不同的类图中表示。常常需要以迭代和增量的方式开发同一个图。换句话说，图的最初版本往往是概念性的，并且应该捕获模型的“大图”。后续将捕获额外的细节，并且通常更多地面向实现在对模型比较满意之前，需要多次修订模型。

### 6.3.4　启发式方法

下面的启发式方法有助于人们进行静态分析。

不要尝试去开发大的单个类图。只选取那些适合于上下文的类。例如，类图只表示某个主要的系统功能（用例），而不是整个系统。记住：人类在某一时刻只能处理大约 7 段信息。

使用子系统、包、软件框架之类的模型管理结构，通过自顶向下方法构成系统架构。将类分成不同的模型管理结构的同时，我们考虑逻辑方面和物理方面，比如按照角色、职责、部署或硬件平台等来考虑。

如果可能，那么使用数据或中间件在主要子系统之间进行通信。数据耦合要比逻辑耦合更易于维护，因为需求改变只会导致数据变动。

然而，静态分析对于那些实时应用或时间敏感的应用是不可能的，因为性能将是一个重要问题。

对于那些在架构上非常重要的分类器，明智地应用设计模式，这样可以使系统架构更具灵活性和适应性。

使用自底向上的方法进行应用领域分析，如文本分析、类 – 职责 – 协作（Class–Responsibility–Collaboration，CRC）或回顾遗留系统和文档来识别可重用组件，这样，这些概念和术语就可以被业界理解和接受。

交叉检查运用自顶向下方法和自底向上方法，确保最终的工件（架构、子系统和组件）可以很好地共存。

当开发不断进行时，增量地使用包来组织领域类相继开发的每个系统功能，（用例）将产生一组领域类。这组领域类应该划分成适当的包，这样每个包都包含紧密相关的一组类。在领域类模型增长时，将类组织成包，可以更容易地对其进行管理。

进行用例分析。一组用例实例场景用来帮助人们参与交互（交互所需）的对象，通过分析收发的消息以及要赋予每个对象的职责（操作），最终的工件（一组对象及其操作）将有助于人们识别结构模型中遗漏的部分。

审视某个类是否太大。如果太大，考虑将这个类重新组织，将其重组为两个或更多个类，并使用各种关系将最终的类组织起来。

### 6.3.5　聚态分析过程中的技巧

在静态分析过程中，下面的技巧有助于帮助我们完成类的识别和分析。

#### 6.3.5.1 设置类图的关注点和上下文

确信类图只处理系统的静态方面，不要尝试将所有内容都合并到单个类图中，在开始开发类图之前，设置上下文及其服务目标和类图的范围。

#### 6.3.5.2 使用恰当的类名

可以从两个地方识别类：领域分析和用例分析。一方面，如果从用例分析中识别的类与从领域分析中识别的类相似或相同，就是比较理想的情况。另一方面，如果从两个地方获得的类不一致，就跟最终用户讨论这些类，建议他们使用标准的行业术语，并考虑领域中的主导厂商。如果他们坚持使用自己的术语（非标准），那么就有必要将标准术语放置到库中，为他们（特别为应用指定的非标准术语）使用子类。

#### 6.3.5.3 组织好图元素

不仅类应该使用各种面向对象语义进行构造，还要为它们的元素提供空间以提高可读性。例如，将类图中的交叉线数目减到最少，并将语义上类似的元素靠近放置。

#### 6.3.5.4 为图元素提供注释

对于存在不清晰的需要澄清概念的那些元素，附加一些注释，并且如有必要，在注释中附加外部文件、文档或链接（如 HTTP 链接或目录路径）。一些自动化 CASE 工具支持这类注释（比如 VP–UML），这样就可以将各种资源整合到可导航的可视化模型中。

#### 6.3.5.5 以迭代和增量方式细化结构模型

当经历各个开发阶段时，可以一次次地不断丰富结构模型。例如，动态模型有助于识别类的职责，或者有可能发现新的类、实现类和控制类。

#### 6.6.2.6 只显示有关的关联关系

如果某个类被多个用例甚至多个应用使用的话，那么这个类可能有多个关联关系，这些关联关系与不同的上下文相关。在类图中，只给出与人们所关的上下文相关的关联关系，并隐藏无关的关联关系。不要尝试将所有关联关系和类合并到大的类模型中，因为大多数人管理起来都很困难。

## 6.4　构造类图模型

通过上面的内容，我们已经对类图以及类图中相关型元素的基本概念有所了解，接下来将主要介绍如何使用 Rational Rose 创建类图以及类图中的各种模型元素。

### 6.4.1　构建类

在类图的工具栏中，可以使用的工具栏按钮见表 6-4 所列，其中包含所有 Rational Rose 默认显示的 UML 模型元素。使用者可以根据这些默认显示的按钮创建相关的模型。

表 6-4　类图的工具栏按钮

| 按钮名称 | 用途 |
| --- | --- |
| Selection Tool | 选择工具 |
| Text Box | 创建文本框 |
| Note | 创建注释 |
| Anchor Note to Item | 将注释连接到顺序图中的相关模型元素 |
| Class | 创建类 |
| Interface | 创建接口 |
| Undirectional Association | 单向关联关系 |
| Association Class | 关联类并与关联类连接 |
| Package | 包 |
| Dependency or Instantiates | 依赖或示例关系 |
| Generalization | 泛化关系 |
| Realize | 实现关系 |

#### 6.4.1.1　创建类图

（1）用鼠标右击浏览区中的 Use Case View（用例视图）或 Logical View（逻辑视图），或者单击这两个视图下的包。

（2）在弹出的快捷菜单中，选择“New”（新建）→ Class Diagram”（类图）命令（图 6-68）。

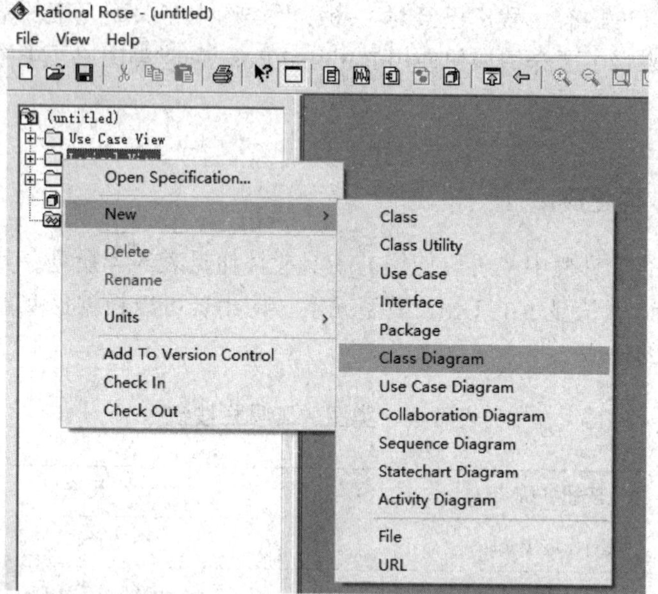


图 6-68　选择“New”（新建）→ Class Diagram（类图）命令

（3）输入新的类图名称。

（4）双击打开浏览区中的类图（图 6-69）。

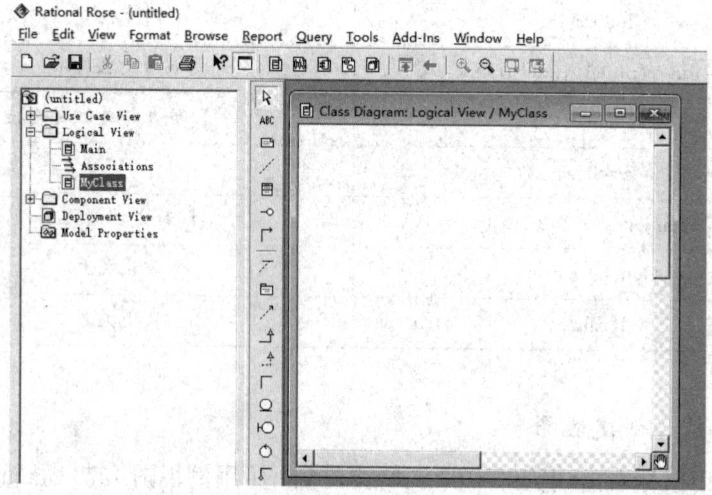


图 6-69　双击打开浏览区中的类图

#### 6.4.1.2　删除类图

（1）选中需要删除的类图，用鼠标右击。

（2）在弹出的快捷菜单中选择 Delete 命令即可删除（图 6–70）。

删除类图时，通常需要确认一下是否为 Logical View（逻辑视图）下的默认视图。如果是，将不允许删除。

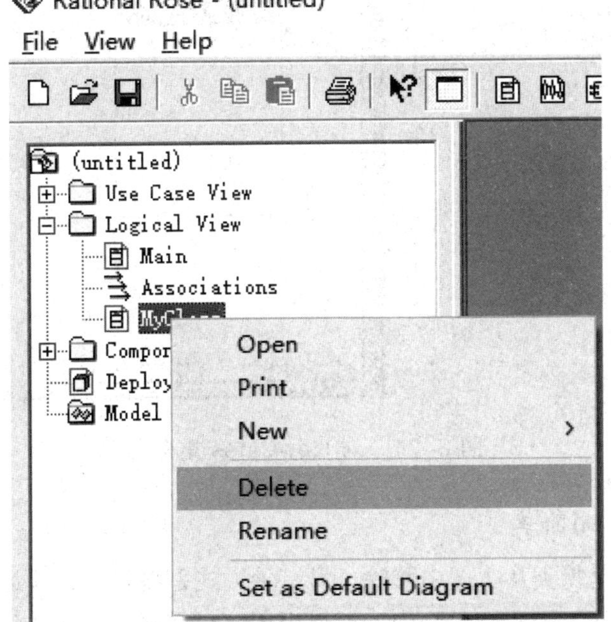


图 6–70　在弹出的快捷菜单中选择 Delete 命令

#### 6.4.1.3　添加类

（1）在类图的工具栏中，单击 Class 图标，此时光标变为 + 符号。

（2）在类图中单击，任意选择一个位置，系统会在该位置创建一个新类，默认名为 NewClass。

（3）在类的名称栏中，显示了当前所有类的名称，以选择清单中的现有类，这样就把模型中存在的类添加到类图中了。如果要创建新类，对 NewClass 重命名即可（图 6–71）。创建的新类会自动添加到浏览区的视图中。

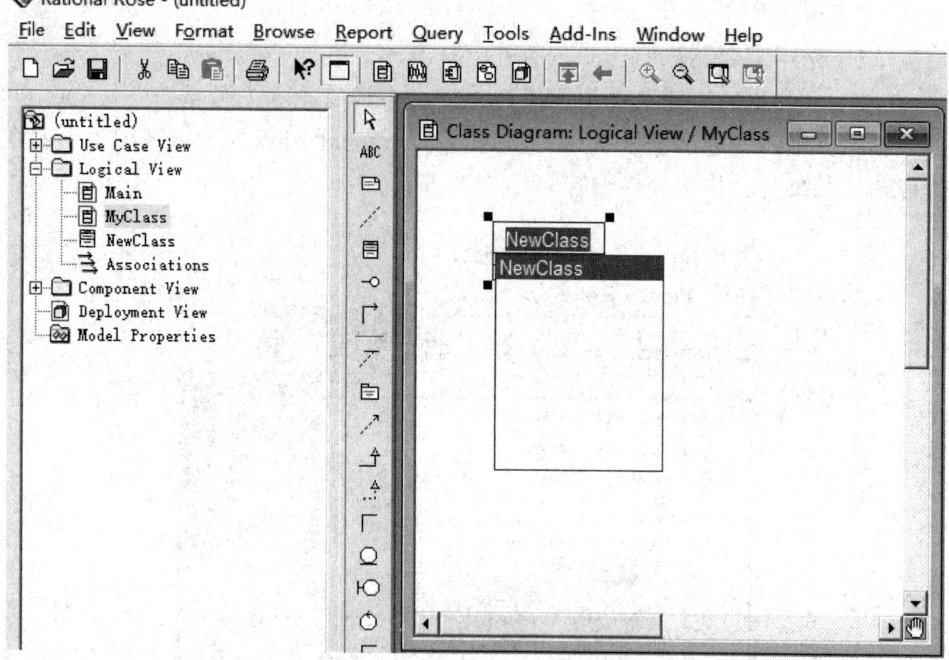


图 6-71　对 NewClass 重命名

#### 6.4.1.4　删除类

一种方式是将类从类图中移除，另一种方式是将类永久地从模型中移除。对于第一种方式，类还在模型中，如果想用，只需要将类拖动到类图中即可。对于第二种方式，是将类永久地从模型中移除，其他类图也会一并删除。可以通过以下方式进行删除操作：

（1）选中需要删除的类并用鼠标右击。

（2）在弹出的快捷菜单中选择 Delete 命令（图 6-72）。

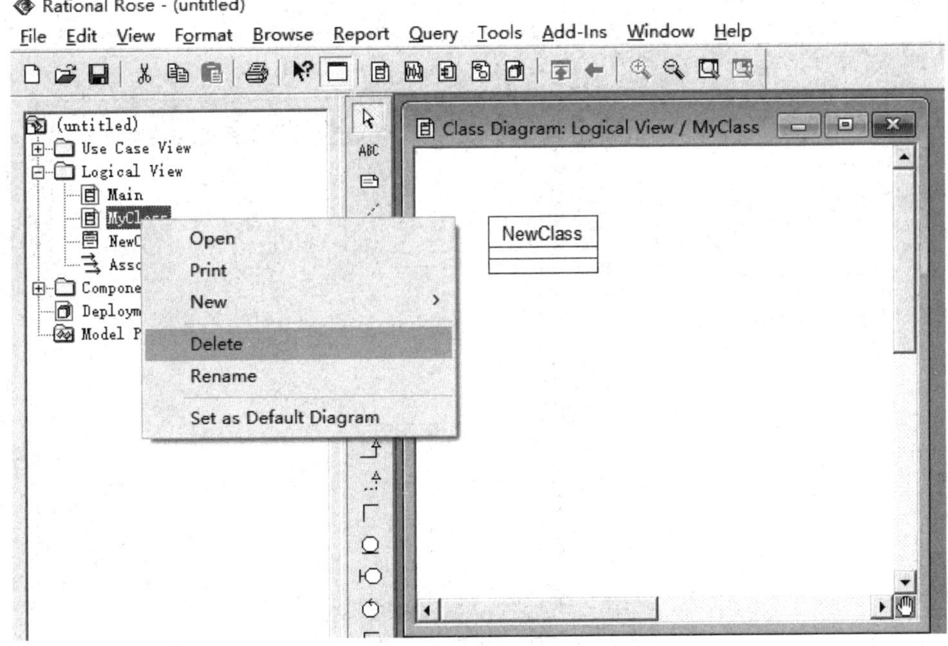


图 6-72　选择 Delete 命令

## 6.4.2　创建类与类之间的关系

我们在概念中已经介绍过，类与类之间的关系通常有四种，它们分别是依赖关系、泛化关系、关联关系和实现关系，接下来介绍如何创建这些关系。

### 6.4.2.1　创建依赖关系

（1）单击工具栏中的相应图标，或者选择“Tools”（工具）→“Create”（新建）-Dependency or Instantiates 命令，此时的光标变为↑符号。

（2）单击依赖者的类。

（3）将依赖关系线拖动到另一个类中。

（4）双击依赖关系线，弹出设置依赖关系规范的对话框（图 6-73）。

（5）在弹出的对话框中，可以设置依赖关系的名称构造型、可访问性、多重性以及文档等（图 6-74）。

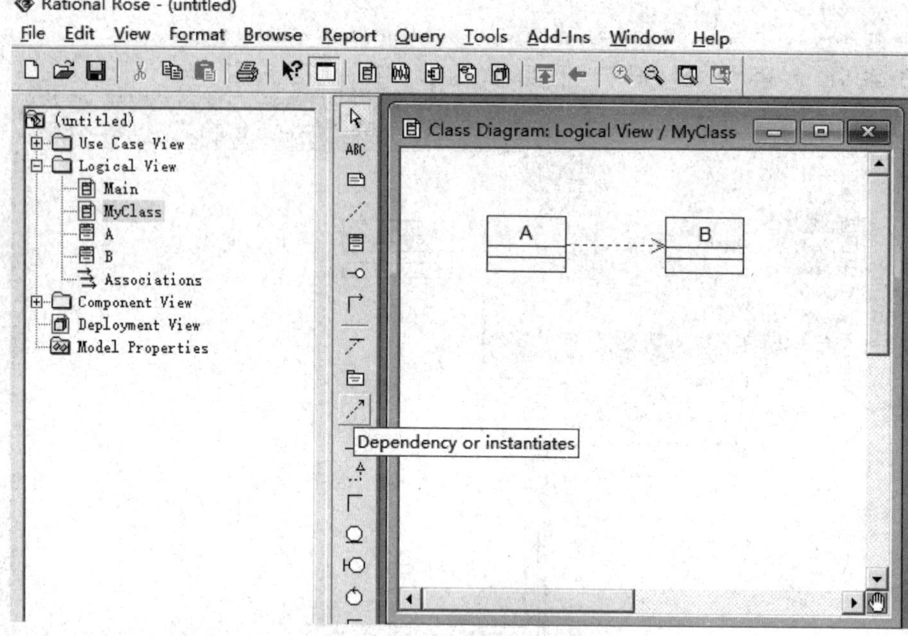


图 6-73　设置依赖关系

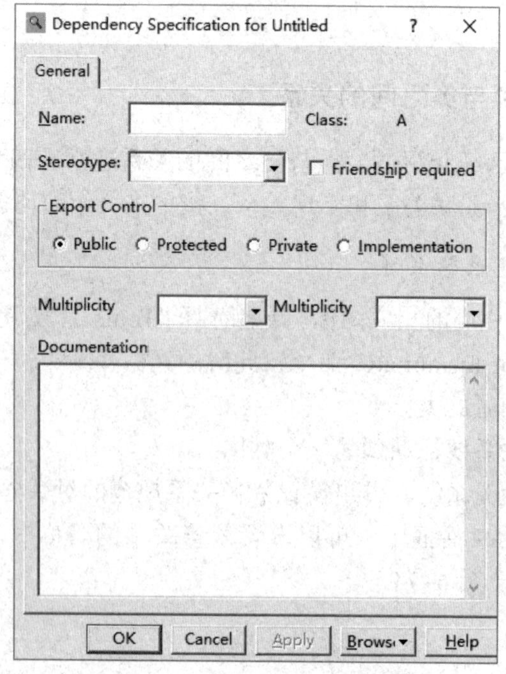


图 6-74　调整依赖关系属性

#### 6.4.2.2　删除依赖关系

（1）选中需要删除的依赖关系。

（2）按 Delete 键或者用鼠标右击并选择快捷菜单中的“Edit”（编辑）→ Delete 命令。从类图中，删除依赖关系并不代表从模型中删除依赖关系，依赖关系在连接的类之间仍然存在。

如果需要从模型中删除依赖关系，可以通过以下步骤进行。

（1）选中需要删除的依赖关系（图 6–75）。

（2）同时按 Ctrl 和 Delete 键，或者用鼠标右击并选择快捷菜单中的“Edit”（编辑）→ Delete from Model 命令。

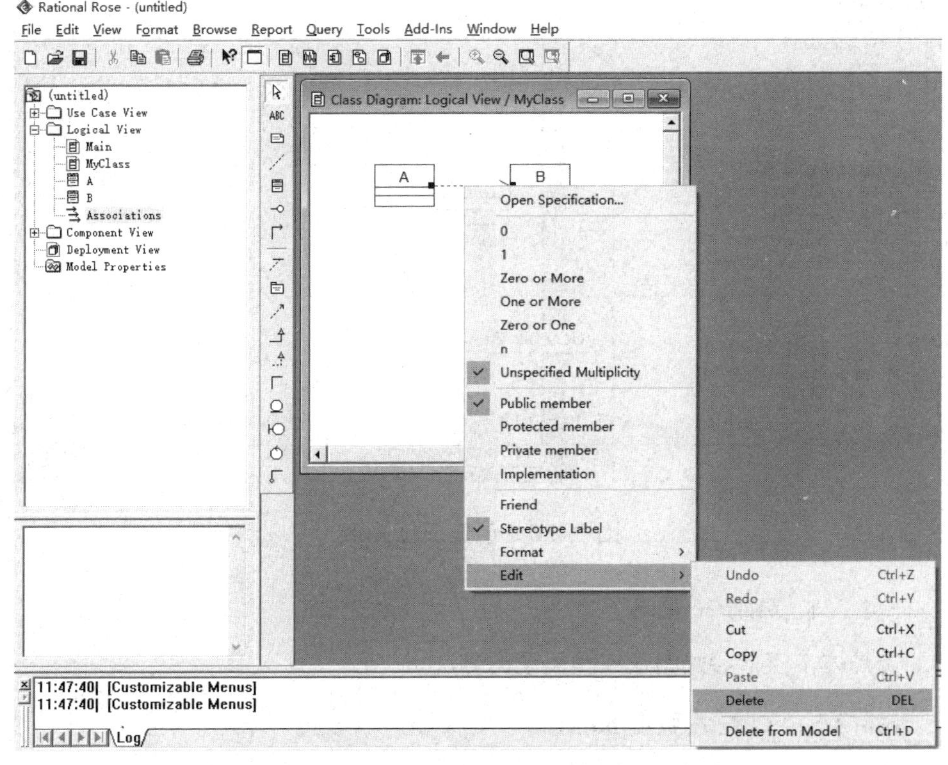


图 6–75　删除依赖关系

#### 6.4.2.3　创建泛化关系

（1）单击工具栏中的相应图标，或者选择“Tools”（工具）→“Create”（新建 –Generalization 命令，此时的光标变为 ↑ 符号。

（2）单击子类。

（3）将泛化关系线拖动到父类中。

（4）双击泛化关系线，弹出设置泛化关系规范的对话框（图 6-76）。

（5）在弹出的对话框中，可以设置泛化关系的名称、构造型、可访问性、文档等。

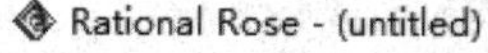


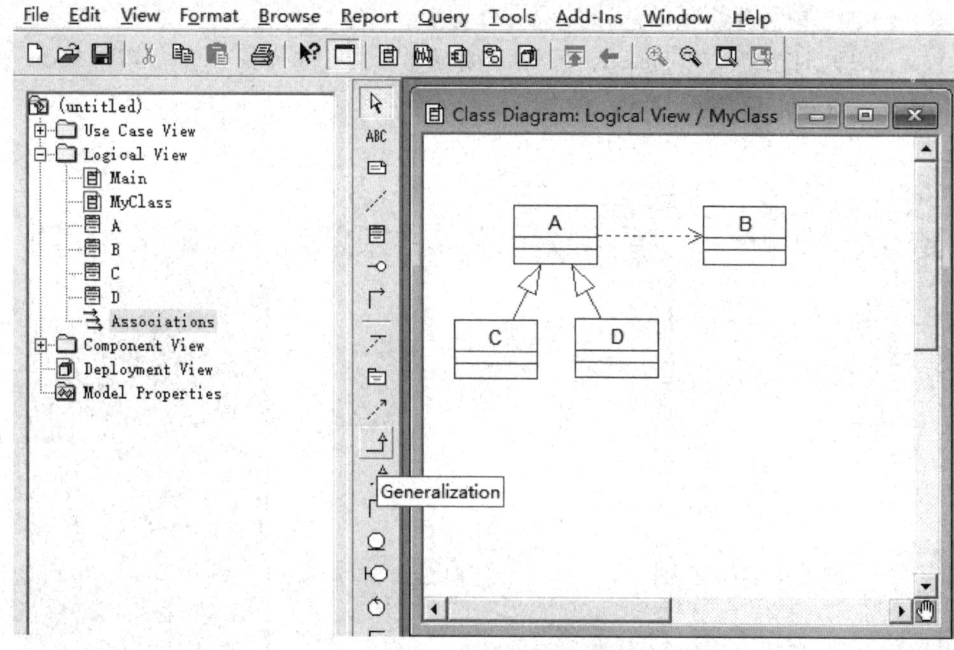


图 6-76　创建泛化关系

### 6.4.2.4　删除泛化关系

（具体步骤请参照删除依赖关系的方法）

### 6.4.2.5　创建关联关系

（1）单击工具栏中的相应图标，或者选择“Tools”（工具）“Create”（新建）Unidirectional Association，此时的光标变为↑符号。

（2）单击要关联的类。

（3）将关联关系线拖动到要与之关联的类中。

（4）双击关联关系线，弹出设置关联关系规范的对话框。

（5）在弹出的对话框中，可以设置关联关系的名称构造型、角色、可访问性、多重性、导航性和文档等（图 6–77）。

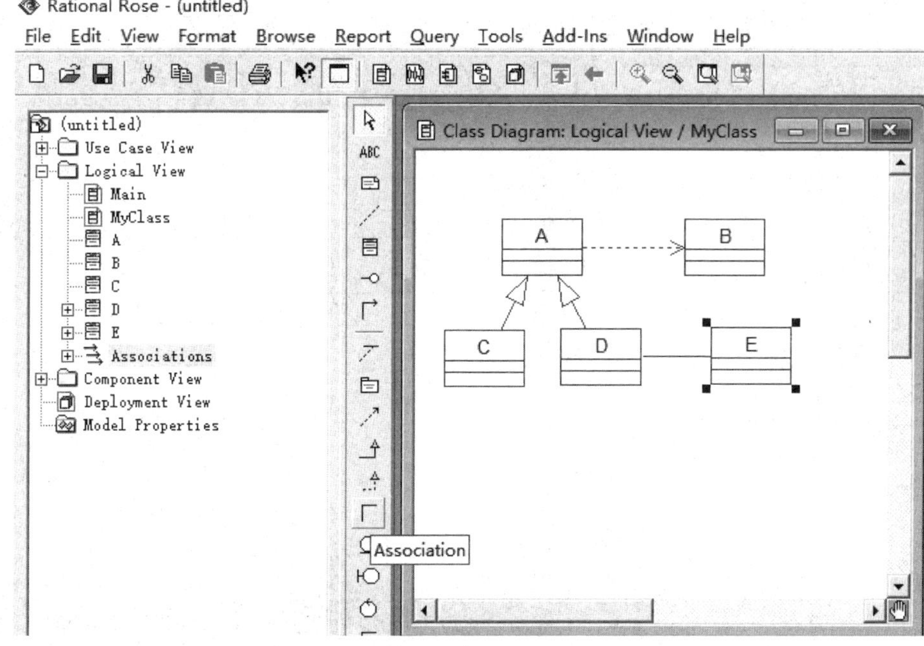


图 6–77　创建关联关系（a）

聚集关系和组合关系也是关联关系，可以通过扩展类图的工具栏，并使用聚集关系图标来创建聚集关系，也可以根据普通类的规范窗口来设置聚集关系和组成关系。具体步骤如下。

（1）在关联关系的规范设置对话框中，选择 Role Detail 或 Role Detail 选项卡。

（2）选中 Aggregate 选项。如果想设置组合关系则需要选中 By Value 选项。

（3）单击 OK 按钮。

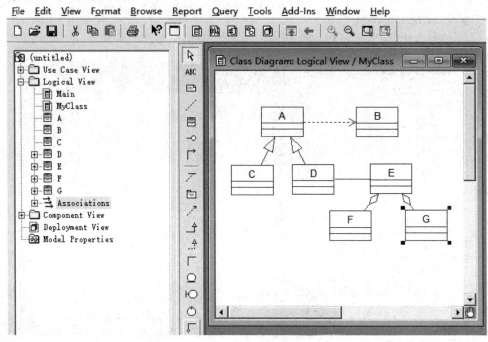

图 6-77　创建关联关系（b）

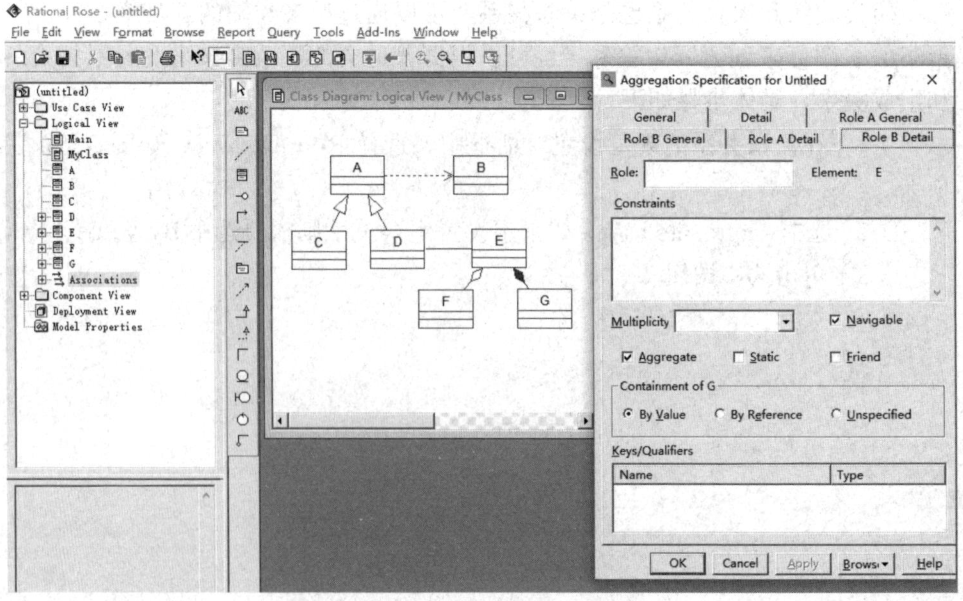


图 6-77　创建关联关系（c）

#### 6.4.2.6　删除关联关系

（具体步骤请参看删除依赖关系的方法）

#### 6.4.2.7　建和删除实现关系

创建和删除实现关系与创建和删除依赖关系等类似。使用相应图标将实现关系的两端连接起来，双击实现关系段，打开实现关系的规范设置对话框，可以设置实现关系的名称、构造型、文档等。

### 6.4.3　案例分析

以下将以“个人图书管理系统”为例，介绍如何创建系统的类图。步骤如下：

（1）研究分析问题域，确定系统需求。

（2）确定类，明确类的含义和职责，确定属性和操作。

（3）确定类之间的关系。

（4）调整和细化类与类之间的关系

（5）绘制类图并增加相应的说明。

“个人图书管理系统”的需求如下所述：小王是一个爱书之人，家里各类书籍已过千册，而平时又时常有朋友外借，因此需要个人图书管理系统。该系统应该能够将书籍的基本信息按计算机类、非计算机类分别建档，实现按书名、作者、类别、出版社等关键字的组合查询功能。在使用该系统录入新书籍时，系统会自动按规则生成书号，可以修改信息，但一经创建就不允许删除。该系统还应该对书籍的外借情况进行记录，可打印外借情况列表。另外，我们希望能够对书籍的购买金额、册数按特定时间周期进行统计。

接下来，根据上述系统需求，使用面向对象分析方法来确定系统中的类。下面列出一些可以帮助建模者定义类的问题：

有没有一定要存储或分析的信息？如果存在需要存储、分析或处理的信息，那么这些信息有可能就是类。这里讲的信息可以是概念（概念总在系统中出现）或事件（发生在某一时刻）。

有没有外部系统？如果有，外部系统可以被看作类，可以是本系统包含的类，也可以是本系统与之交互的类。

有没有模板、类库、组件？如果有这些东西，它们通常应作为类。模板、类库、组件可以来自原来的工程，也可以是别人赠送或从厂家购买的。

系统中有被控制的设备吗？凡是与系统相连的任何设备都要有对应的类，

并通过这些类控制设备。

有无需要表示的组织机构？在计算机系统中，通常用类表示组织机构，特别在构建商务模型时用得更多。

系统中有哪些角色？这些角色也可以看成类，比如用户、系统操作、客户等。依照上述问题，我们可以帮助建模者找到需要定义的类。

需要说明的是，定义类的基础是系统的需求规格说明文档，通过分析需求规格说明文档，从中找到需要定义的类。

事实上，由于类一般是名词，因此也可以使用“名词动词法”寻找类具体来说，首先把系统需求规格说明文档中的所有名词标注出来，其次在其中进行筛选和调整，以上述“个人图书管理系统”为例，标注需求描述中的名词以后，可以进行如下筛选和调整过程：

“小王”“人”“家里”很明显是系统外的概念，无须建模。

而“个人图书管理系统”“系统”指将要开发的系统，是系统本身，也无须很明显，“书籍”（Book）是十分重要的类，而“书名”（bookname）“作者”（author）“类别”（type）“出版社”（publisher）都是用来描述书籍的基本信息的，因此应该作为“书籍”类的属性处理；而“规则”指书号的生成规则，“书号”是“书籍”类的一个属性，因此“规则”可以作为编写“书籍”类构造函数的指南。

“基本信息”则是书名、作者、类别等描述书籍的基本信息的统称，“关键字”则代表其中之一，因此无须建模。

“功能”“新书籍”“信息”“记录”都是在描述需求时要用到的一些相关词语，并不是问题域的本质，因此可以先淘汰掉。

“计算机类”“非计算机类”是系统中图书的两大分类，因此应该建模，并改名为“计算机类书籍”（Book）和“非计算机类书籍”（Other Book），以减少歧义。

“外借情况”则用来表示一次借阅行为，应该成为候选类，多个“外借情况”将组成“外借情况列表”，而“外借情况”中一个很重要的角色是“朋友”——借阅主体。虽然系统中并不需要建立“朋友”的资料库，但考虑到可能需要列出某个朋友的借阅情况，因此还是将其列为候选类。为了能够更好地表述，“外借情况”改名为“借阅记录”（Borrow Record），而“外借情况列表”改名为“借阅记录列表”（Borrow List）。

“购买金额”“册数”都是统计结果，都是数字，因此不用建模。而“特定时限”则是统计范围，也无须建模。不过从这里的分析中可以发现，在需求描述中隐藏着一个关键类——“书籍列表”( Book List )也就是执行统计的主体。

最终，确定“个人图书管理系统”的类为：“书籍”“计算机类书籍”“非计算机类书籍”“借阅记录”“借阅记录列表”“书籍列表”，一共 6 个类。

接下来，对上述 6 个类的职责进行分析，确定属性和操作。

“书籍”类：从需求描述中可找到“书名”“类别”“作者”“出版社”属性，同时从统计的需求角度，可得知“定价”（ price ）也是一个关键的属性。

“书籍列表”类：书籍列表就是全部的藏书列表，主要的成员方法是新增（ add() ）、修改（ modify() ）、查询（ query()，按关键字查询 ）、统计（ count()，按特定时限统计册数与金额 ）。

“借阅记录”类：借阅人（ borrow Man ）、借阅时间（ borrow Date ）。

“借阅记录列表”类：主要职责就是添加记录（ add() ）删除记录（ remove() ）以及打印借阅记录（ print ）。

最后，确定类之间的关系，并绘制“个人图书管理系统”的类图，如图 6-68 所示。

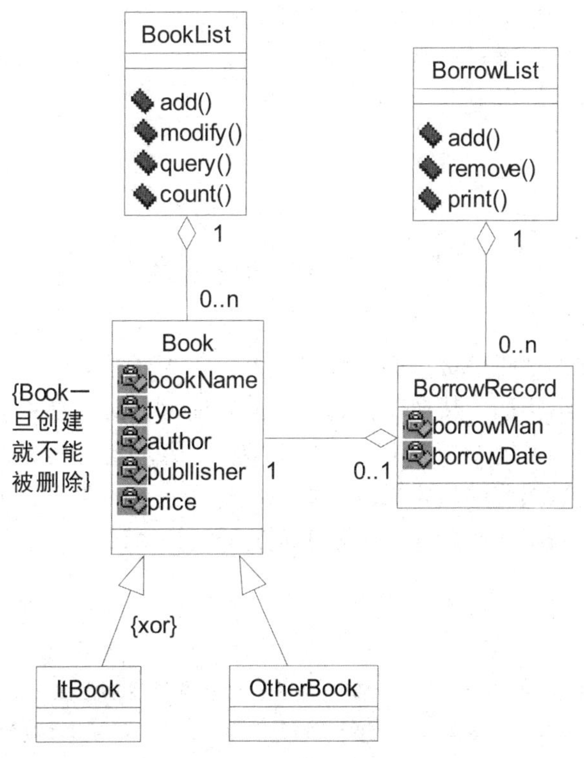


图 6-68　“个人图书管理系统”的类图

# 第 7 章　面向对象分析之对象图

静态模型描述的是系统操纵的数据块之间持有的结构上的关系，比如数据如何分配到对象中、对象如何分类以及它们之间具有什么关系，类图[①]和对象图是两种最重要的静态模型。虽然类图仅显示系统中的类，但是，如果存在一个变量能确定地显示各个类对象的位置，那就是对象图。对象图描述系统在某个特定时间点的静态结构，是类图的实例和快照，也就是类图中的各个类在某个时间点的实例及其关系的静态写照。

对象图对包含在类图中的事物的实例建模。换言之，对象图就是对某一时刻的系统快照建模，表示出对象集、对象的状态以及对象之间的关系。本章主要介绍对象图的相关知识。

## 7.1　对象图的定义

类图和对象图是两种最重要的静态模型。类图描述系统的静态结构，而对象图是系统静态结构的“快照”，显示在给定时刻实际存在的对象以及它们之间的链接。为一个系统绘制多个不同的对象图，每个都代表系统在给定时刻的状态。对象图展示系统在给定时刻持有的数据，这些数据可以表示各个对象、这些对象中存储的属性值或这些对象之间的链接。

① 类图 (Class diagram) 显示了模型的静态结构，特别是模型中存在的类、类的内部结构以及它们与其他类的关系等。类图不显示暂时性的信息。类图是面向对象建模的主要组成部分。它既用于应用程序的系统分类的一般概念建模，也用于详细建模，将模型转换成编程代码。类图也可用于数据建模。

### 7.1.1 对象的概念

对象（object）可以是一件事、一个实体、一个名词，或是获得的某种东西，甚至是你能够想象的由你自己标志的任何东西，一些对象是活的，一些对象则不是。现实世界中的例子有汽车、人、房子、桌子、狗、植物、支票簿或雨衣等。

所有的对象都有属性（property），如汽车有厂家、型号、颜色和价格，狗有品种、年龄、颜色和喜欢的玩具。对象还有行为（behavior），如汽车可以从一个方行驶到另一个地方，狗会吠。

在面向对象的软件中，真实世界中的对象会转变为代码。在编程术语中，对象是独立的模块，有自己的知识和行为（数据和进程）。把对象看作机器人、动物或人是很常见的。每个对象都有一定的知识，表现属性；对象知道如何为程序的其他部分执行某些操作。例如，Person 对象知道自己的头衔、姓名、出生日期和地址，还可以改名、搬到新地址、告知年龄等。

在为 Person 对象编写代码时参考人的特性，就可以想象出系统的其余部分，这会使编程比其他方式更简单（还有助于从真实世界中的概念开始）。如果 Person 以后需要知道身高，就可以把这个知识（和相关的行为）直接添加到 Person 代码中。在系统的其余部分，只有需要使用身高属性的代码才需要修改，其他代码都保持不变。改变的简单性和本地化是面向对象软件的重要特性。

一般情况下，把生物看成某类机器人是很简单的，但把没有生命的物体看成有行为的对象就有点怪异。我们一般不认为电视能改变价格或给自己新的广告。但是，在面向对象的软件中，这就是编程者需要做的工作。如果电视不做这些工作，系统的其他部分就要做。这就会把电视的特性泄露给其他代码，丧失编程者一开始追求的简单性和本地化（又回到"做事的旧方式"了）。不要被面向对象开发中，把软件对象想象成人、把人的特性赋予没有生命的对象或动物所吓住。

图 7-1 是一些适合用作软件对象的真实物体。你能想出其他对象吗？能想出不适合用作对象的物体吗？后者是一个很难的问题：答案必然是"不能"。在某种情况下，几乎所有的物体都可以用作对象。不适合用作对象的物体是那些合并了几个概念的物体，例如银行账户对象具备的某些属性和行为也属于银行职员。记住，真实世界中的某些概念对应于程序中的特定概念。

图 7-1　真实世界中的对象

在进一步讨论之前，需要注意，我们并不尽力模拟真实世界，因为这太困难了，我们只是尽力确保软件受真实世界中概念的影响，使软件更容易开发和改变。系统和计算机的需求也是很重要的考虑因素。一些开发人员不喜欢真实世界和软件过于接近，但是，如果为医院开发的面向对象系统中不包含 Patient 对象，就没有什么用。

我们不可能编写出理想的 Person 对象或其他完美的对象。真实世界中的对象可以应用的特性和功能太多了，如果把它们全包括进来，就不可能在系统中编写出其他对象了。

在一般的程序中，不需要真实世界中对象的大多数方面，因为软件系统只是解决某个方面的问题。例如，银行系统对客户的年龄和收入感兴趣，对鞋的尺寸或喜欢的颜色不感兴趣。编写对许多系统都有用的对象是合理的，尤其是编程中已得到很好理解的领域。例如，所有带有用户界面的系统都能使用相同的“可滚动列表”对象。技巧是一开始就考虑要处理的业务，弄清楚“如果我在这个业务领域工作，‘人’对我意味着什么？是客户、员工、患者，还是其他人？”优秀的软件开发人员首先会为业务建模。

模型（model）是问题域或所提出的解决方案的表示方式，用于交流或思考真实的事务。建模可以增进了解、避免潜在的问题。例如，建筑师为新的音乐厅建立模型，有了它，建筑师就可以说“这就是新音乐厅完工后的样子”。模型有助于他们提出新点子，例如，“我觉得屋顶还要更倾斜一些”。即使还没有开工，也可以通过模型了解许多事情。许多软件开发都涉及创建和细化模型，而不是删掉代码。

对象是独立存在的。把一支蓝色的钢笔放在左手中，把另一支蓝色的钢笔放在右手中，于是，我们的手中就有两支钢笔，它们是彼此独立的，每一支钢笔都有自己的标志。但它们有类似的属性：蓝色的墨水、半满、相同的厂商、相同的型号等。根据它们的属性，这两支钢笔是可以互换的，如果在纸上写下什么，不会有人看出是用了哪支钢笔（除非他们看到写字的过程）。钢笔是相同的，但它们不是一支笔。在软件和真实世界中，这是非常重要的区分。

另举一个例子，考虑图 7–2 中的情形，在 Acacia 大街住着 Smith 和 Jonese 两个家庭。Smith 住在 4 号，Jonese 住在 7 号，这两个家庭各拥有一台 GrassMaster75 割草机，并且都是在新型号推出的第一天购买的。割草机非常相似，如果有人偷偷交换了这两台割草机，Smith 和 Jonese 是不会发现的。

图 7–2　相同还是相等

除割草机外，Smith 和 Jonese 各有一只猫，分别 Tom 和 Tiddles。Tom 和 Tiddles 都是很友善的猫，都已经三岁了，而且因为喂食的次数非常多，所以他们都长得圆圆的，但 Tom 喜欢在花园里抓老鼠，而 Tiddles 喜欢追逐毛线球。拜访 Smith 家和 Jonese 家的人都会注意到 Tom 和 Tiddles 很相似，以为 Tom 和 Tiddles 是同一只猫也就没有什么奇怪了？

这个例子有两台割草机和两只猫。尽管割草机有不同的标志，这些标志记录在机体的序列号牌上，但它们是相同的，因为它们有相同的属性。猫也有标志，甚至可以有自己的名字。猫和割草机的区别是，猫是动物，而割草机不是。人、物体或动物很少需要与标识关联起来：一只猫不会考虑自己与其他猫是否有区别，割草机不需要知道自己是割草机才能割草。家人不需要知道猫的喂食次数是否是其他猫的两倍，也不需要知道工棚里的割草机是否就是他们购买的那一台。

一般说来，在面向对象的系统中，如果使用一个软件对象表示真实世界中的每个物体，就不会犯错。

有时还可以共享对象，互换相同的对象，但很少需要担心标志。只要告诉对象应该做什么，对象就会使用自己的知识和能力来响应请求。

### 7.1.2 封装

封装[①]可以隐藏对象的属性（对象把属性密封在盒子中，把操作放在盒子的边缘）。隐藏的属性称为私有属性。一些编程语言（Smalltalk）自动把属性设置为私有属性，而另一些语言（如 Java）让程序员决定属性的私有性。

封装是编程语言防止程序员相互干扰的一种方式。如果程序员可以绕过封装操作，就会依赖用于表示对象知识的属性。这会加大将来改变对象内部表示的难度，因为必须找出直接访问属性的所有代码，并修改它们。没有封装，就会丧失简单性和本地化。

以表示圆的对象作为封装的例子。圆的操作包括计算半径、直径、面积和周长。那么我们需要存储什么属性才能支持这些操作呢？我们可以存储半径或直径，按照需要计算出其他属性。实际上，只要存储这四个属性中的任意一个，就可以按照需要计算出其他三个属性（选择哪个属性取决于个人喜好）。

① 封装，即隐藏对象的属性和实现细节，仅对外公开接口，控制在程序中属性的读和修改的访问级别；将抽象得到的数据和行为（或功能）相结合，形成一个有机的整体，也就是将数据与操作数据的源代码进行有机的结合，形成“类”，其中数据和函数都是类的成员。

假定选择存储直径。要访问直径的程序员直接获取直径属性，而不是通过“获取直径”操作来访问。如果在软件的后续版本中，要存储的是半径，就必须找出系统中直接访问直径的所有代码，并更正它们（在这个过程中会引入错误）。而有了封装，就不会出问题。

理解封装的另一种方式是想象对象是谦恭的。如果想要从同事那里借一些钱，不能抢夺同事的钱包，大翻一通，看看里面是否有足够的钱；而应询问他们是否可以借你一些钱，他们会自己翻钱包。

### 7.1.3 关联和聚合

对象都不是孤立的。所有的对象都与其他对象有直接或间接的联系，这种联系或强或弱。对象彼此联系起来，就会更强大。这种联系允许我们在对象中浏览，找出额外的信息和行为。例如，如果处理表示 Freda Bloggs 的 Customer 对象，要给 Freda 送一封信，就需要知道住在 Acer 路的 42 号。我们希望把地址 Address 信息存储在某对象中，这样就可以查找 Customer 对象和 Address 对象之间的联系，确定把信送到什么地方。

在用对象建模时，可以用两种方式连接对象：关联或聚合。有时很难判定两者的区别，这里有一些规则：

关联是一种弱连接，对象可以是小组或家庭的一部分，但它们不完全相互依赖。例如，汽车、司机、一名乘客和另一名乘客。当司机和两名乘客在汽车上时，他们就是关联的，如他们都朝着同一个方向前进，占用相同的空间等。但这种关联是松散的，如司机可以让一名乘客下车，这样这名乘客就与其他乘客没有关联了。图 7-3 显示了对象图中的关联（这里省略了属性和操作，强调结构）。

聚合表示把对象放在一起，变成一个更大的对象。例如，微波炉由柜子、门、指示板、按钮、马达、玻璃盘、磁电管等组成。聚合常常会形成“部分 - 整体（part–whole）”层次结构，其中隐含了较大的依赖性，至少是整体对部分的依赖。例如，如果把电磁管从微波炉中取出来，那么微波炉就没有用了，因为无法加热食物了。

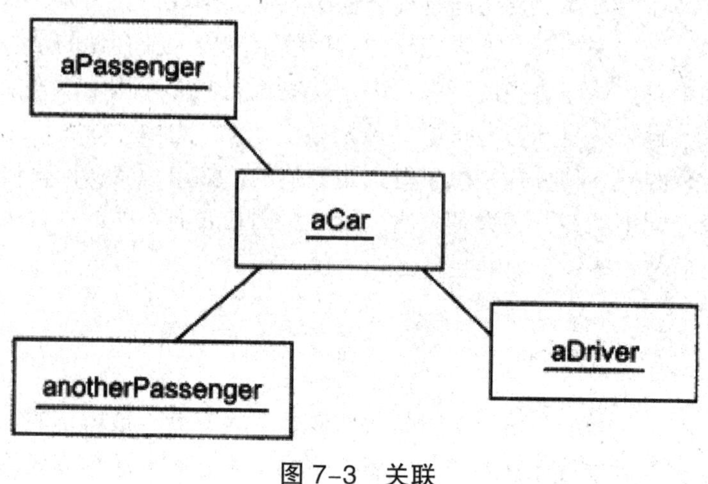


图 7-3　关联

图 7-4 说明了如何把房子绘制为聚合关系。为了强调聚合和关联的区别，图 7-4 在“整体”端加上了白色的菱形框。

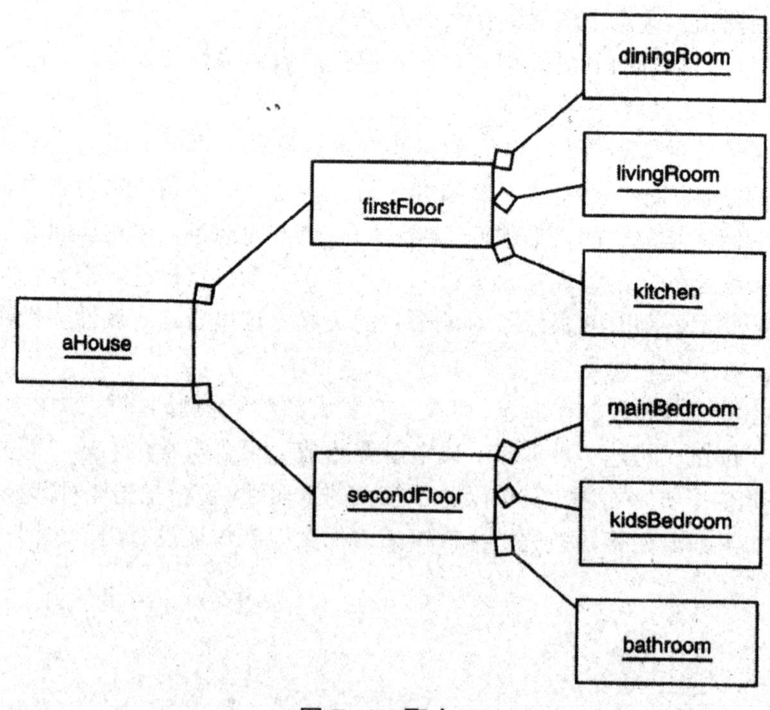


图 7-4　聚合

如前所述，关联和聚合的区别是很微妙的。使用“如果去除其中一个对象，会发生什么”的测试区分关联和聚合很有帮助，但这并不总能解决问题，还需要仔细思考和一定的经验。

我们常常需要在关联和聚合之间做出选择，因为这会影响设计软件的方式下面是一些例子。

朋友：朋友是关联关系。原因如下，把朋友聚集在一起，变成更大的朋友是没有意义的，朋友会随着时间的流逝离开或回来。

电视机中的组件：这是比较容易理解的聚合关系。原因如下，把按钮和旋钮放在一起，制作出控制面板；把屏幕、电子枪和磁性卷放在一起，做出显像管；把这些小部件组装起来，就会得到较大的组件；再把这些组件放在电视外壳中，加上后盖，最终就得到一台电视机。如果其中一个组件失败，它们就不再是电视机，而只是一堆没用的垃圾。这就是经典的“部分－整体”层次结构。

书架上的书：这是典型的关联关系。原因如下，书架不需要书，就可以成为书架，书架只是放置书的地方而已。反过来，书放在书架上，就肯定与书架相关联（如果移动书架，书也会移动，如果书架散了，书就会掉下来）。

办公室中的窗户：这是可能的聚合关系。原因如下，窗户是办公室的一部分。尽管可以移走已打破的窗户，让办公室少一个窗户，但人们仍希望不久之后就换上新窗户。

### 7.1.4　对象图

对象图（Object Digram）显示了某一时刻的一组对象及它们之间的关系。对象图可被看作是类图的实例，用来表达各个对象在某一时的状态。举个例子，对于一场足球比赛所有球员协同进行比赛，整场比赛相当于系统的类图。如果在比赛的某一时间暂停一下，就可以发现每个球员所处的位置以及和其他球员的关系；更深一步，可以明白这些球员是如何协作的。

同样，在对一个软件密集型的系统建模时，也与足球场上的情况类似。如果想跟踪一个运行系统的控制流，很快就会忘记系统的各个部分是如何组织的。因此，需要研究系统中某一时刻的对象、对象的邻居以及它们之间关系的快照。这一部分就由对象图来完成。对象图表达了交互的静态部分，它由协作的对象组成，但不包含在对象之间传递的任何消息。对象图中的建模元素主要有对象和链，对象是类的实例，链是类之间的关联关系的实例。图 7-5 显示了一个对象图。

对象图的使用十分有限，主要用于说明系统在某一特定时刻的具体运行状态，一般在论证类模型的设计时使用。

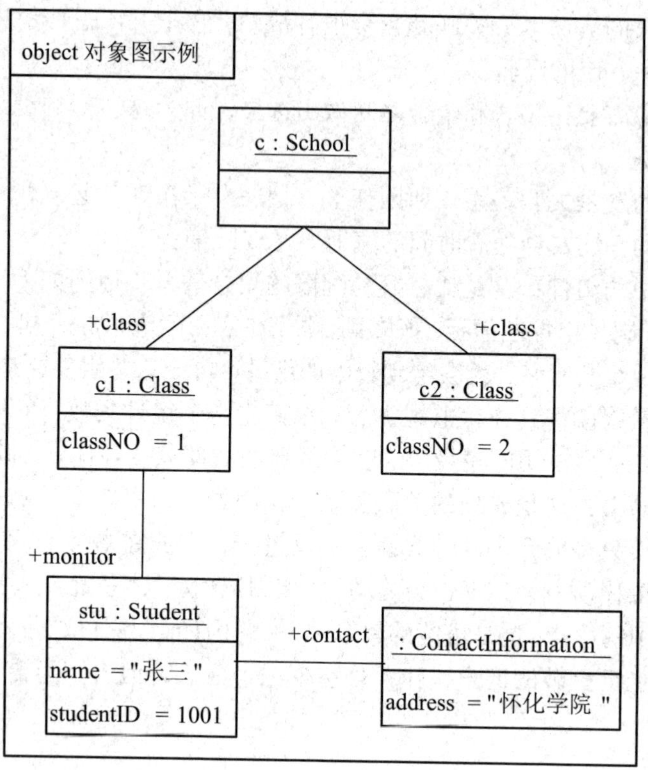


图 7-5　对象图

## 7.2　对象图的组成元素

对象图包含对象（Object）和链[①]（Link）。其中，对象是类的特定实例，链接是类之间关系的实例，表示对象之间的特定关系。本节介绍对象图的组成元素，包括对象和链。

① 链：每个节点都有若干个指针指向其他节点或从其他节点指向该节点的指针，这些指针称为链。链也是组成超文本的基本单元，用来链接节点，是节点间的信息联系，它以某种形式将一个节点与其他节点连接起来。

### 7.2.1　对象

对象是类的实例，创建一个对象通常可以从两个角度来分析。第一个角度是，将对象作为一个实体，它在某个时刻有明确的值；另一个角度是，将对象作为一个身份持有者，在不同时刻有不同的值。一个对象在系统的某一时刻应当有自身的状态，通常这个状态使用属性的赋值或分布式系统中的位置来描述，对象通过链和其他对象相联系。

对象可以通过声明拥有唯一的句柄[①]引用，句柄可标识对象、提供对对象的访问、代表对象拥有唯一的身份。对象通过唯一的身份与其他对象相联系，彼此交换消息。对象不仅可以是一个类的直接实例，如果执行环境允许多重类元，对象还可以是多个类的直接实例对象，也拥有直属和继承操作，可以调用对象来执行任何直属类的完整描述中的任何操作。对象也可以作为变量和参数的值，变量和参数的类型被声明为与对象相同的类或对象直属类的祖先，从而简化编程语言的完整性。

对象在某一时刻的属性都是有相关赋值的，在对象的完整描述中，每一个属性都有一个属性槽，换言之，每一个属性在直属类和祖先类中都进行了声明。当对象的实例化和初始化完成后，每个属性槽中就有了一个值，它是所声明的属性类型的一个实例。在系统运行时，属性槽中的值可以根据对象要满足的限制进行改变。如果对象是多个类的直接实例，那么在对象的直属类和任何祖先类中声明的每一个属性在对象中都有一个属性槽，相同的属性不可以多次出现，但如果两个直属类是同一祖先的子孙，则不论通过何种路径到达属性，祖先类中的每个属性只有一个备份被继承。

一些编程语言支持动态类元，这时对象就可以在执行期间通过更改直属类操作，指明属性值改变对象的直属类，在过程中获得属性。如果编程语言同时允许多类元和动态类元，则在执行过程中可以获得和失去直属类，如C++等。

对象是类的实例。对象与类使用相同的几何符号作为描述符，但对象使用带有下划线的实例名，从而作为个体区分开来。顶部显示对象名和类名，使用

① 句柄是整个Windows编程的基础。一个句柄是指使用的一个唯一的整数值，即一个4字节(64位程序中为8字节)长的数值，来标识应用程序中的不同对象和同类中的不同的实例，诸如，一个窗口、按钮、图标、滚动条、输出设备、控件或者文件等。应用程序能够通过句柄访问相应的对象的信息，但是句柄不是指针，程序不能利用句柄来直接阅读文件中的信息。如果句柄不在I/O文件中，那么它是毫无用处的。句柄是Windows用来标志应用程序中建立的或使用的唯一整数，Windows大量使用了句柄来标识对象。

的语法是对象名“类名”，底部包含属性名和值的列表。在 Rational Rose 中，虽然不显示属性名和值的列表，但可以只显示对象名，不显示类名，并且对象的符号图形与类图中的符号图形类似。但与类的表示法不同的是，由于同一个类的所有对象都拥有相同的操作，没有必要在对象的层次中体现，所以对象的表示法中没有操作栏。

对象是一个封装了状态和行为的具有良好边界和标识符的离散实体。对象通过其类型、名称和状态区别于其他对象而存在。在 UML 中，对象的表示法与类相似，使用一个矩形框表示，如图 7-6 所示。

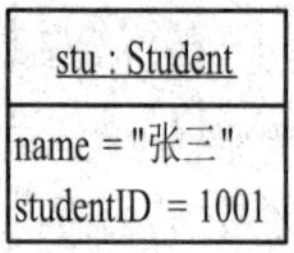

stu : Student

name = "张三"
studentID = 1001

图 7-6　对象

另外，可以隐藏对象名（保留冒号）来作为一个匿名对象存在；在保证不混淆的情况下，也可以隐藏对象的类型名（隐藏冒号）。对象名的三种表示法如下。

stu: Student 标准表示法。

:Student 匿名表示法。

stu 省略类名的表示法。

对象也有其他一些特殊的形式，如多对象和主动对象等。多对象表示多个对象的类元角色。如图 7-7 所示。多对象通常位于关联关系的“多”端，表明操作或信号应用在对象集而不是单个对象上。主动对象是拥有一个进程（或线程）能启动控制活动的一种对象，是主动类的实例。

图 7-7　多对象

### 7.2.2　链

我们在前面已经介绍过，链是关联关系的实例，是两个或多个对象之间的独立连接。因此，链在对象图中的作用就类似于关联关系在类图中的作用。在

UML 中，链同样使用一条实线段来表示，如图 7-8 所示。

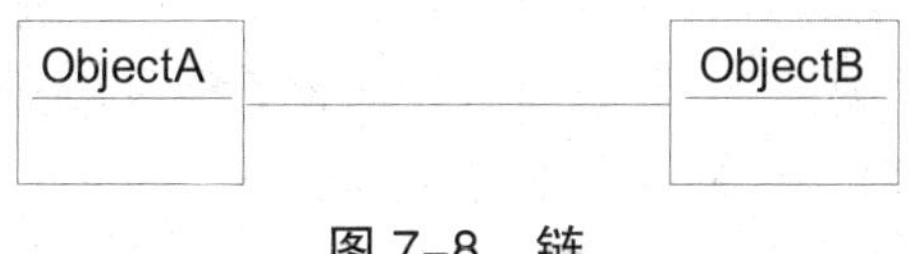


图 7-8　链

链作为对象之间的独立连接，可以是对象引用元组（有序表），或是关联的实例。对象必须是关联中相应位置类的直接或间接实例。一个关联不能有来自同一关联的代连接。在 UML 中，链的表示形式为一个或多个相连的线或弧。在自身相关联的类中，链是两端指向同一对象的回路。

链主要用来导航。链一端的一个对象可以得到另一位置上的一个或一组对象，然后向其发送消息。链的每一端也可以显示一个角色名称，但不能显示多重性（因为实例之间没有多重性）。如果连接对目标方向有导航作用，那么这一过程就是有效的。如果连接是不可导航的，则访问可能有效或无效，但消息发送通常是无效的，相反方向的导航另外定义。

对象图中的连接都称为链。如果要说明一个对象知道另一个对象在哪里，就可以加上箭头，如图 7-9 所示。图 7-9 说明，Customer 连接 Address 和 String（String 在编程中很有用，它由一系列字符组成）。

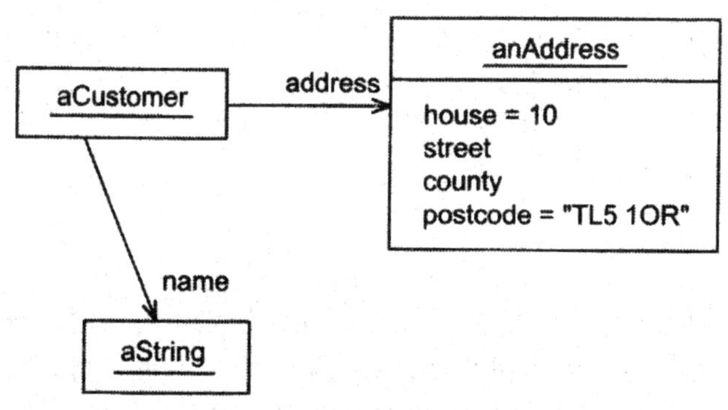


图 7-9　可导航的连接

每个连接都可以看作一个属性：标签或角色，表示属性的名称。因此可以说，aCustomer 的属性 address 把连接到 anAddress 对象上，属性 name 把它连接到 aString 对象上，箭头表示是否可导航，即是否知道另一个对象在哪里。因为 aCustomer 端有箭头，所以表示 aString 不知道它与 aCustomer 是否关联，可导航的连接在面向对象的程序中常常称为指针（指针是对象在内存中的地址，以便在需要时能找到对象）。

图 7–9 中的连接相比前面的连接（没有任何箭头）内容较多。对象图的一个优点是，它允许显示模型中任意级别的细节，这可以增进对对象的理解，使我们对所做的工作更有信心。简单的值显示为属性，重要的对象显示为连接的盒子，中间值根据需要显示为属性或连接的盒子。

图 7–9 还显示了一些其他信息，读者肯定可以理解和接受这些信息。连接的对象和属性都指定了名称。图 7–9 还显示了一些字面值，例如，数字 10 和字符串 TL5 1OR，这里为对象、属性和角色使用了很常见的命名约定：使用一两个描述性的单词，中间没有空格，每个单词的首字母大写。至于字面值，我们都知道如何写数字，如何把字符放在双引号中。

在一些地方，对象会扩展；而在其他地方，对象不会扩展。例如，aCustomer 的 name 属性显示为独立的对象，而 anAddress 的 street、country 属性甚至没有值。

所有图的关键都在于显示所需要的细节以达到我们的目的。不要因为别人画的图与自己的不同，就认为自己的图是错误的。一般在开发过程中，必须处理越来越多的信息，但很少在一个地方显示所有的内容，否则，事情就会变得混乱、乏味。

对于值，最后要注意的是，尽管所有的物体都可以建模为对象，但不需要为不重要的值建立对象。例如，数字 10 可以看作对象，内部数据表示为 10，操作有“加上另一个数字”和“乘以另一个数字”，但是，在许多面向对象的编程语言中对于数字这样的简单值，我们只把它们用作属性值，它们没有标识，不能分解。

### 7.2.3 消息

每个对象都至少与另一个对象联系，孤立的对象对任何人来说都没有用。对象一旦建立了联系，就可以协作，执行更复杂的任务。对象在协作时要相互发送消息，如图 7–10 所示。消息显示在实线箭头的旁边，说明消息的发送方向；回应显示在蝌蚪符号的旁边，表示数据的移动。

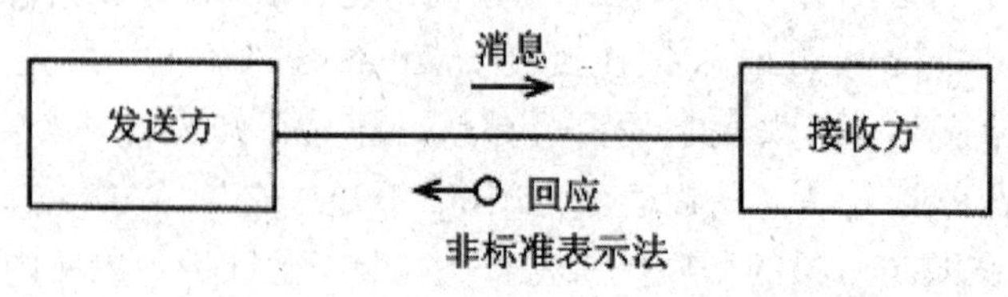


图 7–10 使用消息进行协作

图 7-10 是一幅 UML 协作图。协作图虽然看起来很像对象图，但连接没有方向，对象名称也没有加下划线。因为通信的方式无法在协作图中显示回应，所以这里使用了蝌蚪符号，这是长期存在的一个约定，理想情况下，还应显示序号，但这里省略了，因为要涉及 UML 编号方案。

消息的内容可以是“现在几点”“启动引擎”“你叫什么名字”等，如图 7-11 所示。可以看出，接收对象可以提供回应，也可以不提供例如，“现在几点”“你叫什么名字”应提供回应，而“启动引擎”不需要回应。

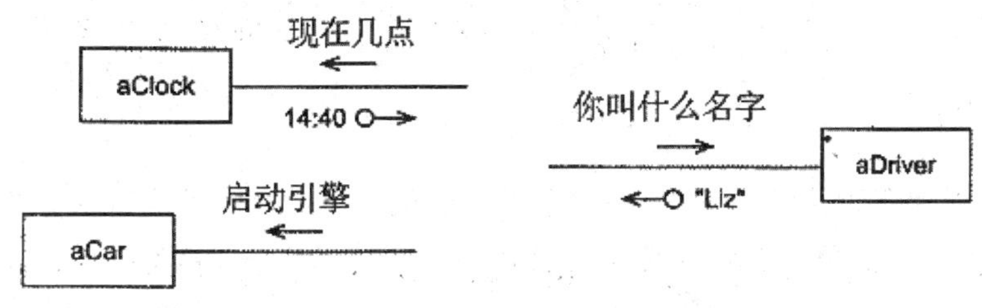


图 7-11　一些示例消息

如前所述，对象是谦恭的，当接收到消息时，肯定会处理请求。这样，发送对象就不需要处理消息被拒绝的情形。实际上，尽管接收对象的意图是好的，但仍不能执行一些考虑请求失败的原因，参见表 7-1。

表 7-1　请求失败的原因

| 问题 | 例子 | 解决方案 |
| --- | --- | --- |
| 发送者不应该发送消息 | 给企鹅发送“飞”的消息 | 编译器应检查大多数此类错误在测试和维护过程中应检查出其他错误 |
| 发送者出错 | 当微波炉中没有食物时，让微波炉开始加热 | 编译器可以提供帮助，但大多数情况下依赖于好的设计、编程、测试和维护 |
| 接收者出错 | 假定 2+2=5 | 同上 |
| 接收者遇到一个可预测但很少见的问题 | 当电梯中的人过多时，命令电梯“上升” | 异常处理机制使用编程语言的功能把正常操作和非正常操作分开 |

续 表

| 问题 | 例子 | 解决方案 |
| --- | --- | --- |
| 计算机不能完成应完成的任务 | 把桌子上的计算机放倒，让宇宙光穿透中央处理器，把内部位从0改为1，操作系统错误，等等 | 软件开发人员除了向用户界面报告问题或把问题写入日志文件之外，干不了别的 |
| 人为错误 | 对象在给磁盘写信息时取出了磁盘 | 异常处理机制使用编程语言的功能把正常操作和非正常操作分开 |

有时，我们不允许失败。如果自动驾驶的飞机因软件错误而失事，我们会相当难过。为了确保成功，我们引出一个专门的术语——软件可靠性。下面是保证软件可靠性的一个策略。在飞机上安装三台计算机，让它们确定下一步的任务，如果一台计算机说“向左飞”，但其他两台计算机说“向右飞”，飞机就会向右飞。

### 7.2.4　启动操作

软件对象在收到消息时，就会执行一些代码。每段代码都是一个操作。换言之，消息启动了操作。在 UML 中，可以显示发送者发送给接收者的消息，或者接收者执行的操作，也可以显示两者。

除了回应之外，消息还可以带参数（parameter），也为变元（argument）参数是一个对象或简单值，接收者用它来满足请求。例如，可以给 Person 对象发送消息“你的身高是多少厘米”，一分钟后再发送另一条消息“你的身高是多少英寸”。在这个例子中，“你的身高是多少”就是消息，而“厘米”和“英寸”就是参数。参数显示在括号中，放在消息的后面如果有好几个参数，就用逗号把它们分开。

还需要指定哪个对象接收消息，这里说明如何在 Java 中指定接收消息的对象，Java 使用点把接收者和消息分隔开：

```
aPerson.getHeight(a Unit)
```

有时，你不知道自己设计的消息是让对象执行操作，还是从对象那里提取信息，或者两者均有。消息样式的一条规则是，“消息应是问题或命令，但不能两者都是”，这可以避免许多问题。

提出问题的消息要求对象提供一些信息，所以总是回应不应改变对象的属性（或者与它连接的任何对象的属性）。提出问题的信息如下：“你有什么烤肉？”“现在几点？”我们不会希望仅仅因为问了这个问题，柜台上才有更多的烤肉。同样，我们也不会希望仅仅因为我们看了时钟，时钟上的时间才变化。

命令消息告诉对象执行某个操作，对象不需要提供回应。命令可以是告诉银行账户“取 100 欧元”，告诉微波炉“停机”。如果发出了合理的命令，对象就会执行它，所以不需要反馈任何信息。命令会改变接收对象或者与它联系的其他对象。

问题和命令的消息都是有用的，但它们都是高级技术，这里不过多赘述。

### 7.2.5 面向对象程序的工作原理

面向对象的程序在工作时，要创建对象，并把它们连接在一起，让它们彼此发送消息，相互协作。但是，谁启动这个过程？谁创建第一个对象？谁发送第一条消息？为了解决这些问题，面向对象的程序必须有入口点（entry point）。例如，Java 在启动程序时，要在用户指定的对象上找到 main 操作，执行 main 操作中的所有指令，当 main 操作结束时，程序就停止。

main 操作中的每个指令都可以创建对象、把对象连接在一起或者给对象发送消息。对象发送消息后，接收消息的对象就会执行操作。这样，就可以完成我们想完成的任何任务。

图 7–12 显示了一个面向对象的程序。main 操作中一般没有太多代码，大多数动作都在其他对象的操作中。如图 7–12 所示，对象给自己发送消息是有效的。例如，我们可以问自己一个问题：“我昨天干了什么？”

main 操作的理念不仅可以应用于在控制台上执行的程序，也可以应用于更复杂的程序，如图形化用户界面（GUI）、Web 服务器和服务小程序（servlet）。下面是一些提示：

用户界面的 main 操作创建顶级窗口，告诉它显示自己。

Web 服务器的 main 操作有一个无限循环，告诉 socket 对象听某个端口的入站请求。

servlet 是由 Web 服务器拥有的对象，它接收从 Web 浏览器传送过来的请求。注意，Web 服务器有 main 操作。

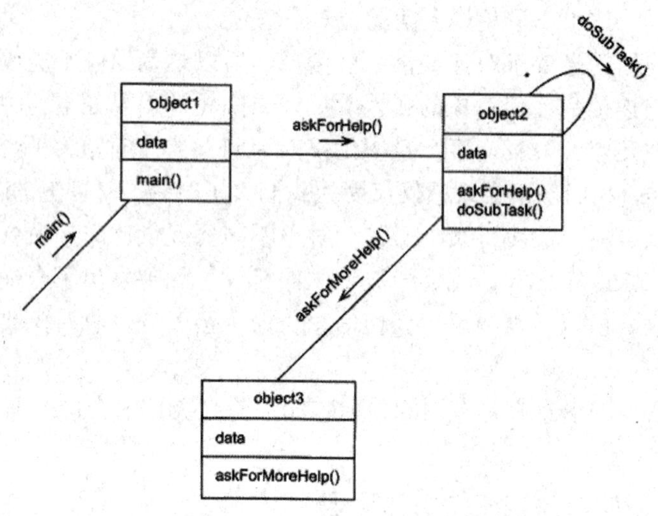


图 7-12　正在运行的面向对象程序

### 7.2.6　垃圾收集

当创建对象的程序不再使用该对象了，该怎么办？这似乎是一个小问题，但程序中的对象都不是免费的。每个新对象都要占用计算机内存中的一块区域，在程序运行时，可能会创建越来越多的对象，这样，运行其他程序的内存就会减少。如果在对象使用完后不重新声明，计算机就可能用尽内存（程序使用的内存通常在程序结束后返回给计算机，但有可能同时运行好几个程序，其中一些可能运行几天、几星期或几年）。

最好不要让程序创建越来越多的对象，因为在它们的生命周期结束后，要采取措施清理它们。传统上，程序员必须确定何时去除与对象的最后连接，以便显式地删除或释放对象的内存（结构化的语言没有对象，但有记录、结构和数组，它们也需要释放）。跟踪对象的生命周期是很复杂的，程序员很容易忘记一些已没有用的对象，从而忘记释放，这种错误称为内存泄漏。

像 Java 这样的语言规定，程序会自动重新声明对象，程序员不需要做任何事。背后的理念是每个程序都有一个助手，称为垃圾收集器[1]。它四处巡视，查找未连接的对象，并清理它们。听起来很神奇吧？实际上并非如此。现在每个程序都有一个运行时系统（Run–Time System），这个软件在我们编写的代码后面执行，它执行后台操作，例如垃圾收集。

这里不详细讨论垃圾收集器的工作原理，知道垃圾收集器可以删除不能在程序中直接或间接通过名称访问的对象即可。不能访问的对象就不能发送消息，如果对象不能发送消息，就不能回应问题或执行命令，因此必须通过垃圾收集来清除。

面向对象语言（如 Smalltalk、Java 和 Eiffel）都有垃圾收集器。复杂的面向对象语言（如 Object Pascal）有时有垃圾收集器，但这些语言本身就非常复杂了，所以最好避免带垃圾收集器。C++ 就没有垃圾收集器，程序员必须使用“智能指针”，当对象失去最后一个引用时，智能指针就会删除该对象。

### 7.2.7　术语

前面介绍的对象概念有许多术语，不同的人使用不同的术语来表示相同的概念。更糟的是，一些人对术语的使用并不正确。图 7–13 显示了一些术语，同一组中的术语可以互换（本书使用带下画线的术语）

---

① 垃圾收集器用来监视垃圾收集器的运行，当对象不再使用时，就自动释放对象所使用的内存。Java 的垃圾收集器能够以单独的线程在后台运行，并依次检查每个对象。通过更改对象表项，垃圾收集器可以标记对象、移除对象、移动对象或检查对象。垃圾收集器是自动运行的，一般情况下无须显式地请求垃圾收集器。程序运行时，垃圾收集器会不时检查对象的各个引用，并回收无引用对象所占用的内存。调用 System 类中的静态 get() 方法可以运行垃圾收集器，但这样并不能保证立即回收指定对象。

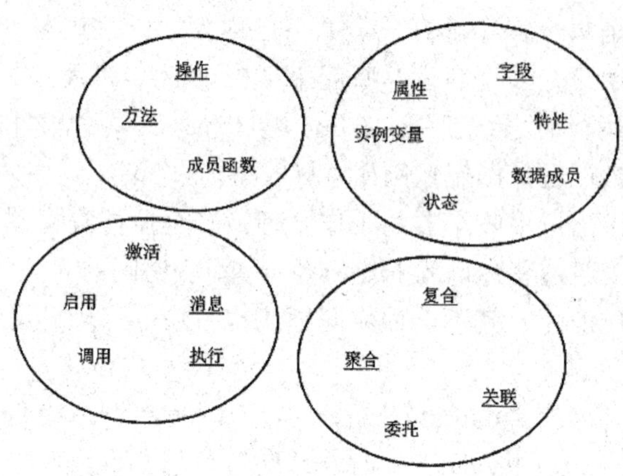


图 7-13　面向对象中的术语

除此之外还可能遇到集合术语，例如“行为”（操作的集合）接口（消息的集合）、对象协议（接口的同义词）和数据（字段的集合）在本书中，只以描述性方式使用表 7-2 中列出的术语。

表 7-2　本书使用的术语

| 术语 | 定义 |
| --- | --- |
| 属性 | 小段信息，例如颜色、高度或重量，描述对象的一个特性 |
| 字段 | 对象内部的指定值 |
| 操作 | 属于对象的一段代码 |
| 方法 | 操作的同义词 |
| 消息 | 从一个对象发送到另一个对象的请求 |
| 调用 | 执行操作，以响应消息 |
| 执行 | 调用的同义词 |
| 关联 | 两个对象之间的直接或间接连接 |
| 聚合 | 强关联，隐含着某种部分——整体层次结构 |
| 复合 | 强聚合，部分在整体的内部，整体可以创建和销毁部分 |
| 接口 | 对象理解的一组消息 |
| 协议 | 通过网络传送消息的认可方式 |
| 行为 | 对象的所有操作的集合 |

属性可以由对象存储(封装),但不是必须如此。例如,圆有半径和直径属性,但只需要存储半径,因为直径可以计算出来。为了避免混淆,本书只介绍存储的属性,如有必要,添加一个或多个操作(如 get Diameter)会隐藏派生的属性。

字段与属性不完全相同。首先,字段表示存储什么内容的决策;其次,字段可以用于存储与另一个对象的连接,如对象图中的可导航连接在开始设计时,属性和关联会生成字段。在面向对象软件开发的早期,使用术语"属性"和"操作"(因为它们是 UML 术语)在后期,处理低级设计和源代码时,使用术语"字段"和"方法"(因为它们是编程术语)。

### 7.2.8　类图与对象图的区别

类图与对象图的区别见表 7-3 所列。

表 7-3　类图与对象图的区别

| 类图 | 对象图 |
|---|---|
| 类中包含三个部分:类名、类的属性和类的操作 | 对象包含两个部分:对象的名称和对象的属性 |
| 类的名称栏只包含类名 | 对象的名称栏包含"对象名:类名" |
| 类的属性栏定义了所有属性的特征 | 对象的属性栏定义了属性的当前值 |
| 类图中列出了操作 | 对象图中不包含操作内容,因为属于同一个类的对象,操作是相同的 |
| 类中使用了关联连接,关联中包含名称、角色以及约束等特征定义 | 对象使用链进行连接,链中包含名称、角色 |
| 类是一类对象的抽象,类不存在多重性 | 对象可以具有多重性 |

## 7.3　应用对象图建模

对象图无须提供单独的形式。类图中就包含了对象,所以只有对象而没有类的类图就是对象图。然而,对象图在刻画各方面的特定使用时非常有用。对象图显示了对象的集合及联系,代表了系统某时刻的状态。它们是带有值的对象而非描述符，当然，在许多情况下对象可以是原型的。使用协作图可显示一个可多次实例化的对象及其联系的总体模型，协作图包含对象和连接的描述符。如果实例化协作图，就会产生对象图。

### 7.3.1 使用 Rational Rose 建立对象图

Rational Rose 不直接支持对象图的创建，但是可以利用协作图来创建。

#### 7.3.1.1 在协作图中添加对象

（1）在协作图的图形编辑工具栏中，单击相应图标，此时光标变为 + 符号。

（2）在类图中单击，任意选择一个位置，系统便在该位置创建一个新的对象。

（3）双击该对象的图标，弹出对象的规范设置对话框。

（4）在对象的规范设置对话框中，可以设置对象的名称、类的名称、持久性和是否为多对象等（图 7–14）。

（5）单击 OK 按钮。

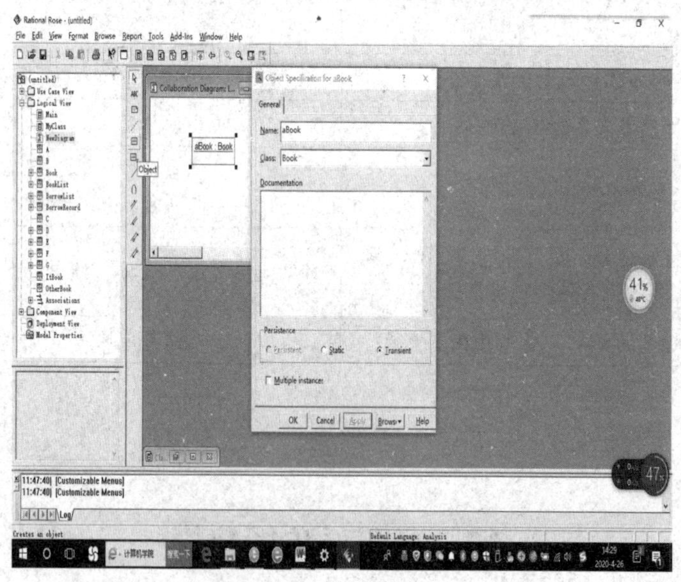


图 7–14　添加对象

#### 7.3.1.2 在协作图中添加对象之间的连接

（1）单击协作图的图形编辑工具栏中的图标，或者选择

Tools|Create|Object 命令，此时光标变为 ↑ 符号。

（2）单击需要连接的对象。

（3）将线段拖动到要与之连接的对象。

（4）双击线段，弹出设置连接规范的对话框。

（5）在弹出的对话框中，在 General 选项卡中设置连接的名称、关联、角色以及可见性等（图 7–15）。

（6）如果需要在对象的两端添加消息，可以在 Messages 选项卡中进行设置。

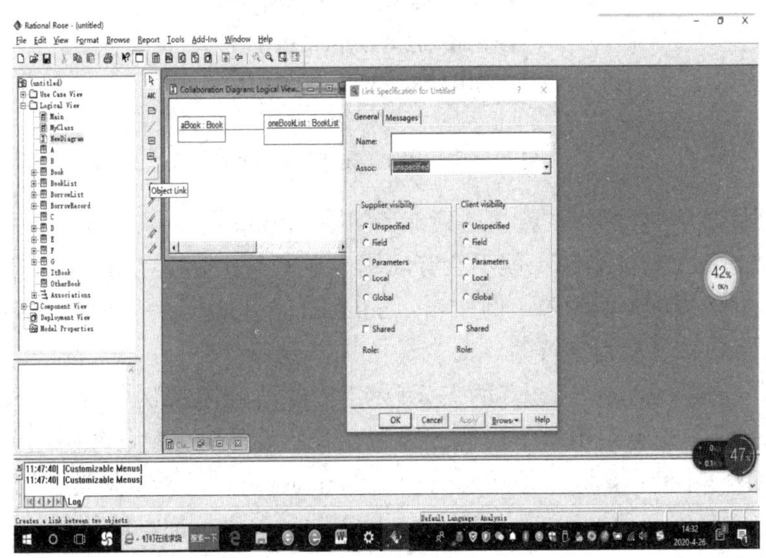


图 7–15　添加连接

### 7.3.2　对象属性建模详解

属性是对象的特性，例如对象的大小、位置、名称、价格、字体、利率等。在 UML 中，每个属性都可以指定类型，可以是类或原型。如果选择指定类型，那么类型就应显示在属性名称右面的冒号之后（也可以在分析阶段不指定属性类型，因为类型很明显，或者因为还不想提交）。在类名的下方添加一条分隔线，就可以在类图中显示属性。为了节省空间，可以把它们单独保存在属性列表中，并加上描述。如果使用软件开发工具，就可以放大，显示属性（及其描述）或者缩小，只显示类名。如果不能在这个阶段为属性提供简短的描述，属性就应拆分为几个属性或自成一类。

图 7–16Engine 显示了类的属性：capacity、horsePower、manufacturer、numberOfCylinders、fuelInjection。我们给 manufacturer 指定了 String 类型，给 fuelInjection 指定了 boolean 类型。

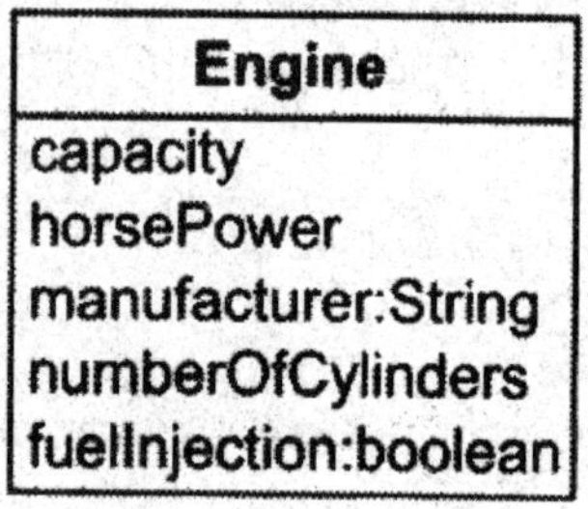

| Engine |
|---|
| capacity<br>horsePower<br>manufacturer:String<br>numberOfCylinders<br>fuelInjection:boolean |

图 7–16　用 UML 描述属性

一开始显示属性类型，就会遇到许多问题：String 是什么？ boolean 是什么？如果类型是一个类的名称，就不会有问题。本书不针对特定的编程语言或库。所以，最好使用常见的原型（例如 int、boolean 和 float）和一两个明确的类（如 String 表示包含一系列字符的对象）。

UML 允许用独立于语言的表示法定义自己的原型例如 integer、real 和 Boolean，但应避免使用这个功能，因为在开始设计时，就必须考虑与特定语言相关的内容（另一个原因是在 Java 中，像 integer 这样的类型是类，不是原型）。

还应避免使用数组类型，尽管大多数面向对象语言都支持数组，但数组常常是对象和原型的交叉。原因是，如果使用集合类（如 List 和 Set），可能更好理解。在设计阶段，使用数组可能比较多，但仍需要小心，不要因改进性能而牺牲好的样式。

为了简单起见，应避免在制品中包含派生的属性。例如，圆的属性包括半径、直径、周长和面积。但是，只要存储其中的一个属性，就可以在运行期间计算出其余属性。所以，只需要在类图中存储上述四个属性中的一个。在这种情况下，半径似乎是明智的选择，因为相比其他属性的访问次数多（所以不计算），其他属性可以使用乘法计算出来（比除法快）。

就 UML 而言，可以在类型名的后面给属性增加多重性，例如 * 表示多值属性，［0..1］表示可选属性。这是 UML 避免在某种情况下遭遇显示属性还是关联的棘手问题的处理方法。在本书中，不给属性显示多重性，除非是可选属性。

图 7–17 显示了在检查 Coot 系统用例时找出的所分析对象的全部属性。为了完整，显示的这些属性来自完整的 Coot 系统（例如 totalAmount）。为了避

免在系统中处理图像和视频，这里为广告和海报指定了存储位置的属性（例如使用 URL）。

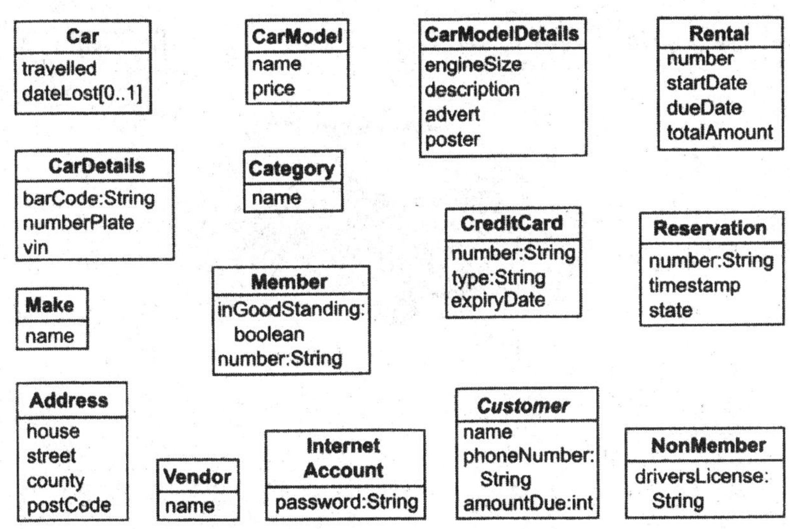


图 7–17　iCoot 系统用例的属性

dateLost 属性是可选的（由 [ 0..1 ] 表示）。如果 Car 丢了，就记录丢失日期，否则什么也不记录。在编程术语中，可以使用 null 指针表示某个 Car 没有丢。如果可选属性有原型，例如 int，就必须保存一个值，表示“此处没有值”。例如，模型允许设置 0 或 –1。

属性的多重性偶尔也是有用的，但不要过多使用它们。例如，本书只有一个属性（dateLost）需要多重性（从长远看，使用“汽车状态”会更好）。

如前所述，UML 允许运行时绘制对象和编译时类。图 7–18 显示了如何在对象图上指定运行时属性的值。

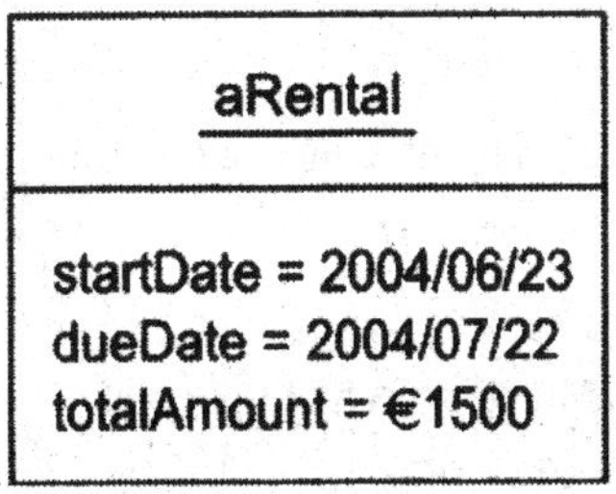

aRental

startDate = 2004/06/23
dueDate = 2004/07/22
totalAmount = €1500

图 7–18　用 UML 描述属性值

我们常常需要从信息建模的几种方法中选择。例如，从顾客的角度看，如何为 Car 的颜色建模？图 7–19 给出了四种方法：

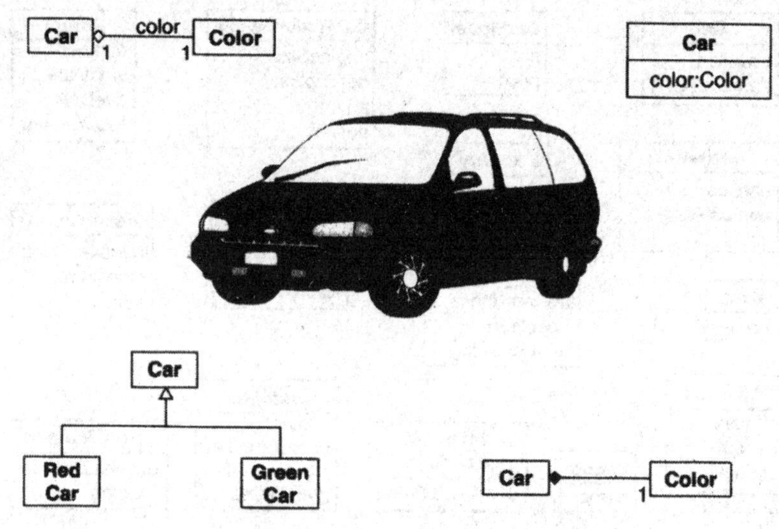


图 7–19　在属性和关联之间选择

（1）在 Car 和 Color 类之间引入聚合。

（2）给 Car 添加属性 color，类型是 Color。

（3）给每种颜色引入 Car 的一个子类。

（4）在 Car 和 Color 之间引入复合。

这些选项都可行，只是其中一些显得有点违背常理。该选择哪个选项？

中心议题是：哪个建模选项最适合当前的情况，换言之，哪个选项最自然？就选项（1）而言，“Color 是 Car 的一部分”显得有点笨拙。选项（2）似乎比较好：就汽车买主而言，颜色只是汽车的一个属性。选项（3）有点过头：给每种颜色的汽车都设置一种新类型，而汽车的颜色可能有数十种。选项（4）似乎比选项（1）好一些：汽车出厂时都会喷涂一种颜色，即使以后改变颜色，原来的颜色也可能保留在新颜色的下面。综上所述，选项（2）在购买汽车时是最合适的。

但如果从汽车厂家的角度给汽车建模，选择就会不同吗？在这种情况下，颜料对于厂家来说可能比较重要。如果颜料用光了，我们需要知道到哪里可购买该颜料。所以，需要把 Color 建立为单独的类，并且有自己的关联和属性；这种情况下，选项（4）是最好的选择。

可以选择选项（3）吗？可以。例如，心理学家要了解汽车颜色对司机行为的影响，红色汽车会激发危险驾驶行为，而绿色汽车可使司机谨慎驾驶。在这种情况下，红色和绿色的汽车完全不同，应将它们建立为单独的类。

这个例子的寓意是，分析人员必须选择最适合当前情况的表达方式，这没有固定答案。不要过多地考虑哲学体系，而应利用常识、经验直觉，反复期酌，找出成功的实现方式。

为了避免混乱，应忽略 UML 不区分属性和关联 + 角色这一点。根据模型来确定：如果看起来像属性，就绘制为属性；如果看起来像关联，就绘制为关联。

### 7.3.3　关联类

关联偶尔也有相关的信息或行为。关联类可以和关联一起引入，如图 7–20 所示。图 7–20 表示，一个 CarModel 对象可以与任意多个 Customer 对象关联，一个 Customer 对象也可以与任意多个 CarModel 对象关联。对于每个连接，都有一个对应的 Reservation 对象，包含号码、时间戳和状态。在本例中没有给关联指定名称，因为已隐含在关联类的名称中。

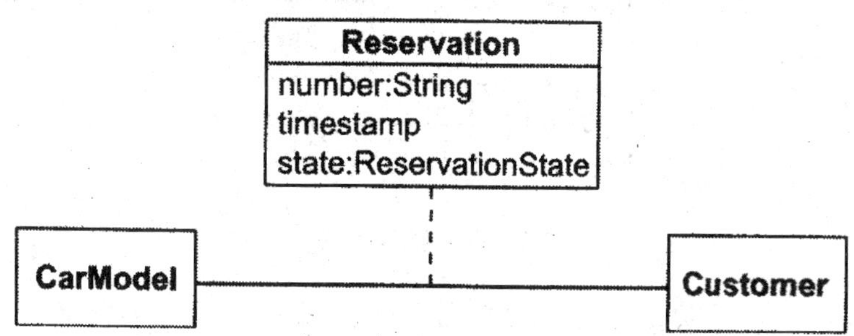


图 7–20　iCoot 系统实例的关联类

关联类表示的属性和操作仅仅因为关联类的存在而存在，属性和操作与关联两端的对象无关。在上面的例子中，当顾客进行预约时，在运行期间就在 Customer 和相应的 CarModel 之间建立一个新的连接。在需求捕捉和分析阶段，必须记录预约号和状态。但是，这些属性对 Customer 和 CarModel 都没有意义，它们位于这两个对象之间。所以，使用关联类比较合适。在设计时，必须用更具体的类替换关联类，因为大多数编程语言都不直接支持关联类。但是，它们在分析过程中非常有用。

### 7.3.4 有形对象和无形对象

我们常常为无形（intangible）对象建模，如目录中描述的产品；也常常为有形（tangible）对象建模，如送到门口的实际产品。目录中的对象描述了可以从供应商处预订的产品的属性，但产品不一定已生产出来。送到门口的对象肯定已生产出来，它们是目录中描述的产品类型的实例。一般情况下，每种无形对象都有许多有形对象。

把有形产品和无形产品建立为对象是常见的错误。例如，如果为汽车经销商编写销售系统，就会发现在分析过程中，我们处理的是描述可销售汽车的“目录表”、卖给顾客的“汽车”和购买汽车的“顾客”，很容易得出结论：应创建如图 7-21 所示的三个具体类。但实际上，这里有两个“汽车”概念：目录表中的汽车是无形的，它描述了该类型的所有汽车的特性，但这种汽车可能还不存在；而顾客拥有的汽车是有形的，它肯定存在，因为它可以驾驶，并且与另一个顾客拥有的同类型汽车是不同的。

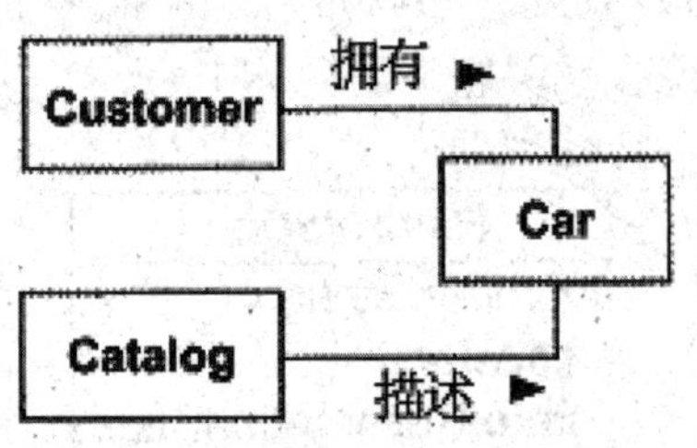


图 7-21 购买汽车

#### 7.3.4.1 错误的建模

为了强调有形性问题，假定除了销售汽车之外，经销商还给顾客提供服务。与销售相关的信息包括：

modelNumber——表示制造这类汽车的过程。

availableColors——这类汽车在出厂前可以喷涂的颜色。

numberOfCylinders——这类汽车的引擎拥有的气缸数。

与服务相关的信息包括：

owner——汽车的注册主人。

vehicleIndentificationNumber——制造汽车时在车身的固定小板子上刻上的唯一数字，表示汽车的注册码，可帮助警察找出被盗汽车的主人。

mileageAtLastService——汽车在上次接受服务时已行驶的千米数，通过它可以计算出汽车在上次接受服务以后又行驶了多远。

使用如图 7-21 所示的 Car 的概念，只能把这些属性都放在一个类中，如图 7-22 所示。从已知的对象建模知识来看，应避免使一个类有两组完全不同的任务——这种类的内聚力很脆弱，它们的任务也不会构成块。

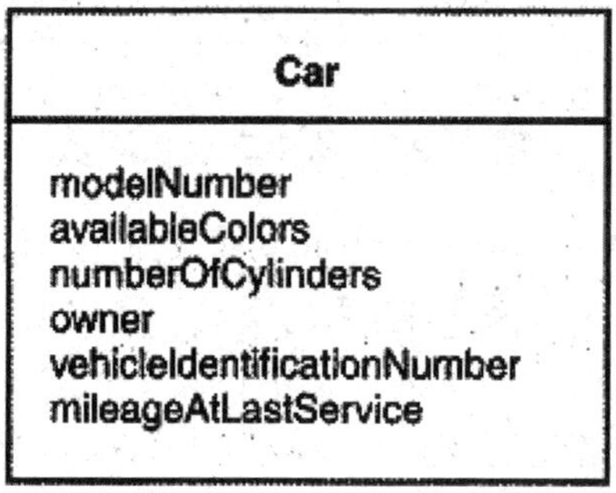

**Car**

modelNumber
availableColors
numberOfCylinders
owner
vehicleIdentificationNumber
mileageAtLastService

图 7-22　显示了属性的 Car 类

假定要销售 Alpha Rodeo 156 2.0 型汽车，就必须创建一个 Car 类，并设置相应的属性，这会得到如图 7-23 所示的结果（可能的属性值显示为花括号中的列表——这不是严格的 UML，但很方便）。

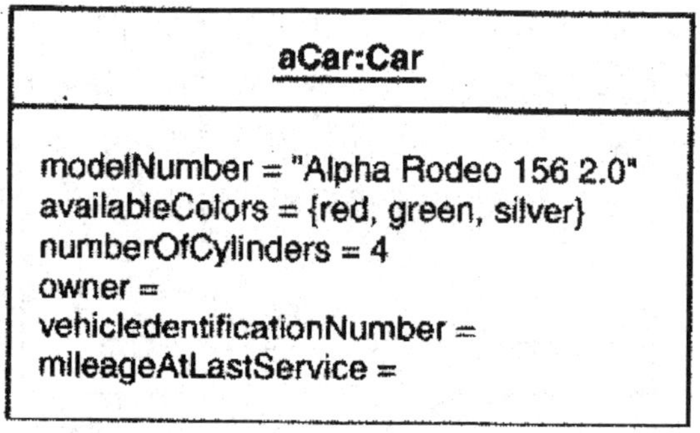

**aCar:Car**

modelNumber = "Alpha Rodeo 156 2.0"
availableColors = {red, green, silver}
numberOfCylinders = 4
owner =
vehicledentificationNumber =
mileageAtLastService =

图 7-23　用于销售的汽车

现在假定顾客开来了 Alpha Rodeo 156 2.0 型汽车，接受第一次服务。此时有两个选择：可以创建一个新的 Car 类来表示这个顾客拥有的汽车，如图 7-24（A）所示；也可以使用已有的 Car，得到如图 7-24（B）的结果。

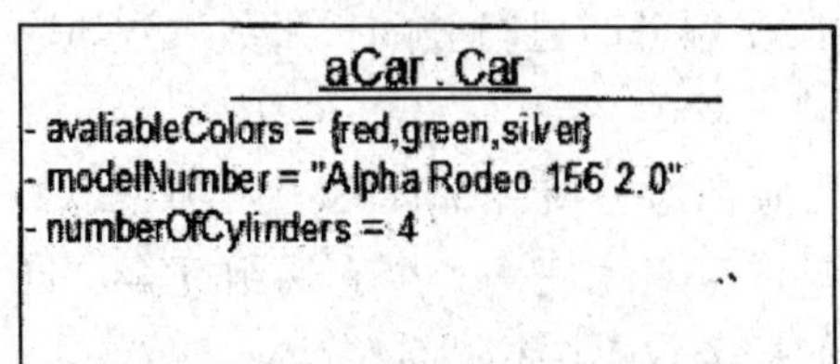


(A)

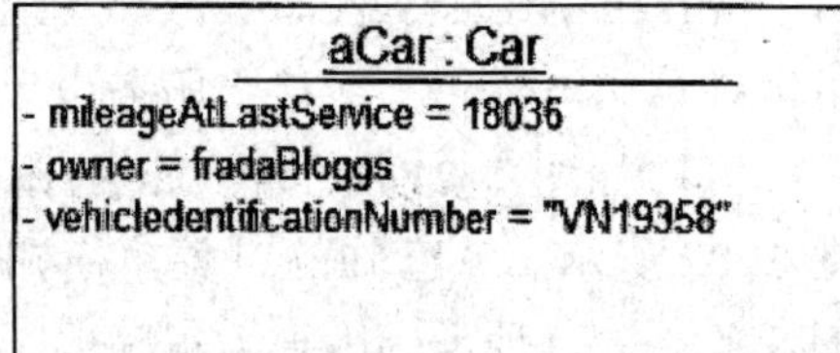


(B)

图 7–24 给汽车提供服务

如果选择选项（A），第一个 Car 对象上的一半属性都没有用，第二个 Car 对象上也有余信息。如果选择选项（B），每次就只能给一辆 Alpha Rodeo 156 2.0 型汽车提供服务（否则先得到服务的第一个 Car 对象的信息就会丢失）。

图 7–24 所示的原始模型很自然、合理，但没有意义。前面已指出，我们有一个无形概念负责第一组属性；还有一个有形概念，负责第二组属性。

#### 7.3.4.2 正确的建模

舍弃图 7–22 中的模型，用新的无形概念 CarModel 和有形概念 Car 来代替，得到如图 7–25 所示的类图。现在可以把属性 modelNumber、availableColor 和 numberOfCylinders 放在 CarModel 上，把属性 owner、vehicleIdentificationNumber 和 mileageAtlastService 在 Car 上。把这个新模型应用于前面的例子，就会创建如图 7–26 所示的运行时对象。这里有一个 CarModel，表示 Alpha Rodeo 156 2.0 型汽车以及两个 Car 对象，这两个 Car 对象表示这类汽车要接受服务的独立实例。有了这个新模型，就不必担心某类型的汽车销售了多少辆、有多少辆汽车返回接受服务、有多少辆汽车同时接受服务，因为型号可以按照逻辑简明地处理所有的可能性。

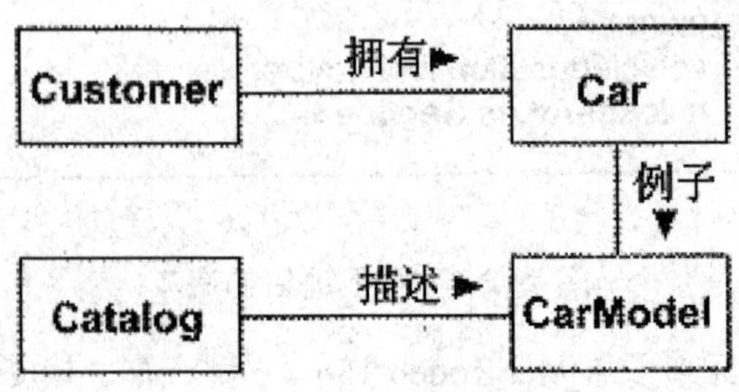


图 7–25 有形汽车和无形汽车模型

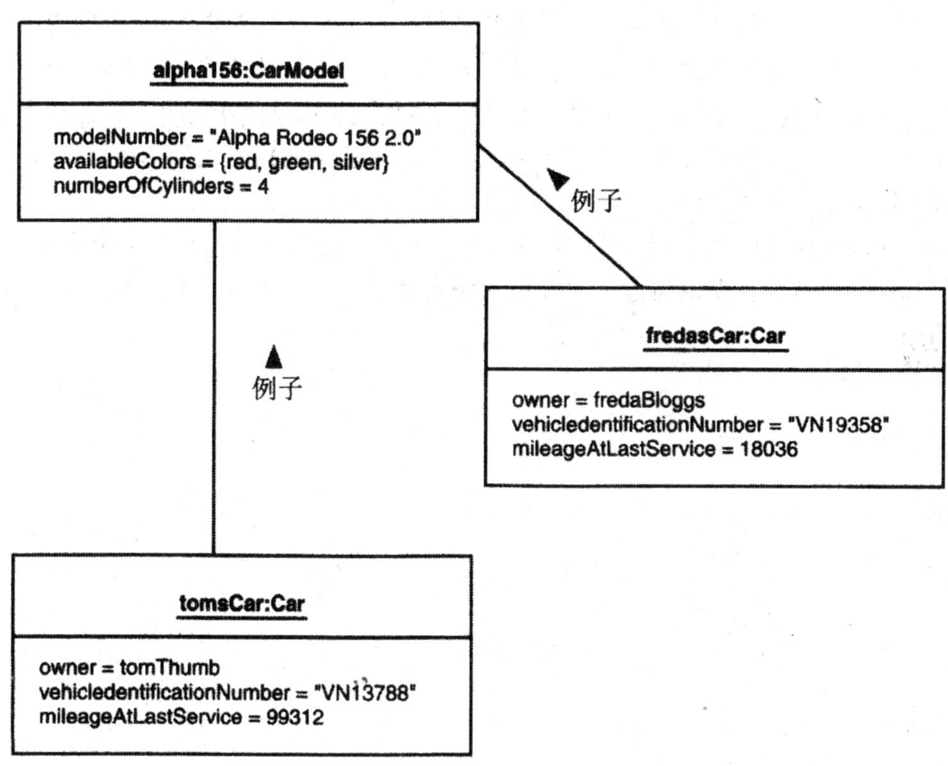


图 7-26　用于销售的汽车模型和已销售出去的汽车

一般情况下，一个无形对象可以产生许多有形对象。另外，无形对象的属性是固定的，而有形对象的属性是随时间变化的。在前面的例子中，有一个 CarModel，它表示已销售出去的、任意数量的 Alpha Rodeo 156 2.0 型号的汽车 CarModel 的属性不会随时间而变化（厂家偶尔可能改变规格，例如添加新的颜色，但这不是很频繁）。CarModel 显示了两个 Car 对象，它们分别表示一辆汽车主人至少有一次返回接受服务的 Alpha Redeo 156 2.0 型汽车。当汽车卖出时，主人就变了，每次接受服务时，mileageAtLastService 会改变。vehicleldentification Number 不会改变，但这是身份属性的特殊情况。在对象的生命周期中，这种属性用于把这个对象与其他类似对象区分开来。

### 7.3.5　好的对象

我们既要能用完美的 UML 表示法绘制对象图，又要能找出好的对象、属性和关系。

什么是对象？什么不是对象？如果思考或讨论的东西听起来像是对象，那它就是对象。应把它画在纸上，看看它能做什么。此时，离编写代码还有一段距离。如果思考对象的特性，就有了属性。如果思考对象能做什么，就有了操作。动态分析之前不要过多地关注操作，但及时记下操作是没有什么害处的。动态分析用于验证需要的操作，以满足用例，多几个操作有益无害。

如果从用例中找不到合适的对象，另一个技巧是与他人讨论业务或系统。让其记下你认为重要的概念，就好像上课记笔记一样。这样，就会剔除没有用的偏见。

# 第 8 章　面向对象分析之交互图

本章主要介绍了对象类、生命线、控制焦点、消息、链、多对象、主动对象的概念，再重点介绍消息的语法格式，以及如何根据用例描述识别消息及消息之间的发送先后次序关系。通过本章，读者可以理解交互模型（顺序图、协作图）的基本概念；掌握识别对象类、消息的方法；掌握顺序图中各个消息发送的先后次序的分析；掌握协作图中对象之间带消息标识的链的连接的分析；熟悉 UMI. 中交互模型建模的过程；了解 UML 中交互建模的注意事项。

## 8.1　协作图

顺序图[①]侧重于某种特定情形下对象之间传递消息的时序性。和顺序图不同的是，协作图侧重于描述哪些对象之间有消息传递，也就是说，顺序图强调交互的时间顺序，而协作图强调交互的情况和参与交互的对象的整体组织。从另一个角度看这两种图，顺序图按照时间顺序布图，而协作图按照空间组织布图。顺序图和协作图在语义上是等价的，所以建模人员可以先对一种交互图进行建模，然后转换成另一种交互图，而且在转换的过程中不会丢失信息。

---

① 序列图是用来记录系统需求和整理系统设计的不可或缺的 UML 框图。它按照交互发生的时间顺序，显示了系统中对象间的交互逻辑。在本教程中，你将了解如何使用以上产品来创建 UML2 序列图。UML2.x 在 UML1.x 的基础上，对语言进行了更加精确的定义，从而达到了更高层次的自动化，因此是 UML 发展的一次重要修订。序列图是所有框图里改进最大的一个，序列图改进了定义事务的能力和拓展性，对序列图的符号集合的改变，已经在序列化逻辑建模方面取得巨大的进步。

## 8.1.1 协作图简介

### 8.1.1.1 协作图定义

协作图对一次交互过程中有意义的对象和对象间的链建模，显示了对象之间如何进行交互以执行特定用例或用例中特定部分的行为。在协作图中，类元角色描述对象，关联角色描述协作关系中的链，并通过几何排列表现交互作用中的各个角色。

为了理解协作图（Collaboration Diagram），首先要了解什么是协作（Collaboration）？所谓协作，是指一定语境中的一组对象以及实现某些行为的对象间的相互作用，描述了一组对象为实现某种目的而组成相互合作的“对象社会”。协作图同时包含了运行时的类元角色（Classifier Role）和关联角色（Association Role）。类元角色是对参与协作执行的对象的描述，系统中的对象可以参与一个或多个协作；关联角色是对参与协作执行的关联的描述。

协作图是表现对象协作关系的交互图[①]，表示协作中作为各种类元角色的对象所处的位置。协作图中的类元角色和关联角色描述了对象的配置以及当协作的实例执行时可能出现的连接。当协作被实例化时，对象受限于类元角色，连接受限于关联角色。

下面从结构和行为两个方面分析协作图。从结构方面讲，协作图和对象图一样，包含了角色集合以及它们之间定义的行为方面的内容关系。从这个角度看，协作图是类图的一种。但是，协作图与类图这种静态视图的区别是：静态视图描述类固有的内在属性，协作图描述类实例的特性。因为只有对象的实例才能在协作中扮演自己的角色，它在协作中起特殊的作用；从行为方面讲，协作图和顺序图一样，包含一系列的消息集合。这些消息在具有某一角色的各对象间进行传递交换，完成协作中的对象想到达到的目标。可以说，在协作图的一个协作中，描述了由该协作的所有对象组成的网络结构以及相互发送消息的整体行为，代表了潜藏于计算过程中的三个主要结构的统一，即数据结构、控制流和数据流的统一。

在一张协作图中，只有涉及协作的对象才会被表示出来。协作图只对具有交互作用的对象和对象间的关联建模，而忽略其他对象和关联。协作图中的对象可以被标识成四组：存在于整个交互作用中的对象、在交互作用中创建的对象、在交互作用中销毁的对象、在交互作用中创建并销毁的对象。在设计时，

① 交互图是描述对象之间的关系以及对象之间的信息传递的图。

我们要区分这些对象。首先表示操作开始时可获取的对象和连接，其次控制如何将正确的对象流向协作图中，以实现操作。

在 UML 表示中，协作图将类元角色表示为类的符号（矩形），将关联角色表现为实线的关联路径，关联路径上带有消息符号。通常，不带消息的协作图标明了交互作用发生的上下文，而不表示交互，它可以用来表示单一操作的上下文，甚至可以表示一个或一组类中所有操作的上下文。如果关联线上标有消息，就可以表示一个交互。交互用来代表操作或用例的实现。

图 8-1 显示系统管理员查询借阅者信息的协作图，其中涉及三个对象之间的交互，分别是系统管理员、查询借阅者界面和借阅者。消息的编号显示了对象交互的步骤。

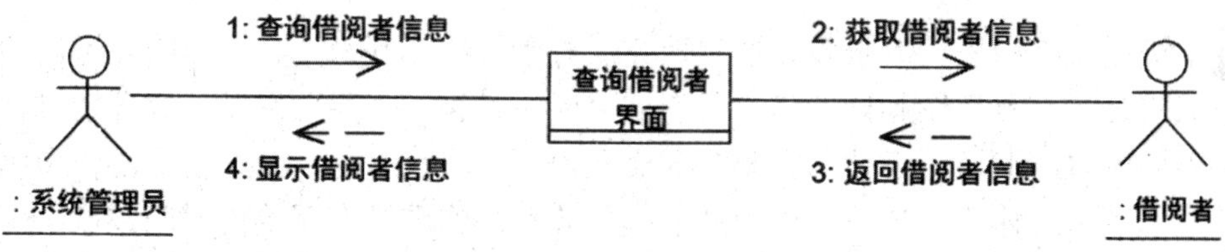


图 8-1　协作图示例

协作图作为一种在给定语境中描述协作中各个对象之间组织交互关系的空间组织结构的图形化方式，在用来进行建模时，可以将作用分为以下三个方面。

通过描绘对象之间消息的传递情况来反映具体的使用语境的逻辑表达：所使用语境的逻辑可能是用例的一部分或一条控制流。

显示对象及其交互关系的空间组织结构：协作图显示了在交互过程中各个对象之间的组织交互关系以及对象彼此之间的连接，与顺序图不同，协作图显示的是对象之间的关系，并不侧重于交互的顺序。协作图没有将时间作为单独的维度，而是使用序列号确定消息及并发线程的顺序。

表示类操作的实现：协作图可以说明类操作中用到的参数、局部变量以及返回值等。当使用协作图表现系统行为时，消息编号对应程序中嵌套调用的结构和信号传递过程。

协作图和顺序图虽然都表示对象间的交互作用，但是它们的侧重点不同。顺序图注重表达交互作用中的时间顺序，但没有明确表示对象间的关系；而协作图注重表示对象间的关系，但时间顺序可以从对象流经的顺序编号中获得。顺序图常常用于表示方案，而协作图则用于过程的详细设计。

一般情况下，顺序图可以显示：

与边界交互的参与者（如 Member 与 MemberUI 交互）。

与系统内部对象交互的边界（如 MemberUI 与 ReservationHome、Member、CarModel 和 Reservation 交互）。

系统内部对象与外部系统的边界交互（如内部的 ReportGenerator[①] 对象与 HeadOffice 边界交互）。

不需要显示位于系统外部的业务对象和不直接与系统交互的参与者。

这里可以不使用双向交互，而使用更面向计算机的客户 – 提供商模式：参与者启动与边界对象的交互，边界对象启动与系统对象的交互，系统对象启动与其他系统对象和系统边界的交互。

#### 8.1.1.2　与顺序图的区别与联系

协作图与顺序图有很多相似的地方。对于直接交互来说，协作图以不同的格式表达了与顺序图相同的信息，它们可能在各种细节层面以及系统开发过程的不同阶段绘制。对于这两种类型的交互模型，最显著的区别在于：协作图明确显示了参与协作的生命线之间的连接，并且协作图没有明确的时间维度，生命线只是使用方框表示。

### 8.1.2　协作图的组成要素

协作图（Collaboration Diagram）是由对象（Object）、消息（Message）和链（Link）等构成的。协作图通过各个对象之间的组织交互关系以及对象彼此之间的连接，表达对象之间的交互。

#### 8.1.2.1　对象

由于在协作图中要建模系统的交互，而类在运行时不做任何工作，系统的交互是由类的实例化形式（对象）完成的；因此，首要关心的问题是对象之间的交互。协作图中的对象和顺序图中的对象相同，都是类的实例。协作代表为了完成某个目标而共同工作的一组对象。对象的角色表示一个或一组对象在完成目标的过程中所起的部分作用。对象是角色所属类的直接或间接实例。在协作图中，不需要关于某个类的所有对象都出现，同一个类的对象在一个协作图

---

① Report Generator 是一款可用来设计、显示和从单张图片或在含有 120 个 GCD 或 C3D 文件中的报表内提取数据来直接打印的软件，可兼容并读取标准的报表定义格式 (RPT 文件)。.

中可能要充当多个角色。

在协作图中可以使用三种类型的对象实例，如图 8–2 所示。其中，第一种类型未指定对象所属的类，这种表示法说明实例化对象的类在模型中未知或不重要。第二种完全限定对象名，包含对象名和对象所属的类名，这种表示法用来引用特有的、唯一的命名实例。第三种只指定类名，而未指定对象名，这种表示法表示类的通用对象实例名。

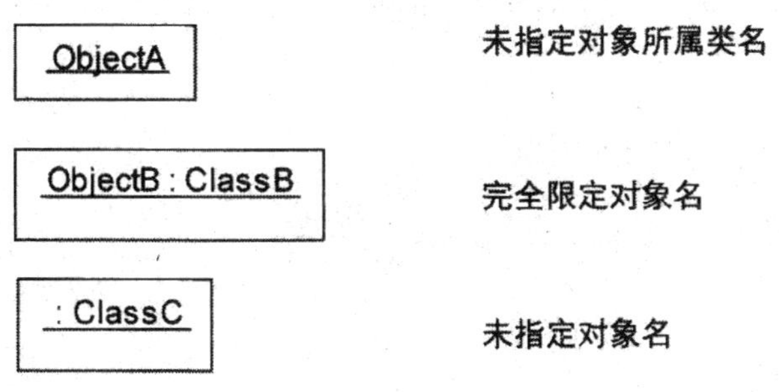


图 8–2　协作图中的对象

### 8.1.2.2　消息

在协作图中，通过一系列的消息（Message）来描述系统的动态行为。和顺序图中的消息相同，都是从一个对象（发送者）向另一个或几个对象（接收者）发送信号，或是一个对象（发送者或调用者）调用另一个对象（接收者）的操作，并且都由三部分组成分别是发送者、接收者和活动。

协作图中消息的表示方式与顺序图不同。在协作图中，消息使用带有标签的箭头表示，附在连接发送者和接收者的链上。链连接了发送者和接收者，箭头指向的是接收者。消息也可以依附于发送给对象本身的链上。在一个连接上可以有多条消息，它们沿相同或不同的路径传递。消息包括顺序号以及名称。消息标签中的顺序号标识了消息的相关顺序，同一个线程内的所有消息按照顺序排列，除非有明显的顺序依赖关系，不同线程内的消息是并行的。消息的名称可以是方法，包含了名字、参数表和可选的返回值表。

在协作图中，每条消息的前面都有序号。利用消息的序号，能够比较容易地跟踪协作图中的消息。最简单的编号方法是 1、2、3 等，对于较大的协作图，更加实用且常用的编号方法是使用嵌套编号方法，如 1，1.1，1.2，…，2，2.1，2.2 等。

使用顺序号可以明确地指定协作图中消息的时序。跟踪协作图的难度要比跟踪顺序图更大，因为后续消息往往位于协作图中的不同位置。进一步来说，如果协作图中的对象没有生命线，那么对象何时创建和销毁就没有那么明显。但是，协作图方便了设计者，使其可以更好地理解对象之间的连接，从而使得实现类的任务变得更加简单。

图 8-3 显示了两个对象之间的消息通信，包含“发送消息”和“返回消息”。如图 8-4 所示，协作图中的对象也能给自己发送消息。这首先需要一个从对象到其本身的通信连接，以便能够调用消息。

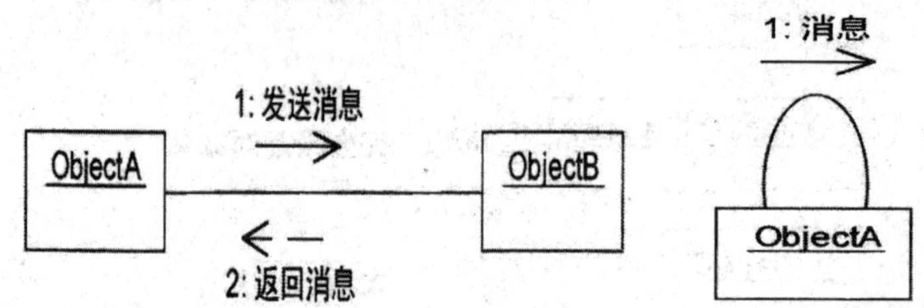


图 8-3　协作图中的消息示例　　　图 8-4　对象调用自身消息

协作图中的消息可以被设置成同步消息[①]、异步消息、简单消息等。协作图中的同步消息使用一个实心的箭头表示，它在处理流发送下一条消息之前必须处理完。如图 8-5 所示，文本编辑器对象将 Load（ile）步消息发送到文件系统 FileSystem，文本编辑器将等待打开文件。

协作图中的异步消息表示为一个半开的箭头，如图 8-6 所示，登录界面对象（LoginDialog）发送一条异步消息给登录日志文件对象（Log），登录界面对象不需要等待登录日志文件对象的响应消息，即可立刻执行其他操作，

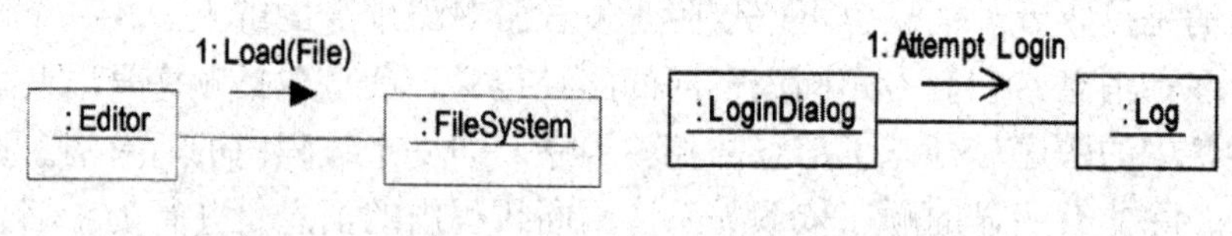


图 8-5　同步消息示例　　　图 8-6　异步消息示例

简单消息在协作图中表示为一个开放的箭头，如图 8-7 所示，它的作用与顺序图中一样，表示未知或不重要的消息类型。

在传递消息时，与顺序图中的消息一样，也可以为消息指定传递的参数。

---

① 同步消息（Synchronization Information）指明两个或更多个信号之间定时关系的信息。

如图 8-8 所示，计算器对象（Calculator）向 Math 对象传递参数，以计算某数的平方根。

图 8-7　简单消息示例　　　　图 8-8　传递参数

协作图中采用数字加字母的方式表示并发的多条消息。如图 8-9 所示，假设一个项目包含资源文件和代码文件。当打开该项目时，开发工具将同时打开所属的资源文件和代码文件。

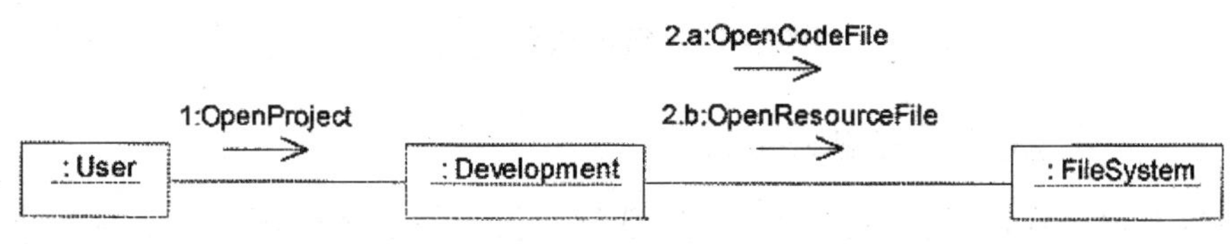


图 8-9　并发消息示例

有时消息只有在特定条件为真时才应该被调用。为此，需要在协作图中添加一组控制点，用来描述调用消息之前需要评估的条件。控制点由一组逻辑判断语句组成，只有当逻辑判断语句为真时，才调用相关的消息。如图 8-10 所示，当在消息中添加控制点后，只有当打印机空闲时才打印。

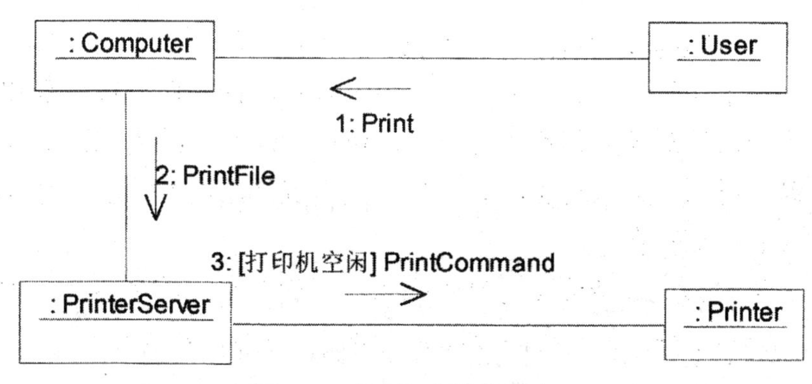


图 8-10　消息中的控制点

#### 8.1.2.3　链

协作图中的链与对象图中链的概念及表示形式相同，是两个或多个对象之间的独立连接、是对象引用元组（有序表）或是关联的实例。在协作图中，关联角色是与具体语境有关的暂时类元之间的关系，关系角色的实例也是链，寿命受限于协作的长短。在协作图中，链的表示形式是一个或多个相连的线或弧。在自身相关联的类中链是两端指向同一对象的回路，是一条弧为了说明对象是如何与另外一个对象进行连接的，还可以在链的两端添加提供者和客户端的可见性修饰，图 8-11 展示了链的普通表示形式以及自身关联的表示形式。

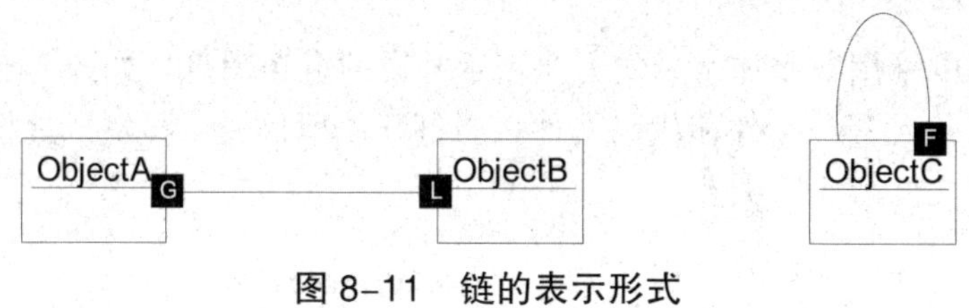


图 8-11　链的表示形式

#### 8.1.2.4　边界、控制器和实体

清晰的协作图把对象显示为带标签的方框。为了表达额外的信息，UML 允许开发人员使用图标代替方框，表示对象的特性。图 8-12 显示了 Jacobson 图标的 UML 含义。

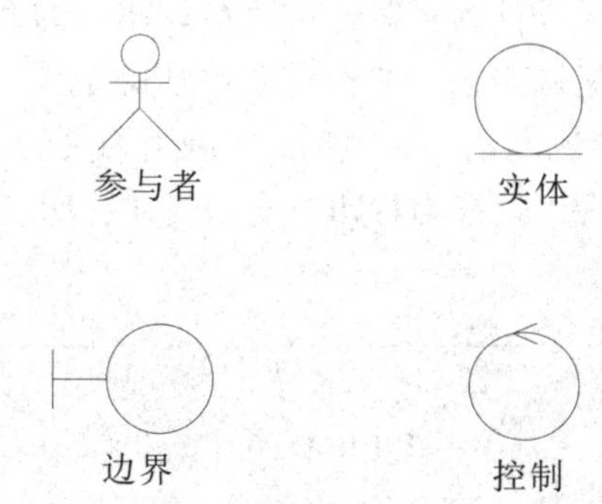


图 8-12　协作图的 Jacobson 图标

参与者：存在于系统外部的人（通常）或系统（偶尔）。

实体：系统内部的对象，表示业务概念。例如，顾客、汽车或汽车型号，包含有用的信息。实体一般是由边界和控制器对象操纵的没有自己的行为。实体类出现在分析类图中。大多数实体在设计过程结束后仍旧存在。

边界：位于系统边缘上的对象，在系统和参与者之间。对于系统参与者，边界提供了通信路径。对于作为参与者的人，边界表示用户界面，以执行命令和查询，显示反馈和结果。每个边界对象通常都对应一个用例或一组相关的用例。更准确来说，这种边界通常映射为用户界面草案（此时，可以是整个界面，也可以是子窗口）。边界对象在设计过程结束后仍旧存在。

控制器：一种封装了复杂或凌乱过程的系统内部对象。控制器是一种服务对象，提供下述服务：控制系统过程的全部或部分、创建新实体、检索已有的实体。没有控制器，实体就会充满混乱的细节。控制器只是为了便于分析，所以许多控制器在设计过程结束后就不存在了。一个重要的例外是“家（home）”的概念。“家”是用于创建新实体、检索已有实体的控制器。“家”还可以包含实体消息，如 carModelHome.findEngineSizes()。“家”常常在设计过程结束后仍旧存在。

RUP① 方法为设计阶段保留所有的控制器，以及在动态分析过程中找出所有操作。在 RUP 中，分析模型和设计模型没有区别，我们只是从分析模型开始，一次一次地丰富，直到把它转换为可以实现的设计模型为止。

从分析中得到的有价值的结果如下：

好的实体对象和已验证的属性；

反映用例的高级边界对象；

模型正确的自信；

“家”（忽略所有的实体消息）。

为了便于实现，设计人员不应有机会修改这些基本结果。缺陷是分析人员不应考虑编程细节，例如如何实现对象的属性、关系或操作。建议设计人员从的类图开始，类图中应有在分析过程中找出的实体对象。然后把选中的边界和“家”添加到类图中。

### 8.1.3　协作图建模及示例

了解了协作图中的各种基本概念，下面介绍如何使用 Rational Rose 创建协作图以及协作图中的各种模型元素。

#### 8.1.3.1　创建对象

在协作图的图形编辑工具栏中，可以使用的工具见表 8-1 所列，其中包含

① RUP（英文：Rational Unified Process，中文：统一软件开发过程或统一软件过程）是一个面向对象且基于网络的程序开发方法论。根据 Rational(Rational Rose 和统一建模语言的开发者）的说法，好像一个在线的指导者，它可以为所有方面和层次的程序开发提供指导方针、模板以及事例支持。

了 Rational Rose 默认显示的所有 UML 模型元素。

表 8-1　协作图的图形编辑工具栏中的工具

| 名称 | 用途 |
| --- | --- |
| Selection Tool | 选择工具 |
| Text Box | 创建文本框 |
| Note | 创建注释 |
| Anchor Note to Item | 将注释连接到协作图中的相关模型元素 |
| Object | 协作图中的对象 |
| Class Instance | 类的实例 |
| Object Link | 对象之间的链接 |
| Link to Self | Link to Self |
| Link Message | 链接消息 |
| Reverse Link Message | 相反方向的链接消息 |
| Data Token | 数据流 |
| Reverse Data Token | 相反方向的数据流 |

8.1.3.1.1　创建和删除协作图

要创建新的协作图，可以通过以下两种方式进行。

方式一：

（1）右击浏览器中的 Use Case View（用例视图）、Logical View（逻辑视图），或者这两种视图下的包。

（2）在弹出的快捷菜单中选择 New（新建）Collaboration Diagram（协作图）命令。

（3）输入新的协作图名称。

（4）双击打开浏览器中的协作图。

方式二：

（1）在菜单栏中选择 Browse| Interaction Diagram 命令，或者在标准工具

栏中单击相应图标，弹出如图 8-13 所示的对话框。

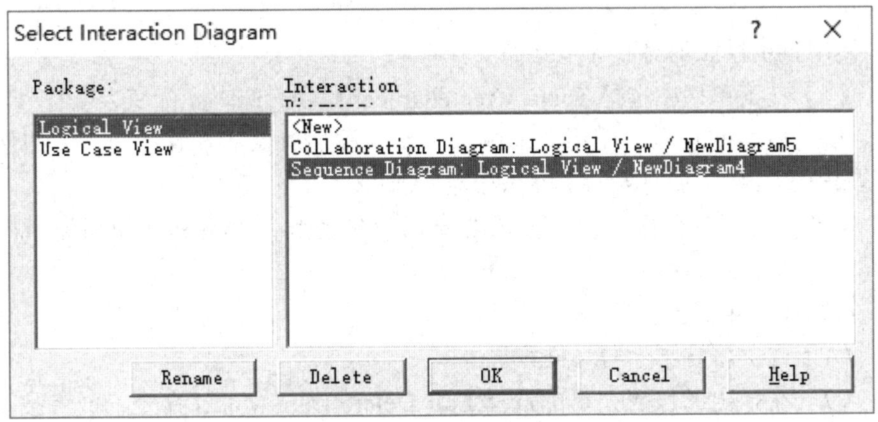


**图 8-13　添加协作图**

（2）在 Package 列表框中，选择要创建的协作图的包位置。

（3）在 Interaction Diagram 表框中，选择 New（新建）选项。

（4）单击 OK 按钮，在弹出的对话框中输入新的协作图名称，并选择 Diagram Type（图的类型）为协作图。

要在模型中删除协作图，可以通过以下两种方式进行。

方式一：

（1）在浏览器中选中需要删除的协作图并右击。

（2）在弹出的快捷菜单中选择 Delete 命令即可。

方式二：

（1）在菜单栏中选择 Browse Interaction Diagram 命令，或者在标准工具栏中单击相应图标，弹出如图 8-13 所示的对话框。

（2）在 Package 列表框中，选择要删除的协作图的包位置。

（3）在右侧的 Interaction Diagram 列表框中，选中要删除的协作图。

（4）单击 Delete 按钮，在弹出的对话框中确认即可。

8.1.3.1.2　创建和删除协作图中的对象

要在协作图中添加对象，可以通过工具栏、浏览器或菜单栏三种方式进行添加。通过图形编辑工具栏添加对象的步骤如下：

（1）在图形编辑工具栏中，单击图标，此时光标变为 + 符号。

（2）在协作图中任意选择一个位置并单击，系统将在该位置创建一个新的对象。

（3）在对象的名称栏中输入名称，这时对象的名称也会显示在对象顶部的栏中。

使用菜单栏添加对象的步骤如下：

（1）在菜单栏中选择 Tools| Create Object 命令，此时光标变为 + 符号。

（2）后面的步骤与使用图形编辑工具栏添加对象的步骤相似，按照使用图形编辑工具栏添加对象的步骤添加对象即可。

如果使用浏览器方式，选择需要添加对象的类，并将其拖动到编辑框中即可。

删除对象可以通过以下方式进行：

（1）选中需要删除的对象并右击。

（2）在弹出的快捷菜单中选择 Edit Delete from Model 命令，或者按 Ctrl + D 快捷键即可。协作图中的对象，也可以通过规范设置增加对象的细节。例如，设置对象名、对象的类、对象的持续性以及对象是否有多个实例等。

在 Rational Rose 的协作图中，对象还可以通过设置显示对象的全部或部分属性信息。设置步骤如下：

（1）选中需要显示属性的对象。

（2）右击对象，在弹出的快捷菜单中选择 Edit Compartmcnt 命令，弹出如图 8–14 所示的对话框。

（3）在左侧的 All Items 列表框中选择需要显示的属性，将它们添加到右侧的 Selected Items 列表框中。

（4）单击 OK 按钮即可。

图 8–15 显示了一个带有自身属性的对象。

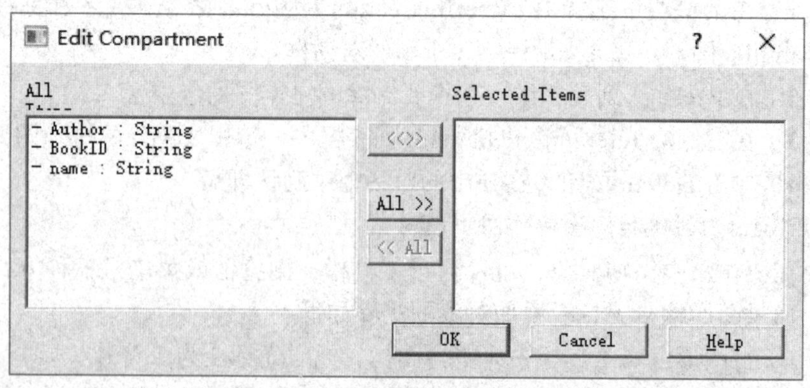


图 8–14　添加对象属性

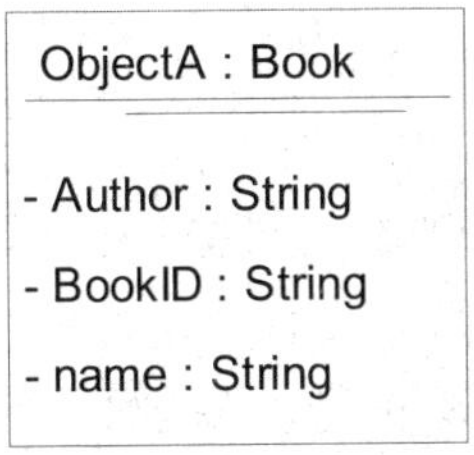

ObjectA : Book

- Author : String
- BookID : String
- name : String

图 8–15　一个带有自身属性的对象

8.1.3.1.3　顺序图和协作图之间的切换

Rational Rose 可以很轻松地从顺序图中创建协作图或者从协作图中创建顺序图。一旦拥有顺序图或协作图，就很容易在两种图之间切换。

从顺序图中创建协作图的步骤如下：

（1）在浏览器中选中顺序图，双击打开。

（2）选择 Browse Create Collaboration Diagram 命令，或者按 F5 键。

（3）这时会在浏览器中创建一个与顺序图同名的协作图，双击打开即可。

从协作图中创建顺序图的步骤同上。

如果需要在创建好的这两种图之间切换，可以在协作图或顺序图中选择 Browse| Go To Sequence Diagram 命令，或者选择 Browse| Go To Collaboration Diagram 命令进行切换，抑或通过 F5 快捷键进行切换。

### 8.1.3.2　创建消息

在协作图中添加对象与对象之间的简单消息的步骤如下：

（1）单击协作图的图形编辑工具栏中相应的图标，或者选择 Tools| Create Message，此时光标变为 + 符号。

（2）单击对象之间的链。

（3）此时链上出现一个从发送者到接收者的带箭头的线段。

（4）在线段上输入消息的文本内容即可，如图 8–16 所示。

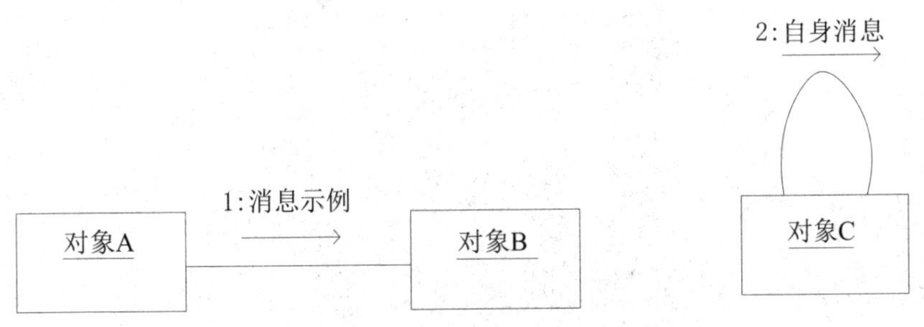


图 8–16　协作图中的消息示例

#### 8.1.3.3 创建链

在协作图中创建链的操作与在对象图中创建链的操作相同，可以按照在对象图中创建链的方式进行创建，同样，也可以在链的规范设置对话框的General 选项卡中设置链的名称、关联、角色以及可见性等。链的可见性是指一个对象是否能够对另一个对象可见。链的可见性包含以下几种类型，见表 8-2 所列。

表 8-2　链的可见性类型

| 可见性类型 | 用途 |
| --- | --- |
| Unspecified | 默认设置，对象的可见性没有被设置 |
| Field | 提供者是客户的一部分 |
| Parameter | 提供者是客户的一个或一些操作的参数 |
| Local | 提供者对客户来讲是本地声明对象 |
| Global | 提供者对客户来讲是全局对象 |

使用自身链连接的对象，没有提供者和客户。因为对象本身既是提供者又是客户，只需要选择一种可见性即可，如图 8-17 所示。

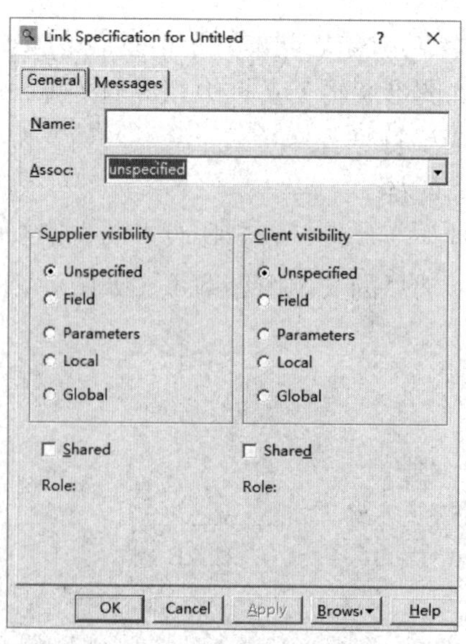


图 8-17　自身链的规范设置

#### 8.1.3.4　示例

下面以图书管理系统中的简单用例“借阅图书”为例，介绍如何创建系统的协作图。

根据系统的用例或具体的场景，描绘出系统中的一组对象在空间组织结构上交互的整体行为，是使用协作图进行建模的目标。一般情况下，系统的某个用例往往包含好几个工作流程，这时候就需要同顺序图一样，创建几个协作图来进行描述。协作图仍然是对某个工作流程进行建模，使用链和消息将工作流程涉及的对象连接起来。从系统中的某个角色开始，在各个对象之间通过消息的序号依次将消息画出。如果需要约束条件，可以在合适的地方附上条件。创建协作图的操作步骤如下：

（1）根据系统的用例或具体的场景，确定协作图中应当包含的元素。

（2）确定元素之间的关系，可以着手建立早期的协作图，在元素之间添加连接和关联角色等。

（3）将早期的协作图细化，把类角色修改为对象实例，并在链上添加消息以及指定消息的序列。

8.1.3.1.1　确定协作图的元素

首先，根据系统的用例确定协作图中应当包含的元素。从已经描述的用例中，可以确定需要“图书管理员”“借阅者”和“图书”对象，其他对象暂时还不能明确地判断。

对于本系统来说，需要为图书管理员提供与系统交互的场所，因而需要“主界面”和“借阅界面”对象。如果“借阅界面”对象需要获取“借阅者”对象的借阅信息，那么还需要“借阅”对象。

将这些对象列举到协作图中，如图 8–18 所示。

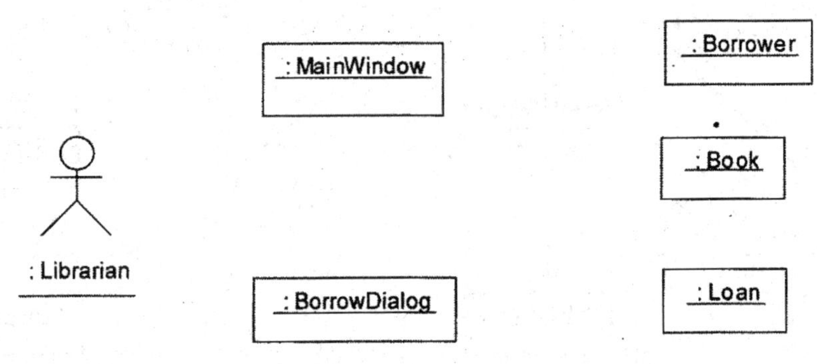


图 8–18　确定协作图中的对象

8.1.3.1.2　确定元素之间的结构关系

创建协作图的下一步是确定这些对象之间的结构关系，使用链和角色将这些对象连接起来。在这一步，基本上可以建立早期的协作图，表达出协作图中的元素如何在空间上交互，图 8-19 显示了该用例中各元素之间的基本交互。

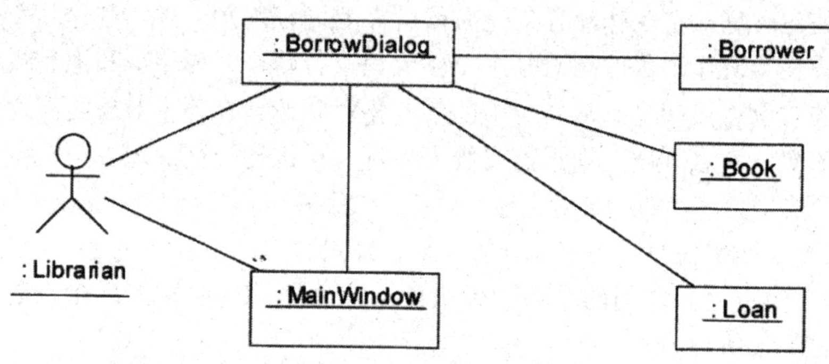


图 8-19　在协作图中添加交互

8.1.3.1.3 细化协作图

最后，在链上添加消息并指定消息的序列，如图 8-20 所示。为协作图添加消息时，一般从顶部开始向下依次添加。

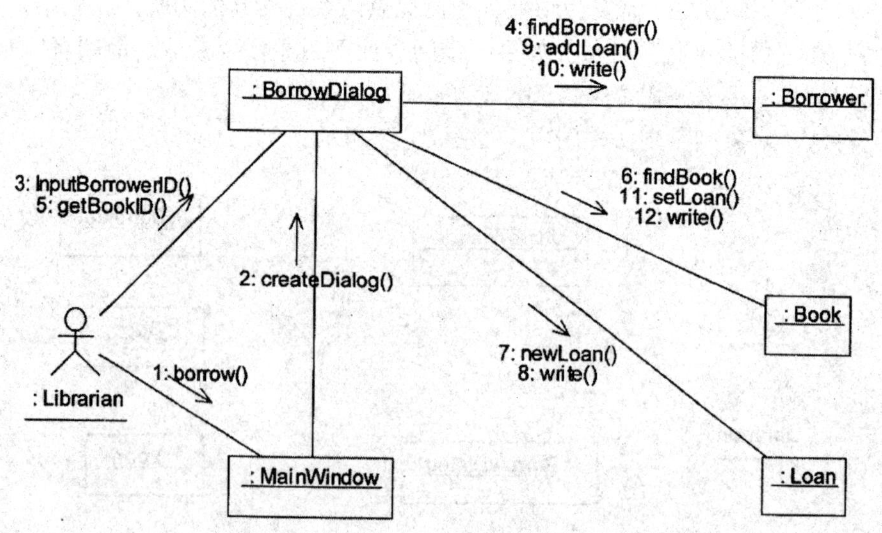


图 8-20　借书用例的基本工作流

# 8.2　顺序图

顺序图也称为时序图。Rumbaugh 对顺序图的定义是：顺序图是显示对象之间交互的图，这些对象是按时间顺序排列的。特别地，顺序图中显示的是参与交互的对象及对象之间消息交互的顺序。

顺序图可以用来描述场景，也可以用来详细表示对象之间及对象与参与者之间的交互。在系统开发的早期阶段，顺序图应用在高层表达场景上；在系统开发的后续阶段，顺序图可以显示确切的对象之间的消息传递。顺序图是由一组协作的对象及它们之间可发送的消息组成的，强调消息之间的顺序。正是由于顺序图具备了时间顺序的概念，从而可以清晰地表示对象在其生命周期的某一时刻的动态行为。顺序图可以说明操作的执行、用例的执行或系统中的一次简单的交互情节。

顺序图是一个二维图形。在顺序图中水平方向为对象维，沿水平方向排列的是参与交互的对象。其中对象间的排列顺序并不重要，但一般把表示参与者的对象放在图的两侧，主要参与者放在最左边，次要参与者放在最右边（或表示人的参与者放在最左边，表示系统的参与者放在最右边）。顺序图中的垂直方向为时间维，沿垂直向下方向按时间递增顺序列出各对象所发出和接收的消息。

## 8.2.1　顺序图的组成元素

顺序图中包括的建模元素有对象 (参与者实例也是对象)、生命线 (lifeline)、控制焦点 (focus of control）、消息（message）等。

### 8.2.1.1　对象

顺序图中对象的命名方式主要有 3 种（协作图中的对象命名方式也一样），如图 8-21 所示。对象名都要带下划线。

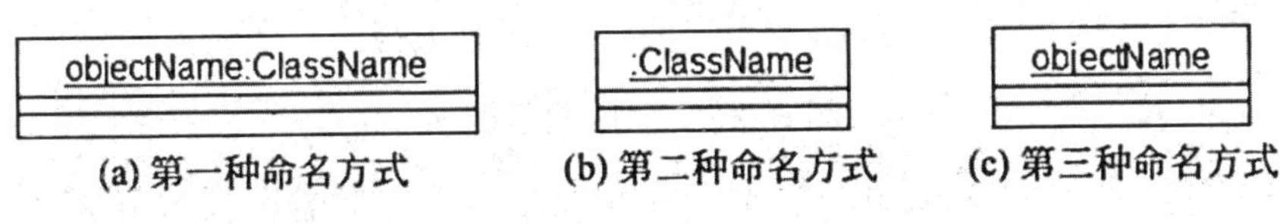


图 8-21　顺序图中对象的命名方式

第一种命名方式包括对象名和类名。第二种命名方式只显示类名，不显示对象名,即表示这是一个匿名对象。第三种命名方式只显示对象名,不显示类名,即不关心这个对象属于什么类。

#### 8.2.1.2　生命线

生命线在顺序图中表示为从对象图标向下延伸的一条虚线，表示对象存在的时间。因而可以看成是时间轴。

生命线表示对象在一段时间内的存在。只要对象没有被撤销，这条生命线就可以从上到下延伸。在水平方向上的对象并不是都处于一排的，而是错落有致的。其规则是：在图的顶部放置在所有的通信开始前就存在的对象。如果一个对象在图中被创建，那么就把创建对象的消息的箭线的头部画在对象图标符号上。当一个对象被删除或自我删除时，该对象用 × 标识,标记它的析构(销毁)。在所有的通信完成后仍然存在的对象的生命线，要延伸超出图中最后一个消息箭线。图 8-22 给出了这些概念的图示说明。

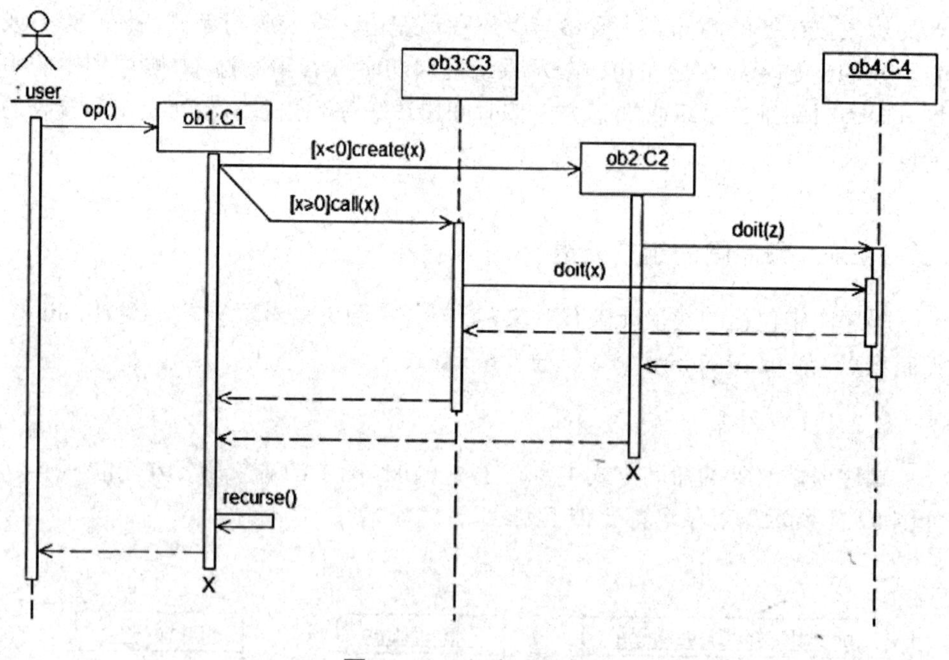


图 8-22　顺序图示例

【例 8-1】在图 8-22 中，ob3：C3 和 ob4：C4 在所有的通信开始前就已经存在了，因此，它们位于图的顶端。ob3:C3 和 ob4：C4 在所有的通信完成后仍然存在，故生命线在图中超出了最后一个消息箭线。

obl：C1 和 ob2：C2 是在交互过程中被创建和撤销的，故消息的箭线指向 ob1：C1 和 ob2：C2 的图标头部，并且在矩形的末端标记 X。ob2：C2 是：当 x<0 条件满足时由 obl：Cl 创建的对象。obl：Cl 与 ob2：C2 在完成操作后结束生命周期。因为对象：user 激活对象 obl：Cl，所以 obl：C1 的图标头部要低于图的顶端一截。因为对象 obl：C1 创建对象 ob2：C2，所以 ob2：C2 的图标头部要低于 obl：C1 的图标头部一截。

#### 8.2.1.3　控制焦点

控制焦点是顺序图中表示时间段的符号，在这个时间段内，对象将执行相应的操作。控制焦点表示为在生命线上的小矩形。矩形的顶端和它的开始时刻对齐，即控制焦点符号的顶端画在进入的消息箭线所指向之处。矩形的顶端表示活动 ( 即对象将执行相应的操作 ) 的开始时刻。矩形的末端和它的结束时刻对齐，即控制焦点符号的底端画在返回的消息箭线的尾部。矩形的末端表示活动的结束时刻。

控制焦点可以嵌套，即当对象调用它自己的方法或接收另一个对象的回调时，在现有的控制焦点上要表示出一个新的控制焦点。嵌套的控制焦点可以更精确地说明消息的开始和结束位置。如图 8–22 所示，对象 ob4：C4 上的控制焦点出现了嵌套的现象。表明对象 ob4：C4 中，消息 doit（z）激活的活动还未结束，消息 doit（x）又激活了另一个活动。

与生命线上的小矩形相关的另外一个概念是激活期 (activation)。激活期表示对象执行一个动作的期间，即对象激活的时间段。根据定义可以知道，控制焦点和激活期事实上表示的是同一个意思。

#### 8.2.1.4　消息

一条消息是一次对象间的通信。顺序图中的消息可以是信号、操作调用或类似于 C++ 中 RPC(Remote Procedure Calls) 和 Java 中的 RMI(Remote Method Invocation）的事件。当收到消息时，接收对象立即开始执行活动，即对象被激活了。

消息在顺序图中表示为从一个对象 ( 发送者 ) 的生命线指向另一个对象 ( 目标 ) 的生命线的带箭头的实线。每一条消息必须有一个说明，内容包括名称和参数。

在图 8–22 中，op() 和 [x<0]create() 等都是消息。消息名字应以小写字母开头。

消息按时间顺序从顶到底垂直排列。如果多条消息并行，它们之间的顺序不重要。消息可以有序号，但因为顺序是用相对关系表示的，通常省略序号。带箭头的虚线用来表示从过程调用的返回。在控制的过程流中，可以省略返回箭线，这种用法假设在每个调用后都有一个配对的返回。对于非过程控制流，如果需要的话，应该显式地标出返回消息。

#### 8.2.1.5　分支

分支是指从同一点发出多条消息并指向不同的对象。有两种类型的分支；条件分支和并行分支。

引起一个对象的消息产生分支有两种情况。

情况一，在复杂的业务处理过程中，要根据不同的条件进入不同的处理流程。这通常称为条件分支。

情况二，当执行到某一点的时候，需要向两个或两个以上的对象发送消息。这通常称为并行分支。

在 Rational Rose 2003 版本中，不支持分支的画法。如果有必要，可以通过对分支中的每一条消息画出一个顺序图的方式来实现。

#### 8.2.1.6　从属流

从属流是指从同一点发出多条消息并指向同一个对象的不同生命线，即由于不同的条件而执行了不同的生命线分支。在 Rational Rose 2003 版本中，不支持从属流的画法。

### 8.2.2　顺序图中的消息

顺序图中的一个重要概念是消息。消息也是 UMI 规范说明中变化较大的一个内容。UML 在 1.4 及以后版本的规范说明中对顺序图中的消息做了简化，只规定了调用消息、异步消息和返回消息这 3 种消息。而在 UML1.3 及以前版本的规范说明中还有简单消息这种类型。此外 Rose 对消息又做了扩充，增加了阻止（Balking）消息、超时（Time-out）消息等。

#### 8.2.2.1　调用消息

调用（Procedure Call）消息的发送者把控制传递给消息的接收者，然后停止活动，等待消息接收者放弃或返回控制。调用消息可以用来表示同步的意义。事实上，在 UML 规范说明的早期版本中，就是采用同步消息这个术语的。

调用消息的表示符号如图 8-23 所示，其中 oper() 是一个调用消息。

一般来说，调用消息的接收者必须是一个被动对象（Passive Object），即它是一个需要通过消息驱动才能执行动作的对象。另外调用消息必有一个配对的返回消息，为了图的简洁和清晰，与调用消息配对的返回消息可以不用画出。

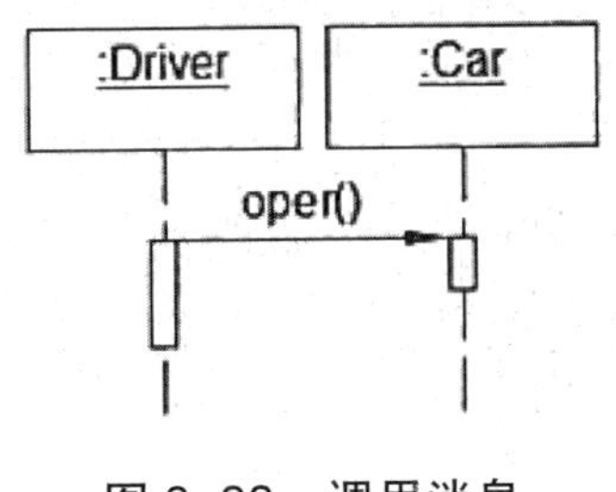


图 8-23 调用消息

#### 8.2.2.2 异步消息

异步 (Asynchronous) 消息的发送者通过消息把信号传递给消息的接收者，然后继续自己的活动，不等待接收者返回消息或控制。异步消息的接收者和发送者是并发工作的。

图 8-24 是 UML 规范说明 1.4 及以后版本中表示异步消息的符号。与调用消息相比，异步消息在箭头符号上不同。

需要说明的是，这是 UML 规范说明 1.4 及以后版本中表示异步消息的符号。同样的符号在 UML 规范说明 1.3 及以前版本中表示的是简单消息，而在 UML 规范说明 1.3 及以前版本中表示异步消息是采用半箭头的符号，如图 8-25 所示。

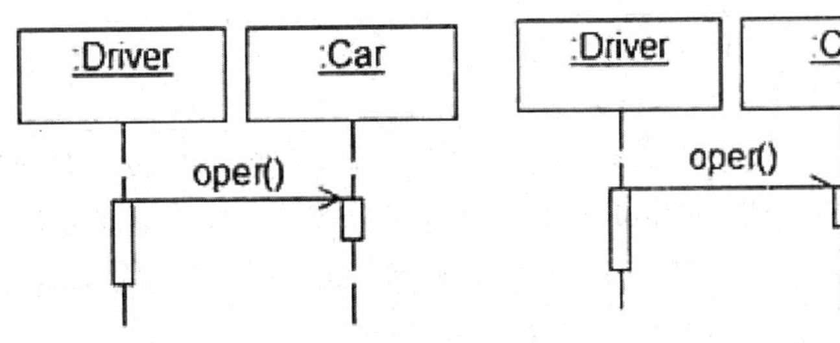


图 8-24 UML 规范说明 1.4 及以后版本中的异步消息

图 8-25 UML 规范说明 1.3 及以前版本中的异步消息

#### 8.2.2.3 返回消息

返回 (Return) 消息表示从过程调用返回。如果是从过程调用返回，则返回消息是隐含的，所以返回消息可以不用画出来。对于非过程调用，如果有返回消息，必须明确表示出来。

过程调用是指消息名和接收消息的接收对象的方法名相同，即消息直接调用了接收对象的某个方法。非过程调用是指消息是事件发生（即信号），该事件的出现修改了变量（全局变量或局部变量）的值，从而导致了接收对象的某个方法的执行。

上述的调用消息一定是过程调用，因此一定存在返回消息，只不过可以不用画出来。上述异步消息有的是过程调用，有的是非过程调用。无论是哪种情况，如果异步消息有返回消息，则一定要画出来。

返回消息都是异步消息，可以并发运行。

图 8-26 是返回消息的表示符号，其中的虚线箭头表示对应于 oper() 这个消息的返回消息。

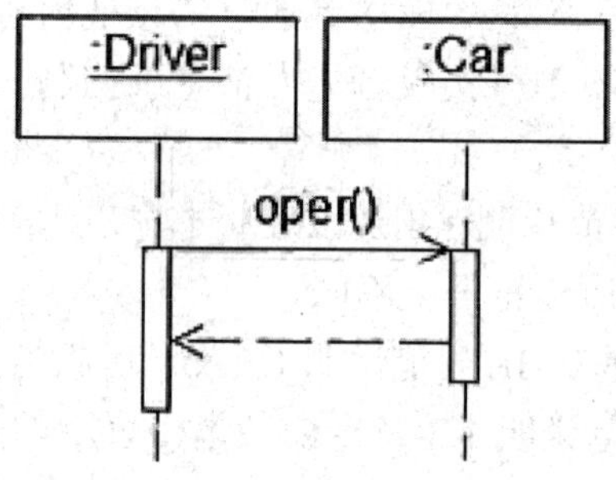


图 8-26　返回消息

#### 8.2.2.4　阻止消息

除了调用消息、异步消息和返回消息这 3 种消息外，Rose 还对消息类型做了扩充，增加了阻止消息和超时消息。阻止消息是指消息发送者发出消息给接收者，如果接收者无法立即接收消息，则发送者放弃这个消息。Rose 中用折回的箭头表示阻止消息，如图 8-27 所示。

#### 8.2.2.5　超时消息

超时消息是指消息发送者发出消息给接收者并按指定时间等待。如果接收者无法在指定时间内接收消息，则发送者放弃这个消息。如图 8-28 所示是超时消息的例子。

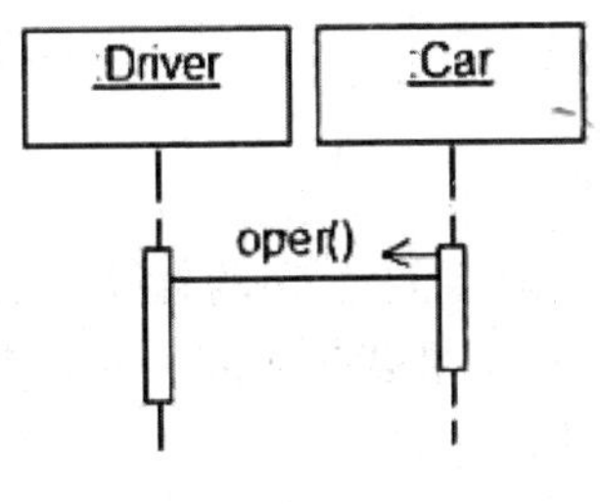


图 8-27　阻止消息

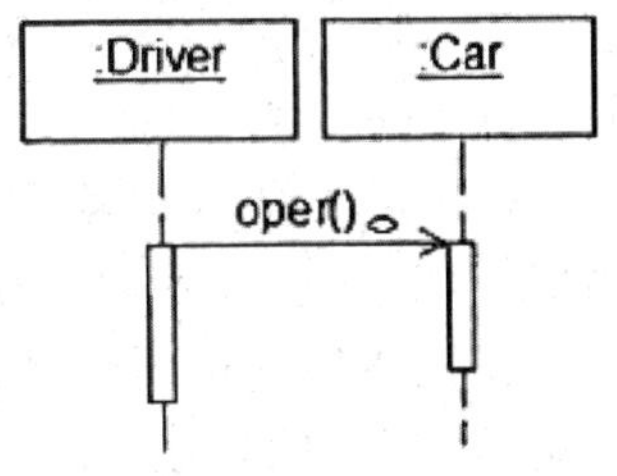


图 8-28　超时消息

#### 8.2.2.6　消息的语法格式

UML 中规定的消息语法格式如下：

[predeceasor][guard-condition]［sequence-expression][return-value:=] message-name([argument-list］)

上述定义中用方括号括起的是可选部分，各语法成分的含义如下。

predecessor：必须先发生的消息的列表，是一个用来同步线程或路径的表达式。其中消息列表中的各消息号用逗号分隔，格式如下：

sequence-number ', '…' / '

guard-condition：警戒条件，是一个在方括号中的布尔表达式，表示只有在 guard-condition 满足时才能发送该消息。格式如下：

'[' boolean-expression '] '

这里的方括号放在单引号中，表示这个方括号是一个字符，是消息的组成部分。

sequence-expression：消息顺序表达式。消息顺序表达式是用句点“.”分隔、以冒号“：”结束的消息顺序项 (sequence-term) 列表。格式如下：

sequence-term ', '…'：'

其中，可能有多个消息顺序项，各消息顺序项之间用句点“.”分隔，每个消息顺序项的语法格式如下：

[integeriname][recurrence]

其中，integer 表示消息序号，name 表示并发的控制线程。

例如，如果两个消息为 3.la、3.lb，则表示这两个消息在激活期 3.1 内是并发的。

recurrence 表示消息是条件执行或循环执行，有以下几种格式：

'*'['['iteration-clause']'

表示消息要循环发送。

'[' condition-clause '] '

表示消息是根据条件发送的。

需要说明的是，UML 中并没有规定循环子句和条件子句的格式，分析人员可以根据具体情况选用合适的子句表示格式。另外如果循环发送的消息是并发的，可用符号 *|| 表示。

return-value：将赋值作为消息的返回值的名字列表。返回值表示一个操作调用（消息）的结果。如果消息没有返回值，则 return-value 部分被省略。

message-name：消息名。

argument-list：消息的参数列表。

一些消息的例子见表 8-3 所列。

**表 8-3　消息的例子**

| 2:display(x.y) | 简单消息 |
|---|---|
| 1.3.1:p:=find(specs) | 嵌套消息，消息带返回值 |
| [x<0]4:invert(x.color) | 警戒条件消息或条件发送消息 |
| 4.2[x>y]:invert(x.color) | 条件发送消息 |
| 3.1*:update() | 循环发送消息 |
| A3.B4/C2:copy(a.b ) | 线程间同步 |
| 1.la,1.1b/1.2:continue() | 同时发送的并发消息作为先发消息序列 |

【例 8-2】表 8-3 中给出的 7 个消息，其解释如下。

2:display(x，y)：表示序号为 2 的消息（即第 2 个发出的消息），消息名为 display，消息参数为 x 和 y。这是一个最简单格式的消息。

1.3.1:p:=find(specs)：表示序号为 1.3.1 的消息（1.3.1 为嵌套的消息序号，表示消息 1 的处理过程中的第 3 条嵌套消息的处理过程中的第 1 条嵌套的消息），返回值赋值给名为 p 的变量，消息名为 find，消息参数为 specs。需要注意的是，嵌套的消息序号 1.3.1 暗指序号为 1.2 以及后续的 1.2.x 的消息已经处理完毕。

[x<0]4:invert（x,color）：表示序号为 4 的消息，消息名为 invert，消息参数为 x 和 color。[x<0] 可以认为是警戒条件，也可以认为是消息顺序表达式中

的条件发送格式。其含义是当条件 x<0 满足时，发送第 4 个消息 invert。

4.2[x>y]：invert(x,color)：表示序号为 4.2 的消息（4.2 为嵌套的消息序号，表示消息 4 的处理过程中的第 2 条套的消息），消息名为 invert，消息参数为 x 和 color。[x>y] 只能是消息顺序表达式中的条件发送格式。其含义是当条件 x>y 满足时，发送第 4.2 个消息 invert。需要注意的是，条件 [x>y] 出现在消息序号的后面。

3.1*:update()：表示序号为 3.1 的消息（3.1 为嵌套的消息序号，表示消息 3 的处理过程中的第 1 条嵌套的消息），消息名为 update，无消息参数。* 是消息顺序表达式中的循环发送格式。其含义是循环发送第 3.1 个消息 update 多次。需要注意的是，循环 * 无论出现在消息序号的前面还是后面，都表示循环发送格式。

A3,B4/C2:copy（a，b）：表示先发送线程 A 的第 3 个消息和线程 B 的第 4 个消息后，才发送线程 C 的第 2 个消息，消息名为 copy，消息参数为 a 和 b。A3，B4 为消息的前序，用来描述同步线程。C2 为消息顺序表达式中的消息顺序项，C 表示并发的控制线程，2 表示消息序号。

1.la,1.1b/1.2:continue()：表示同时发送的并发消息 1.la 和 1.1b 之后，再发送序号为 1.2 的消息，消息名为 continue。1.la，1.1b 为消息的前序，用来描述同步消息。1.2 为消息顺序表达式中的消息顺序项，表示嵌套的消息序号。

#### 8.2.2.7　用消息和异步消息的比较

用消息主要用于控制流在完成之前需要中断的情况，异步消息主要用于控制流在完成之前不需要中断的情况。

【例 8-3】在一个学生成绩管理系统中，需要实现教师登记学生分数的功能，如图 8-29 所示。

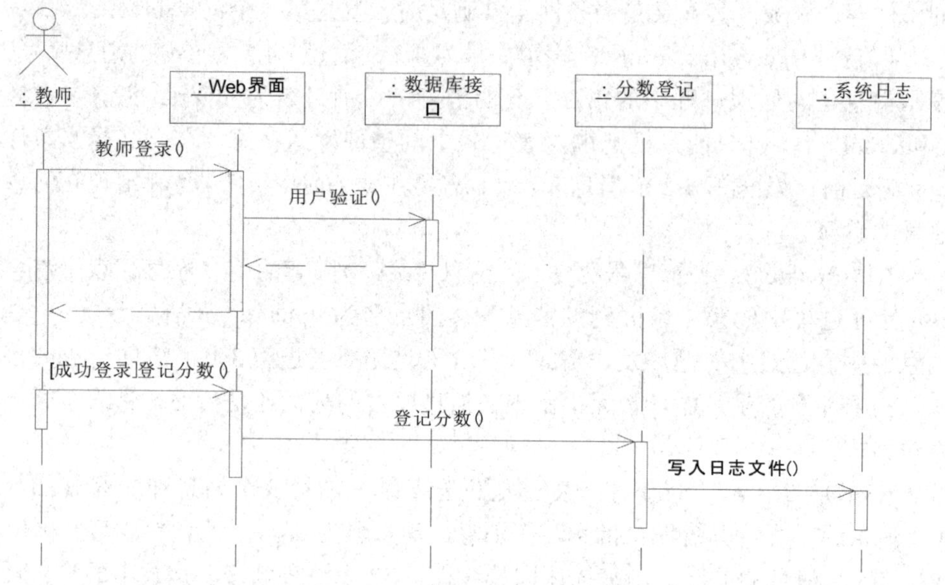


图 8-29　教师操作学生成绩管理系统的顺序图

教师试图登录到 Web 界面，Web 界面需要发送消息到数据库接口，由它完成教师输入的账号和密码的对错判断。在账号和密码的对错判断完成之前，教师登录必须被中断，即对象"：Web 页面"的第一个控制焦点表达的活动必须被中断。因此，"用户验证（ ）"消息是调用消息。

教师成功登录后，对学生的考试分数进行登记。此时，出于安全的考虑，系统要进行日志文件的写入，以便记录教师的整个操作过程。在进行分数登记的时候，同时会写入日志文件，即分数登记操作不需要中断。也就是说，对象"：分数登记"的控制焦点表达的活动不会被中断。因此，"写入日志文件（ ）"消息是异步消息。

因为调用消息要求发送消息的对象在发出调用消息后，停止自己的活动，将控制权移交给接收消息的对象。所以，调用消息可以表现嵌套控制流。而异步消息表现的是非嵌套的控制流。

### 8.2.3　建立顺序图概述

#### 8.2.3.1　建立顺序图

一般在一个单独的顺序图中只描述一个控制流，若需要，也可以使用分支的表示法。因为一个完整的控制流通常是复杂的，所以合理的方法是将一个大的控制流分为几个部分放在不同的顺序图中。

建立顺序图的策略如下。

（1）按照当前交互的意图，详细地审阅相关资料（例如用例描述），设置交互的语境，确定将要建模的工作流。

（2）通过识别对象在交互中扮演的角色，在顺序图的上部列出所选定的一组对象，并为每个对象设置生命线。一般把发起交互的对象放在左边。这些对象是在结构建模中建立类图时分析得到的结果。它们可以是一般类、边界类、控制类、实体类。这里，一般类就是完成一个具体功能的类。

（3）对于那些在交互期间要被创建和撤销的对象，在适当的时刻，用消息箭线在它们的生命线上显式地予以指明。发送消息的对象将创建消息箭线指向被创建对象(它是接收消息的对象)的图标符号上。发送消息的对象将撤销消息箭线指向被撤销对象(它是接收消息的对象)的生命线上，并标记 × 符号。

（4）在各个对象下方的生命线上，按使用该对象操作的先后顺序排列各个代表操作的窄矩形条。从引发这个交互过程的初始消息开始，在生命线之间自顶向下依次画出随后的各个消息。

（5）决定消息将怎样或以什么样的顺序在对象之间传递。通过发起对象发出的消息，分析它需要哪些对象为它提供操作，它向哪些对象提供操作。注意选择适当的消息类型(调用、异步、返回、阻止、超时)，画出消息箭线，并在其上标明消息名。追踪相关的对象，直到分析完与当前语境有关的全部对象。

（6）两个对象的操作执行如果属于同一个控制线程，则接收者操作的执行应在发送者发出消息之后进行，并在发送者结束之前结束。不同控制线程之间的消息有可能在接收者的某个操作的执行过程中到达。

（7）如果需要表示消息的嵌套，或/和表示消息发生时的时间点，则采用控制焦点。

（8）如果需要，则可以对对象所执行的操作的功能及时间或空间约束进行描述。

（9）如果需要，则可以为每个消息附上前置条件和后置条件。

（10）如果需要可视化消息的迭代或分支，则使用迭代或分支表示法。

#### 8.2.3.2　顺序图与用例描述的关系

用例描述 (Use Case Specification) 是一个关于参与者与系统如何交互的规

范说明。用例描述了参与者和软件系统进行交互时，系统所执行的一系列的动作序列。因此，这些动作序列不但应包含正常使用的各种动作序列(称为主事件流)，而且还应包含对非正常使用时软件系统的动作序列(称为子事件流)。所以，主事件流描述和子事件流描述是用例描述(Use Case Specification)的主要内容。

一个单独的顺序图中只描述一个控制流。如果控制流复杂，则可以将它分为几个部分放在不同的顺序图中。

一般情况下，用例描述使用自然语言描述参与者使用系统的一项功能时，系统所执行的一系列的动作序列。经过结构建模的分析，已经获得了完成该项功能所需要的所有类(包括一般类、边界类、控制类、实体类)。这些类所对应的对象通过彼此间发送消息，控制对方的动作执行。一个完整的消息发送序列(即在一个顺序图中从顶到底垂直排列的所有消息)表达了用例描述中一个事件流的具体的对象实现方案。因此，一个顺序图可以对应用例描述中的一个事件流。如果一个用例具有复杂的事件流，则需要多个顺序图进行描述。

所以说，通过顺序图，系统分析人员可以对照检查每个用例中所描述的用户需求，审查这些需求是否已经落实到能够完成这些功能的类中去实现，提醒分析人员去补充遗漏的类或方法，从而进一步完善类图。

另一方面，对于一个动作序列复杂的用例，其事件流可以分解为几个部分。如果其中一个部分只是包含了非参与者对象，那么对应的顺序图可以没有参与者对象的出现。

#### 8.2.3.3 顺序图与类图的区别

类图描述的是类和类之间的静态关系。通过类之间的关联关系，类图显示了信息的结构及信息间的静态联系。通过类之间的依赖关系，类图显示了类之间属性上和/或操作上的静态联系，但这种联系反映在程序代码上，不反映在类方法的调用上。

顺序图描述的是对象之间的动态关系。通过对象之间的消息传递，顺序图显示了对象方法上的调用关系和次序。

因此，在类图中会出现关联关系和依赖关系，但不会出现协作关系；在顺序图中会出现协作关系，但不会出现关联关系和依赖关系。

作为类图的一次快照，对象图描述的是对象之间的链的关系(链是关联关系的实例)。从本质上讲，对象图还是描述对象之间的关联关系，不会反映出对象之间消息传递的协作关系。

类之间的关联关系实质上对应着对象之间的链的连接关系。当软件系统开发完成并投入使用后，一旦永久存储了信息后，对象之间的链的连接就已经建立起来了。无论今后软件是否在运行时刻，这种对象之间的链的连接关系都存在。

类之间的依赖关系实质上反映在实现类之间的程序代码上的联系。这样的联系有 3 种形式：一个类的属性的数据类型是另一个类的定义，或者一个类的方法的接口参数的数据类型是另一个类的定义，或者一个类的方法的代码实现中含有的操作数的数据类型是另一个类的定义。

如果是一个类的方法的代码实现中含有调用语句，调用另一个类的方法，或者调用同一个类的另一个方法；那么，这两个类之间就存在消息传递关系。所以，在顺序图中就应当反映出这两个类之间的动态协作关系（即消息序列）。

# 第 9 章　面向对象分析之行为设计

本章主要将状态图以及活动图的相关概念以及知识要点作为主要内容，希望读者在学完本章之后，能够了解在设计问题的事件驱动模型期间所涉及的各种设计文档；通过识别系统的内部处理方面来将 OOD 应用于问题域；深入了解 OOD 在探究系统动态行为方面的用途。

## 9.1　状态图

在软件开发的早期，系统的状态表示为诸多的 0 和 1。现如今，研究人员使用状态机显示任意时刻的系统状态，前提是系统在此时刻处于运转中，例如，我们已用 Moore Machine 和 Mealey Machine 作为有限状态设备的基本表示方式。与此类似，在面向对象的分析和设计中，需要根据系统中组件和对象的状态来表示系统自身的不同状态。在 UML 中，状态图表示法可以实现这一点。

状态图用于描述系统中组件或对象的不同状态。可将状态图定义为状态机，该状态机定义对象或组件的不同状态，这些状态由外部和内部事件控制。使用状态机对系统的动态性进行建模。一张状态图中可显示对象的可能状态以及造成状态改变的转移。

一般来说，状态图对于实时系统作用极大，实时系统必须同时响应内部和外部事件，并应基于传递的激励动态改变其状态。

### 9.1.1　状态图中使用的符号

我们使用如下符号绘制状态图。

#### 9.1.1.1　初始和最终状态

初始状态是一种启动操作的虚拟状态，而最终状态也是虚拟状态，其用于终止操作对象。系统的初始状态表示为一个实心圆，对应符号如图 9–1 所示。

图 9–1　初始状态

对象或系统的最终状态表示为一个实心圆加上一个外部圆，如图 9–2 所示。

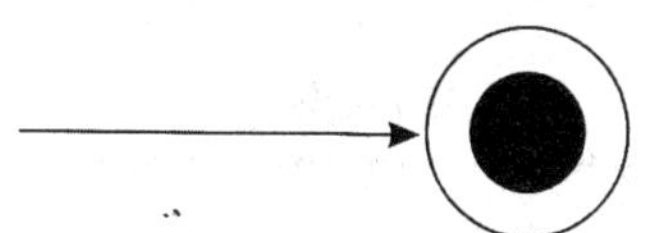

图 9–2　最终状态

#### 9.1.1.2　状态

状态代表对象在其生命周期中的当前值，其包括此时间点处对象属性的静态值和动态值。

状态图标绘制为圆角矩形。简单的状态图标是在圆角矩形内给出状态名称，如图 9–3 所示。

状态

图 9–3　状态图标

在某些情况下，需要表示状态内各种活动的进入 / 执行，这种表示法如图 9–4 所示。

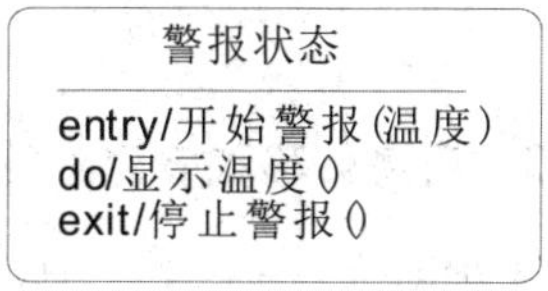

警报状态

entry/开始警报(温度)
do/显示温度()
exit/停止警报()

图 9–4　示例状态

在以上状态图标中，分别表示了进入 / 发送事件、执行活动和退出 / 活动。

#### 9.1.1.3　转移

转移代表使系统或对象从一种状态改为另一种状态的事件 / 操作，以及代表作为起因的操作。使用事件名、条件或事件 / 操作对标记转移。在此例中，事件触发状态改变，而操作是导致状态改变的起因。

转移的符号如图 9-5 所示，而示例转移如图 9-6 所示。

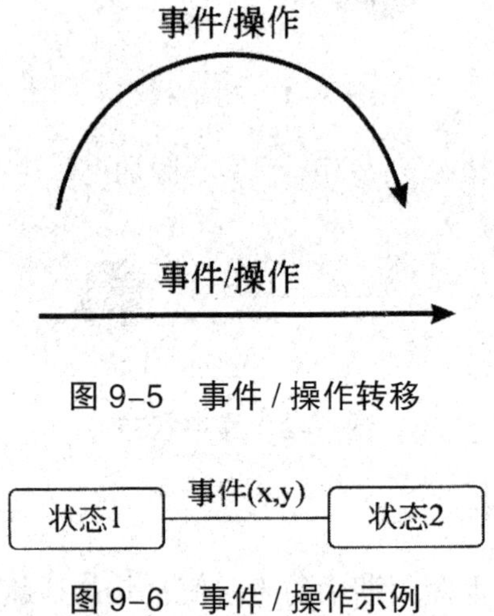


图 9-5　事件 / 操作转移

状态1　事件(x,y)　状态2

图 9-6　事件 / 操作示例

在此例中，使用带参数的事件名标记转移。考虑如下自身转移和守卫条件的示例，如图 9-7 所示。

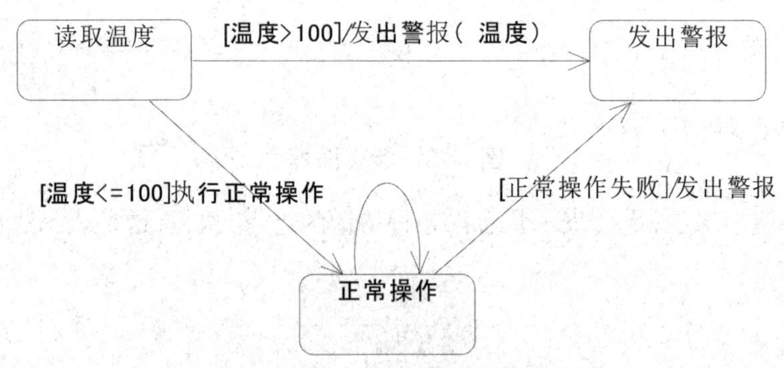


图 9-7　自身转移和守卫条件示例

在图 9-7 中，将守卫条件[ 温度 > 100 ]和[ 温度 < = 100 ]作为“读取温度”状态中的转移标签。在“正常操作”状态中的自身转移使系统一直保持相同状态，直至正常操作失败。

图 9-8 显示了带有事件、守卫条件和对应效果的状态转移，其中效果是作为事件结果可能发生的情况，在此命名为效果 1、效果 2。

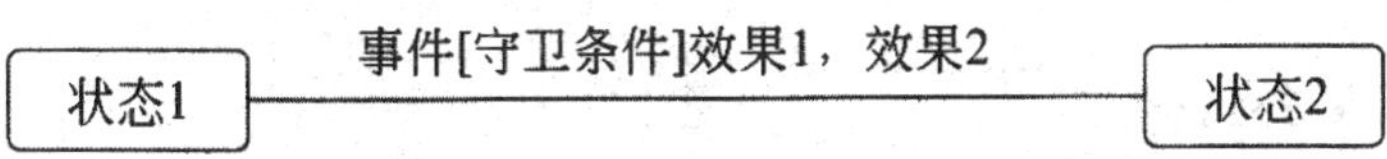


图 9-8　带有事件守卫条件和对应效果的状态转移

在图 9-9 中，当守卫条件为真时，触发事件。

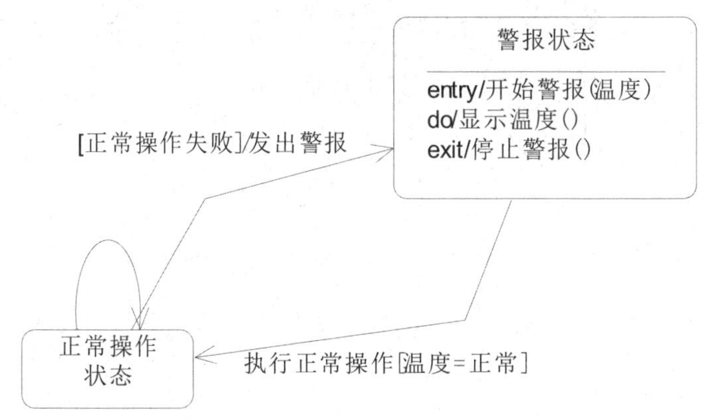


图 9-9　当守卫条件为真时触发事件

图 9-10 显示了温度监控器对象的完整截图，其中包含该对象的各种状态，从读取温度开始，到进入终止状态。

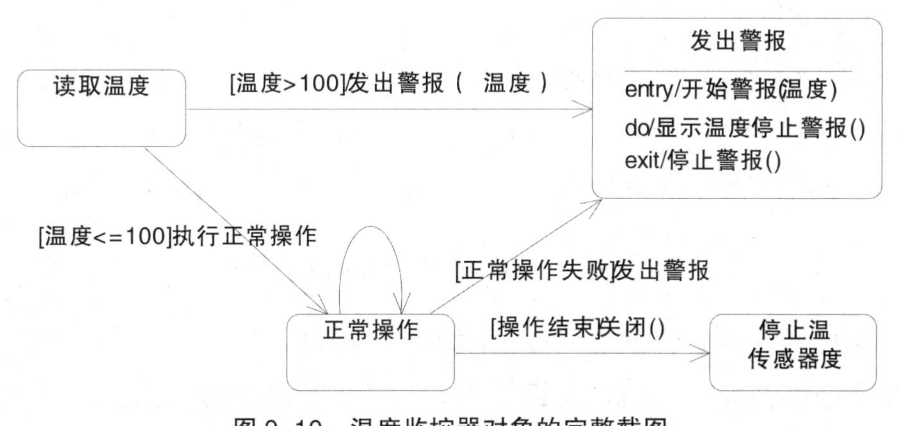


图 9-10　温度监控器对象的完整截图

#### 9.1.1.4　选择点和接合点

选择点可使转移根据守卫的值分支到多个不同的状态，而接合点则指明多个状态可转移至给定事件上的相同状态，如图 9-11 所示。

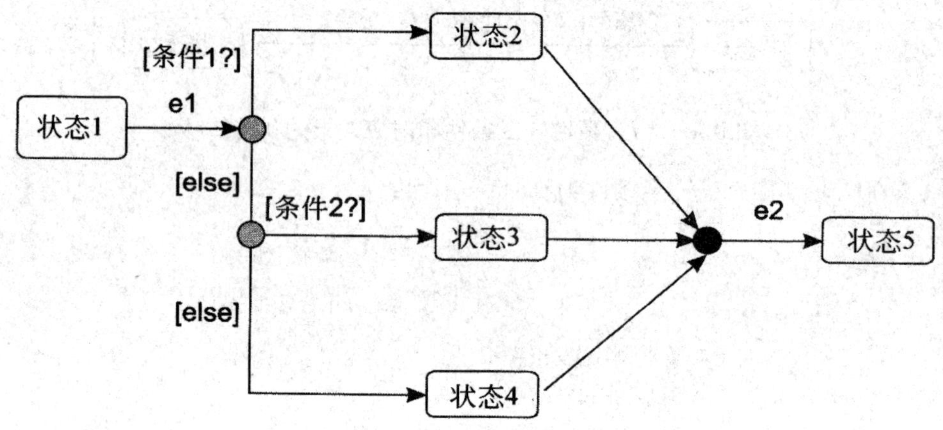


图 9-11　带有选择点和接合点的状态机

可在不使用选择点和接合点的情况下描述相同的状态机，如图 9-12 所示。

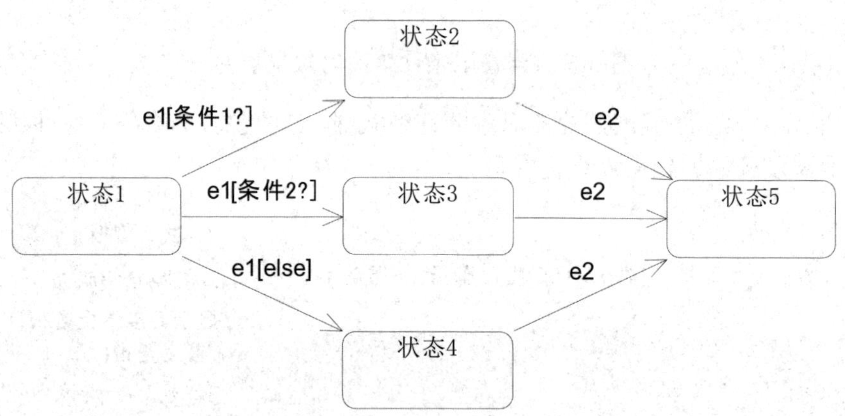


图 9-12　不带选择点和交点的状态机

#### 9.1.1.5　复合状态

复合状态也称为子状态机或宏观状态，其自身是有限状态机，包含了嵌套的宏观状态。其中某些宏观状态自身可能由多个复合状态组成，如图 9-13 所示。

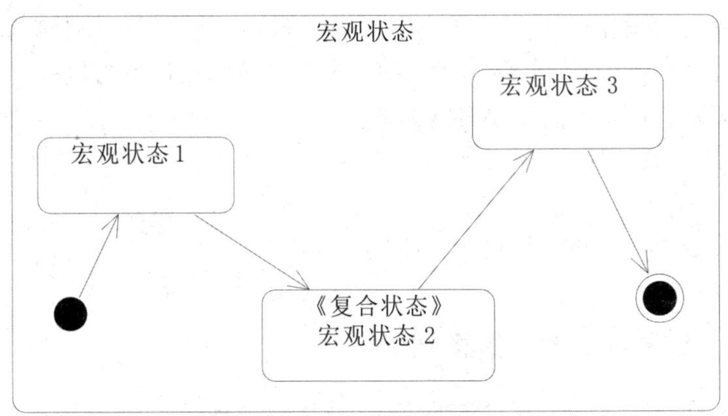


图 9-13　带复合状态的状态图

#### 9.1.1.6　同步

事件驱动的系统可能同时处于两种以上的状态，此时可使用同步符号，这在多线程应用程序中很常见。图 9-14 给出了一个示例。

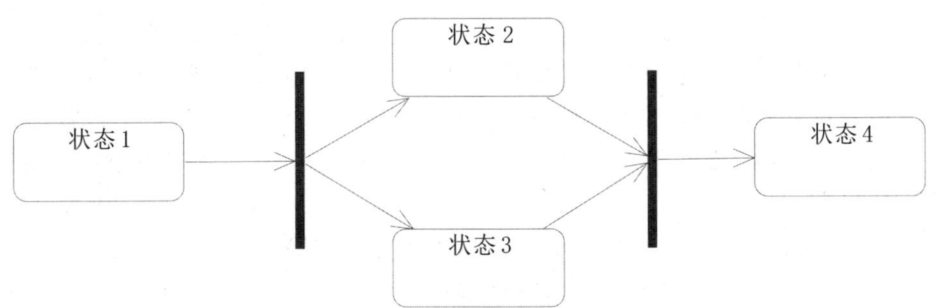


图 9-14　带同步符号的状态图

### 9.1.2　状态图的作用

状态图可用于建模实时系统，如反应系统。在此类系统中，状态的变化是动态的，体取决于系统中发生的各种事件。

通常情况下，状态图描绘从一种状态到另一种状态控制流程，状态只不过是某种条件，即某些事件触发时对象存在。因此，状态图的主要作用是建模对象的生命周期，从其得以创建开始，直至其终止。

这些状态图对于正向和反向工程也非常有用。对于新开发的系统来说，可将状态图作为一种工具，当某些激励输入 / 事件发生时，通过该工具来查找系统中需要完成的操作，对于反向工程来说，开发产品并将其部署给客户之后，当客户报告某些错误时，可使用状态图找出对系统的错误行为负有责任的状态。

总结来说，状态图的主要目的如下：

（1）建模系统的动态行为。

（2）建模反应系统的状态。

（3）显示对象生命周期中的不同状态。

### 9.1.3 绘制状态图的指导原则

状态图借助系统中不同对象的生命周期描述系统的状态，因此必须以最谨慎的态度绘制它们。基于事件的发生情况，每种状态改变都应标识为对象的条件。

为绘制状态图，应遵循如下的基本步骤：

（1）识别系统中的对象。

（2）识别系统的不同状态。

（3）识别激励状态改变的事件。

通常情况下，任意系统的开始状态是空闲状态。然后，基于各种事件的发生情况，对应的对象中将出现状态改变。

例如，考量手机监控软件。在此软件中，可看一下将 SMS 警报发送给父母的场景。系统最初处于空闲状态，然后其进入下一个状态“呼叫接收”，接下来进入“GPRS 信息”状态。这些事件负责处理“SMS 历史”对象。

在此对象的生命周期中，它将经历各种状态，期间可能还会有一些退出状态。当整个生命周期完成时，就将其视为完整的事务。

### 9.1.4 状态图的应用

#### 9.1.4.1 作为生命周期模型的状态图

在其生命周期中，对象在任意给定时间都必须处于某种特殊状态，作为影响该对象的某些事件的结果，对象从一种状态转移到另一种状态。UML 图可以为类、协作、操作或用例创建状态图。

#### 9.1.4.2 作为用例精细化的状态图

状态图也可阐明用例——指定用例可根据系统的变化条件执行的操作。

例如，在用例“阻塞器”中，状态可以是选择应用程序、改变状态或更新数据库，见表 9–1 所列和如图 9–15 所示。

表 9–1　“阻塞器”用例

| 用例 | 应用程序阻塞器 / 时间阻塞器 |
| --- | --- |
| 参与者 | 父母 |
| 前置条件 | 父母具备有效的访问码 |
| 说明 | ①界面需要提供有效的访问码<br>②父母打开手机<br>③验证检查确认父母的有效性<br>④从开始页面中选择应用程序阻塞器功能<br>⑤选择要被阻塞的应用程序 / 时间阻塞器<br>⑥更改应用程序的状态（用例：change application status）<br>⑦应用程序将被完全阻塞，或者在特定时间内被阻塞<br>⑧更新数据库 |
| 扩展 | 应用程序名称＝已加载的应用程序<br>3a 应用程序阻塞器要求登录<br>3b. 父母选择阻塞与否 |
| 异常 | 父母可间歇性停止该过程并注销<br>父母可能输入不正确的应用程序代码<br>应用程序的状态改变可能被间歇性打断 |
| 结果 | 应用程序应被阻塞，且数据库应得到更新 |

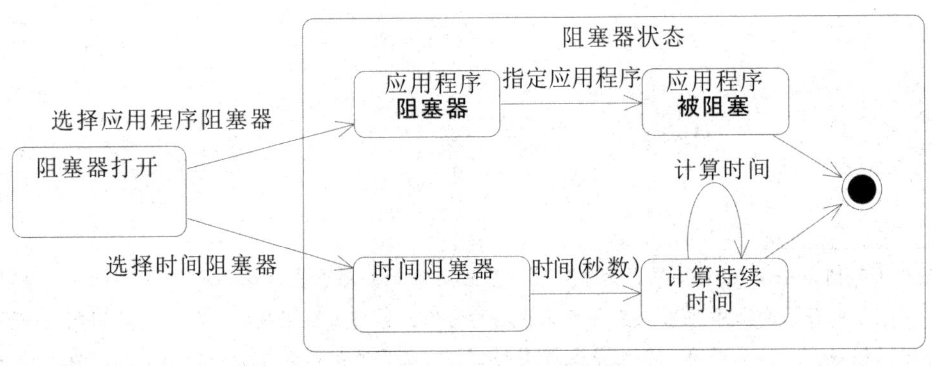


图 9–15　给定用例实现的状态图机

# 9.2 活动图

学习过程序设计语言的读者一定接触过流程图，流程图可以清晰地表达出程序的执行步骤，在UML中，活动图的作用就像流程图一样，用来表达动作序列的执行过程，不过其语义远比流程图要丰富。本节主要介绍活动图的相关概念。

## 9.2.1 活动图的概念

活动图①（Activity Diagram）是UML中一种重要的用于表达系统动态特性的图。活动图的作用是描述一系列具体动态过程的执行逻辑，展现活动和活动之间转移的控制流，并且它采用一种着重逻辑过程的方式来叙述。

读者在初看活动图的时候可能会认为这只是流程图的一种，但事实上活动图是在流程图的基础上添加了大量软件工程术语而形成的改进版。具体地说，活动图的表达能力包括了逻辑判断、分支甚至并发，所以活动图的表达能力要远于流程图：流程图仅仅展示一个固定的过程，而活动图可以展示并发和控制分支，并且可以对活动与活动之间信息的流动进行建模。可以说，活动图在表达流程的基础上继承了一部分协作图的特点，即可以适当表达活动之间的关系。

在软件工程学科中刚好有一组概念可以用来举例讲述活动图与流程图的能

① 活动图（Activity Diagram，动态图）是阐明了业务用例实现的工作流程。业务工作流程说明了业务为向所服务的业务主角提供其所需的价值而必须完成的工作。业务用例由一系列活动组成，它们共同为业务主角生成某些工件。工作流程通常包括一个基本工作流程和一个或多个备选工作流程。工作流程的结构使用活动图来进行说明。

力区别，那就是软件开发过程中的“瀑布模型”① 和“迭代模型”②。这里不妨展开介绍瀑布模型的一种解释，即“六步法”，它们是计划制订、需求分析、系统设计、软件编程、软件测试、运行维护。瀑布模型最大的特点、也是最受人诟病的一点，就是它的单向性（不可回退性）因为瀑布模型的回退修改成本极高，所以在当前软件行业飞速发展、软件需求时常变动的情况下，对于经常变化的项目而言，瀑布模型已被基本否定。这种极为简单粗暴的软件工程方法论，已经达到了普通流程图描述能力的瓶颈，那就是它只能表述线性的、单向的简单过程，对于软件过程的其他方法论如“螺旋模型③”“喷泉模型④”，使用传统的流程图来表达就已经捉襟见肘。而目前较受欢迎的、被许多软件企业所公认有效的迭代模型，更是需要在每一次回滚和反复的时候做更多的条件判断，添加更多的附加文档（我们可以将之视作一些数据和参数）。在描述这样一个实用但复杂的过程时，就不得不借助 UML 的活动图的一些优秀特性了。

在对软件密集系统建模的时候，有时需要详细地模拟系统在运作时的业务

① 瀑布模型（Waterfall Model）是一个项目开发架构，开发过程是通过设计一系列阶段顺序展开的，从系统需求分析开始直到产品发布和维护，每个阶段都会产生循环反馈，因此，如果有信息未被覆盖或者发现了问题，那么最好“返回”上一个阶段并进行适当的修改，项目开发进程从一个阶段“流动”到下一个阶段，这也是瀑布模型名称的由来。包括软件工程开发、企业项目开发、产品生产以及市场销售等构造瀑布模型。

② 早在 20 世纪 50 年代末期，软件领域中就出现了迭代模型。最早的迭代过程可能被描述为“分段模型（Stagewise Model）”。迭代模型是 RUP 推荐的周期模型。被定义为：迭代包括产生产品发布（稳定、可执行的产品版本）的全部开发活动和要使用该发布必需的所有其他外围元素。在某种程度上，开发迭代是一次完整地经过所有工作流程的过程：需求分析、设计、实施和测试工作流程。实质上，它类似小型的瀑布式项目。RUP 认为，所有的阶段都可以细分为迭代。每一次的迭代都会产生一个可以发布的产品，这个产品是最终产品的一个子集。

③ 螺旋模型是一种演化软件开发过程模型，它兼顾了快速原型的迭代的特征以及瀑布模型的系统化与严格监控。螺旋模型最大的特点在于引入了其他模型不具备的风险分析，使软件在无法排除重大风险时有机会停止，以减小损失。同时，在每个迭代阶段构建原型是螺旋模型用以减小风险的途径。螺旋模型更适合大型的昂贵的系统级的软件应用。

④ 喷泉模型主要用于采用对象技术的软件开发项目。该模型认为软件开发过程自下而上周期的各阶段是相互迭代和无间隙的特性。软件的某个部分常常被重复工作多次，相关对象在每次迭代中随之加入渐进的软件成分。无间隙指在各项活动之间无明显边界，如分析和设计活动之间没有明显的界线，由于对象概念的引入，表达分析、设计、实现等活动只用对象类和关系，从而可以较为容易地实现活动的迭代和无间隙，使其开发自然地包括复用。

流程。面对这种需要，可以分析对象间发生的活动和触发条件，选用活动图对这些动态方面进行建模。

活动图的主要组成元素包括动作、活动、动作流、分支与合、分叉与汇合、泳道和对象流等。图 9–16 显示了某银行 ATM 机中的取款活动图。

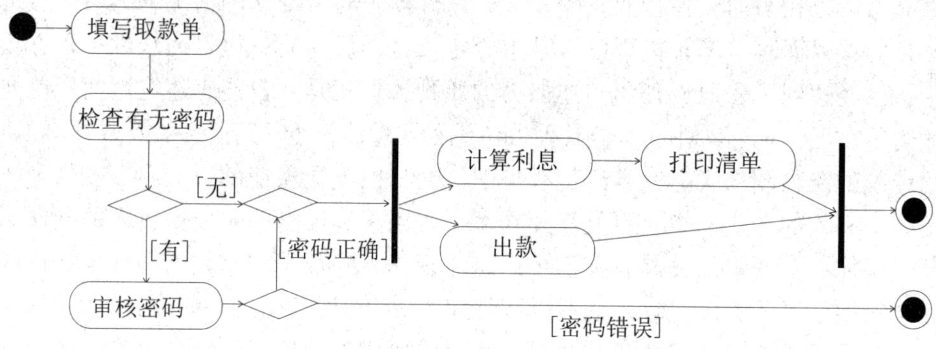


**图 9–16　取款活动图**

注意：实际上，UML1.x 与 UML2 规范下的活动图的元模型变化非常大。扩充的 UML 将活动图定义为与状态机图完全独立的图。但是这种底层的变化对活动图的影响不是很大。

## 9.2.2　活动图的基本组成元素

活动图的核心元素是活动和控制流，活动与活动之间通过控制流进行连接，结合成一张有意义的动作网络。本节将主要介绍组成活动图的几种主要元素。

### 9.2.2.1　动作和活动节点

动作代表一个原子操作，操作可能是任何合法的行为动作可以是并且不限于：创建或删除对象、发送消息、调用接口，甚至数学运算以及返回表达式的求值结果。动作仅有描述，不做命名，描述的内容就是动作所代表的内容，在描述中可以使用各种语言，例如，一个使用 Pascal 语言的开发团队可能会选用“x： = 7”作为一个赋值动作的描述，而使用 C++ 语言进行开发的小组可能会使用“x = 7”；一个美国开发团队在使用结构化语言解释一个动作时可能会使用“Clean Sereen”这样的词组，而一个中国团队显然更习惯于直接写上“清屏”。在 UML 规范中没有对动作描述做任何的限制，对此，我们的建议是：仅需要在开发团队内满足保持风格一致、描述无歧义、确保可读性三点要求即可。

在活动图中，动作使用一个左右两端为圆弧的“矩形框”来表示，在这个图形内部加入该动作的描述，如图 9-17 所示。

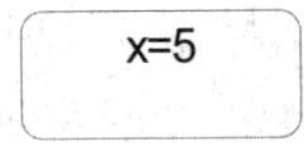


图 9-17　动作

活动节点是一系列动作，主要用于实现动作序列的简化和动作图的嵌套，活动节点在图中的表达方式和动作相同，它们之间的区分需要依靠编辑工具或附加说明来完成。活动节点本身可以代表一个复杂过程，它的控制流由其他的活动节点和动作组成，如需要另附其他的活动图来表达活动节点的控制流。

#### 9.2.2.2　开始和终止

活动图中的开始和终止是两个标记符号。开始标记注明了业务流程的起始位置，使用一个实心黑色圆点表示；终止标记注明了业务流程的可能结束位置，使用一个与开始标记等大的、内有一个黑色实心小圆点的空心圆圈来表示。活动图中必须有且仅有一个开始标记，一般至少有一个终止标记。之所以说终止标记仅仅是业务流程的可能结束位置，是因为一个活动图中可能出现多个终止符号，业务流程可能有不止一种结束方式。另外，存在一些特殊的无穷过程，不存在终止标记。开始和终止的表示法如图 9-18 所示。

#### 9.2.2.3　控制流

控制流是活动图中用于标示控制路径的一种符号。它负责当一个动作或活动节点执行完毕后，将执行主体从当前已完毕的节点转移到过程的下一个动作或动作节点。控制流从活动图的开始标记开始运行，经过顺序、分支等结构引导着各个动作的连续执行在 UML 中，控制流使用一条从前一个动作（或活动节点）发指向下一个动作（或活动节点）的简单箭头表示。控制流的表示法如图 9-19 所示。

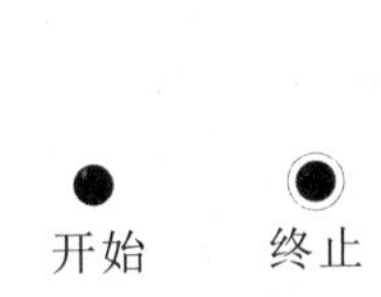


图 9-18　开始和终止

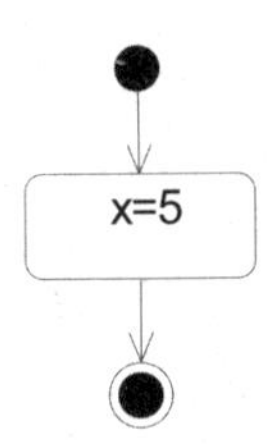


图 9-19　控制流

#### 9.2.2.4 判断节点

判断节点是活动图中进行逻辑判断，并创造分支的一种方法。判断节点具有一个进入控制流和至少两个导出控制流（从当前节点出发指向其他动作或节点的流称为导出流或离开流）。判断节点的前一个动作应当是判断型动作。形如“检查用户是否登录”“检查服务器是否已满”“验证用户是否为管理员”这样的动作是判断型动作，这些动作导出的控制流应该走向一个判断节点。

判断节点具有多个导出流，对于每条导出流而言，应当在表示该控制流的箭头上附加控制条件。例如，在“检查用户是否登录”对应的判断节点的导出流应该至少有“已登录”“未登录”两种控制条件；而“验证用户是否为管理员”所对应的判断节点的导出流可以使用“是管理员 / 不是管理员”或者“是管理员 / 是其他角色”两种控制条件来表述。归结起来就是：对于一个一般的判断，可以使用 Yes/No 或 Condition/Else 句式来描述导出流的控制条件。这些导出流规定了对于这个判断所有可能的离开路径，而系统根据判断结果满足哪一条件来判断应该走向哪一个活动。因为一个非并发的活动不可能同时进入两个动作，所以判断条件之间应当各自独立、互不交叉。如果第一条导出流的条件为“用户是管理员或会员”，第二条导出流的条件为“用户是会员或游客”，那么一个“会员”用户到这里应该进入哪个控制流呢？

在活动图中判断节点用一个菱形来表示，并且作为判断节点，这个菱形有且仅有一个指向它的箭头，有至少两个由它出发指向其他动作或活动节点的箭头。判断节点的表示法如图 9-20 所示。

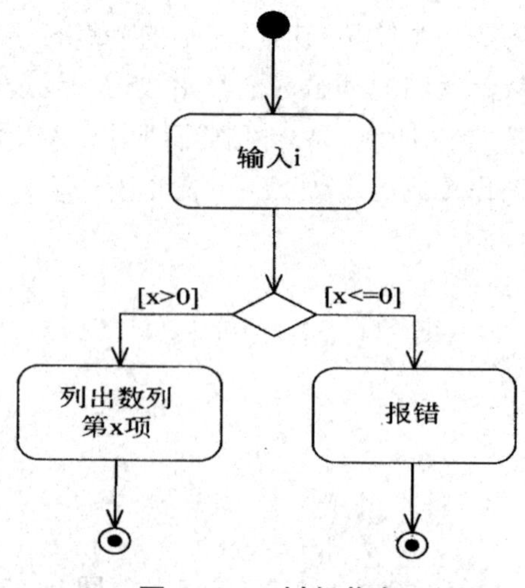


图 9-20　判断节点

#### 9.2.2.5　合并节点

合并节点将多个控制流进行合并，并统一导出到同一个离开控制流。需要注意的是，合并节点仅有逻辑意义而没有时间和数据上的意义：几个动作都指向同一个合并节点，也并不意味着这些动作要在进入之后互相等待或进行同步数据之类的操作。合并节点的语义仅仅是将任何执行到该合并节点的动作统统导向它的离开控制流。可以说，它是一种为了避免图形的结构混乱而存在的辅助标记，所以我们不再更深入地探讨它的意义。

在活动图中，合并节点也同样使用一个菱形来表示。作为合并节点，这个菱形应该至少有两个指向它的箭头，有且仅有一个由它出发指向其他动作或活动节点的箭头。合并节点的表示法如图 9-21 所示。

#### 9.2.2.6　泳道

活动图中的元素可以使用泳道来分组。泳道是将活动中的具体活动按照负责进行该活动的对象进行分区，一条泳道中的所有活动由同一个对象来执行。例如，在业务模型中，每一个泳道的负责对象可能是一个单位或一个部门，而系统中泳道的负责对象可以是系统或子系统。在一次考试的全过程中，有如下过程：

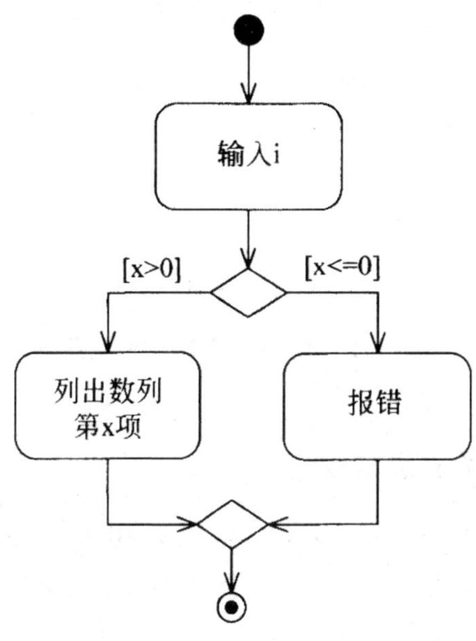


图 9-21　合并节点

（1）老师出卷。

（2）学生作答。

（3）老师批卷。

（4）老师打印成绩单

（5）学生领取成绩单。

在这个过程中，每一个过程的主语都是该动作的执行者，那么在这个简单的过程中可以分“老师”和“学生”两个泳道，把动作与负责执行它的对象用这种形如二维表的方式进行关联，如图 9-22 所示。

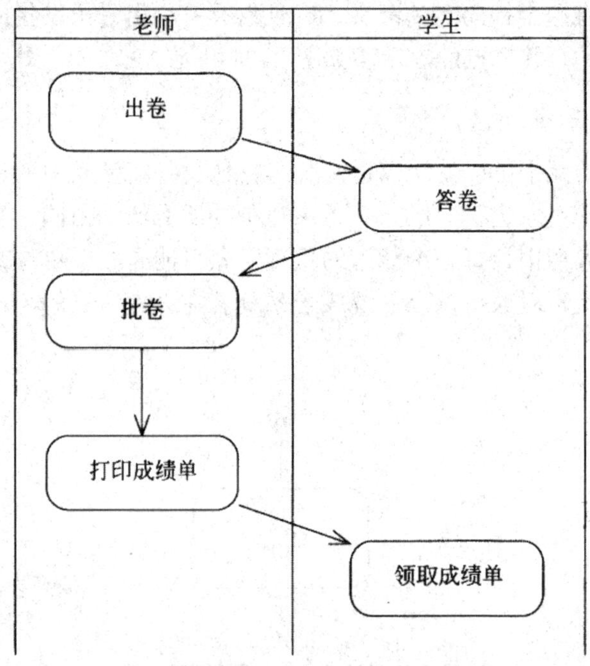


图 9-22　使用泳道描述考试活动

### 9.2.3　活动图的高级组成元素

在基本的流程描述功能外，UML 中的活动图还赋予了用户对系统的并发行为的强大描述能力。此处将介绍活动图中的一些高级概念。

#### 9.2.3.1　分叉节点与结合节点

在活动图中，我们使用分叉节点和结合节点来表示并发。

分叉节点是从线性流程进入并发过程的过渡节点，它拥有一个进入控制流和多个离开控制流。不同于判断节点，分叉节点的所有离开流程是并发关系，即分叉节点使执行过程进入多个动作并发的状态。分叉节点在活动图中表示为一根粗横线，粗横线上方的进入箭头表示进入并发状态，离开粗横线的箭头指向的各个动作将并行发生。分叉节点的表示法如图 9–22 所示。

结合节点是将多个并发控制流收回同一流程的节点标记，功能上与合并节点类似，但要注意结合节点与合并节点的关键区别：合并节点仅仅代表形式上的收束，在各个进入合并节点的控制流间不存在并发关系，所以也没有等待和同步过程；但结合节点的各个进入控制流间具有并发关系，它们在系统中同时运行。在各个支流收束时，为了保证数据的统一性，先到达结合节点的控制流都必须等待，直到所有的流程全部到达这个结合节点后才继续进行，转移到离开控制流所指向的动作开始运行。活动图中的结合节点也用一根粗横线来表示，粗横线上方有多条进入箭头，下方有且仅有一条离开箭头。结合节点的表示法如图 9–23 所示。

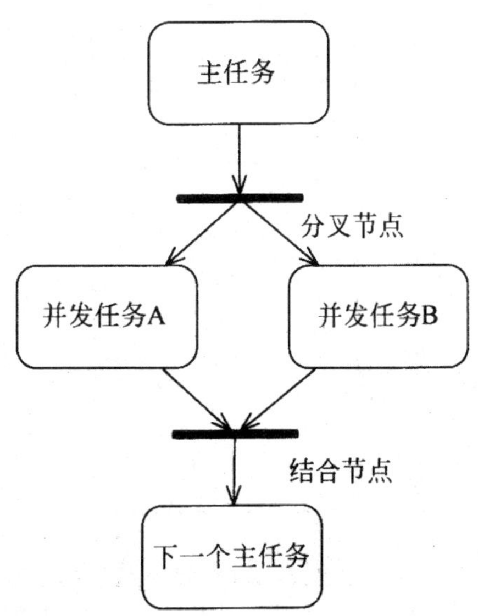


图 9–23　分叉节点和结合节点

### 9.2.3.2　对流

对象也可以被包含在与一个活动图相关的控制流中。在活动图中，对象流是一种连接两个节点的活动边 . 这两个节点通常是一个可执行节点和一个对象节点。对象流用来表示源活动生产了一个对象，或目标活动消费了一个对象。

图 9–24 展示了某系统支付订单时的活动图。图中连接活动节点与对象节点的线均为对象流。对象流可能会创建对象（例如“生成订单”活动创建了一个订单对象）或者使用或修改对象状态（例如“支付”活动将订单对象的状态修改为“已支付”）。

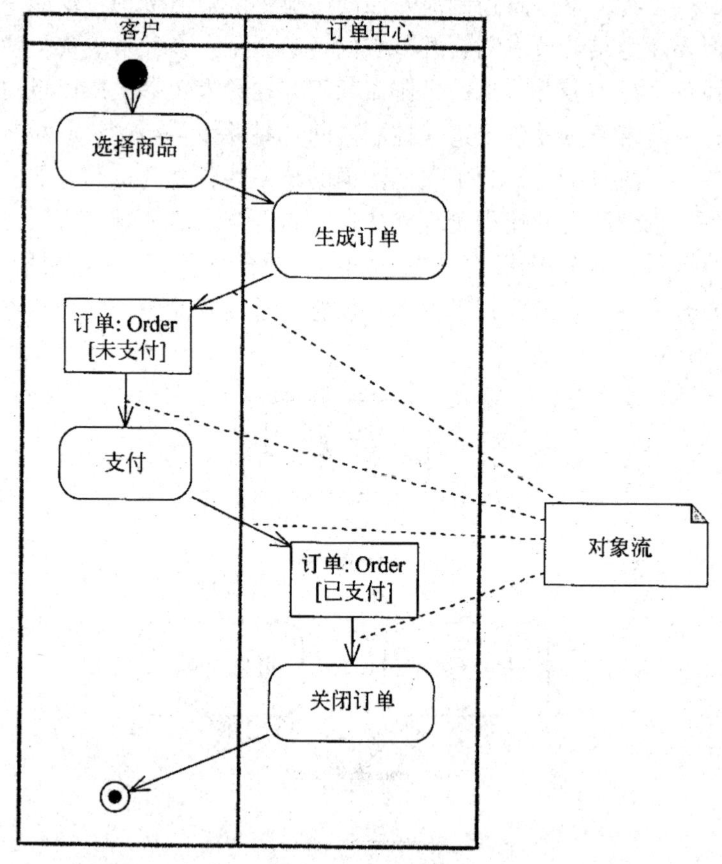


图 9–24　对象流

#### 9.2.3.3　扩展区域

同一个操作经常要在一组元素上执行。例如，若订单包含一组商品，那么订单处理程序就必须对每个商品都执行相同的操作：检查商品有效性、查询价格、检查库存等。在活动图中，这种模式通过扩展区域建模。

扩展区域表示在列表或集合上执行的活动模型片段。在活动图中，使用一个虚线圈起来的区域来表示扩展区域。区域的输入和输出都是值的集合，如订单中的商品集合。在图形中，我们将输入和输出的值的集合表示为一行相连的小方块（代表一个数组）。当来自其他部分的数组到达扩展区域上的输入集时，这个数组就会解散为单个的值。数组中的每个元素都会执行一次扩展区域。当扩展区域的每一个元素执行完毕后，如果有输出集就按照对应顺序将输出值放到输出数组中。换句话说，扩展区域就是对数组中的元素执行一个 forall 操作，从而生成新数组。一个扩展区域可以有一个或以上的输入数组以及零个或以上的输出数组，所有这些数组都必须具有同样的大小。

图 9-25 给出了一个使用扩展区域的例子。图中接收了一个订单，该订单有多个订单项。扩展区域处理每一个订单项，分别获取每个订单项中的商品，并获取商品的价格，最终输出商品数组和价格数组，分别用于运送商品以及生成账单。

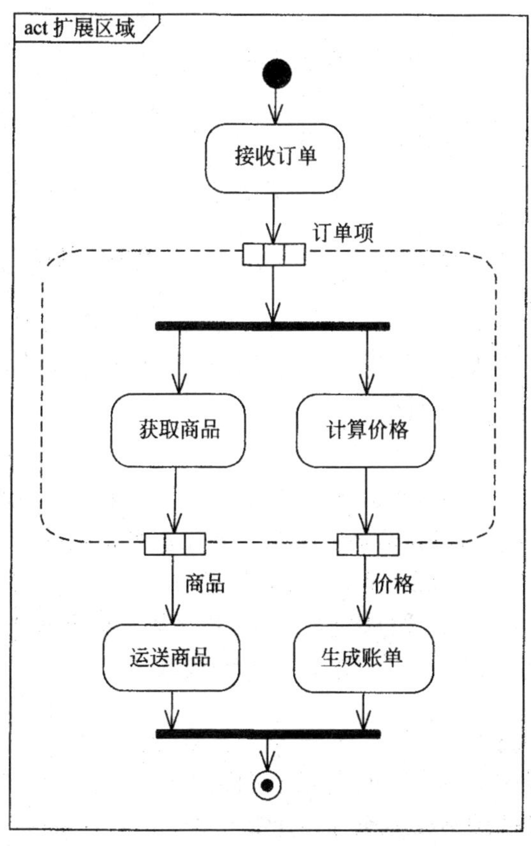


图 9-25　扩展区域

### 9.2.4 活动图建模技术

活动图用于对系统的动态方面建模，这些动态方面可涉及系统体系结构的任意视图中的任何抽象类型的活动。这些抽象类型包括类、接口、组件等。

当使用活动图对系统的某些动态方面建模时，事实上可以在任意建模元素的语境中这样做。但我们通常在整个系统、子系统、操作或类的语境中使用活动图，还把活动图附在用例（对脚本建模）和协作（为对象群体的动态方面建模）上。

在使用活动图对一个系统的动态方面建模时，通常有两种使用活动图的方式：对工作流建模和对操作建模。

#### 9.2.4.1 对工作流建模

没有任何一个系统是孤立存在的，系统总是存在于某种语境中，而这种语境总是包含与该系统进行交互的参与者。系统中的业务流程是一种工作流，因为它们代表了工作流以及贯穿于业务之中的对象。使用活动图，可以对业务流程中的协作建立业务处理模型。

对工作流建模，需要遵循如下策略：

为工作流建立一个焦点。除非系统很小，否则不可能在一张图中显示所有感兴趣的工作流。

选择对总体工作流中的各个部分具有高层职责的业务对象，为每个重要的业务对象建立一个泳道。

识别该工作流初始状态的前置条件和该工作流终止状态的后置条件，这对于帮助对工作流的边界建模是重要的。

从该工作流的初始状态开始，说明随时间发生的动作，并在活动图中表示，它们将复杂的动作或多次出现的动作集分解到一个单独活动图中来调用。

找出连接这些动作和活动节点的流。首先从工作流的顺序流开始，其次考虑分支，最后考虑分叉和结合。

如果工作流中涉及重要的对象，则把它们也加入活动图中。如果对表达对象流的意图是必要的，则显示其变化的值和状态。

#### 9.2.4.2 对操作建模

为了说明元素的行为，可以将活动图附加到任意建模元素之上，例如类、接口、组件、节点、用例和协作等。其中，最常见的是向一个操作附加活动图，用于这种方式时，活动图只是一个操作中的动作的流程图。活动图的主要优点是图中所有的元素在语义上都与一个丰富的底层模型相联系。

对操作建模，要遵循如下策略：

收集这个操作所涉及的元素，包括操作的参数、返回类型、所属类的属性以及某些临近的类。

识别该操作的初始状态的前置条件和终止状态的后置条件，也要识别操作所属的类的在操作执行期间必须保持的不变式。

从该操作的初始状态开始，说明随着时间发生的活动和动作，并在活动图中将它们表示为活动状态或者动作状态。

如果需要，使用分支来说明条件路径和迭代。

使用分叉节点和结合节点来说明并行的控制流。

### 9.2.5 绘制“购买机票”用例的活动图

本部分以机票预订系统中的“购买机票”用例为例，展示活动图的创建过程。

#### 9.2.5.1 确定泳道

开始创建活动图时，需要首先确定参与的对象，即确定活动图有几个泳道。泳道说明了活动是由该对象执行的。在本例中，我们将其粗粒度地分为用户和系统两个泳道，将它们绘制在活动图中，如图 9–26 所示。

#### 9.2.5.2 按逻辑顺序完成活动图

在添加完泳道后，需要梳理整个控制流的过程：用户首先选择购票的航班，此时如果该航班已无余票，则系统提示该航班已无票，用户重新选择航班；如果航班有余票，则系统请求用户确认购票信息，此时用户可以取消购票，也可以确认购票并支付，支付完成后系统修改机票状态并生成订票记录，然后结束整个流程。

按照上述控制流的文字描述完善活动图，注意几个特殊节点的使用。绘制完成的活动图如图 9–27 所示。

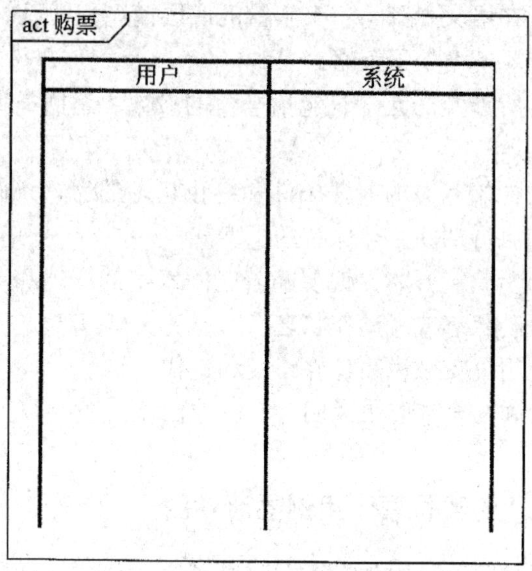


图 9-26　添加泳道

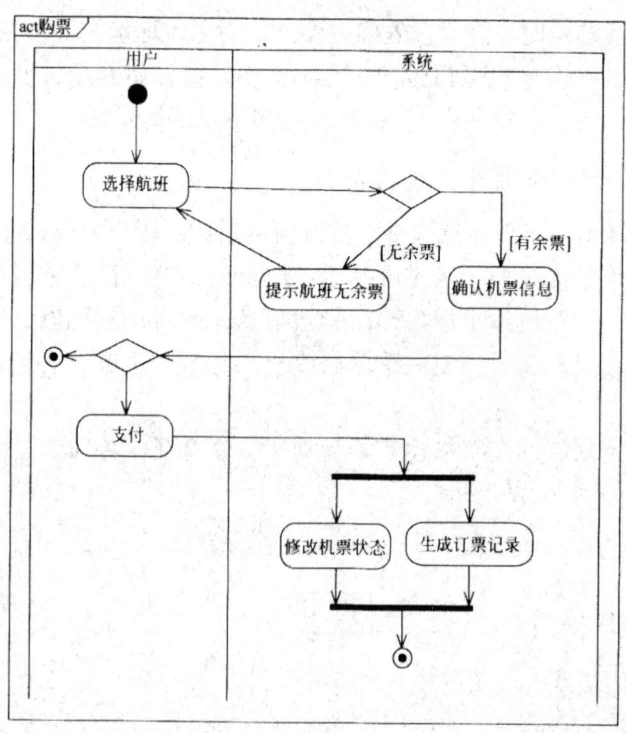


图 9-27　完成活动图

# 第 10 章　面向对象分析之物理图

在前面的章节中，我们讨论了使用各种静态和动态图进行应用程序的逻辑设计。这些图提供了系统的逻辑视角。随着系统设计的进行，我们不得不从逻辑视角切换到物理视角了解如何将软件部署到目标机器上，如何将不同的类组合成可重用组件，如何将它们包装成包的集合，以及最后如何将各种组件和包放入目标系统的合适的处理器和设备中。

在 UML 中，系统的物理设计用下列图来显示系统的逻辑组件和在目标系统设备中的部署。

①包图

②组件图

③部署图

本章将重点介绍这些图，并进行一些案例研究。

## 10.1　包图

### 10.1.1　包图的基本概念

为了清晰、简洁地描述复杂的软件系统，通常把它分解成若干较小的系统（子系统[①]）。每个较小的系统还可以分解成更小的系统。这样，就形成了描

① 子系统是一种模型元素，它具有包（其中可包含其他模型元素）和类（其具有行为）的语义。子系统的行为由它所包含的类或其他子系统提供。子系统实现一个或多个接口，这些接口定义子系统可以执行的行为。

述软件系统的结构层次在 UML 中，使用“包”代表子系统，使用包图描述软件的分层结构。

包图描绘两个或更多的包以及这些包之间的依赖关系。包是 UML 中的一种结构，用来将各种建模元素（如用例或类）组织起来。包的符号类似文件夹的样子，可以用于任何 UML 图。任何 UML 图如果只包含包（以及包之间的依赖），就可以被看作包图。UML 包图实际上是 UML2.0 中一个新的概念，在 UML1.0 中一直是非正式的部分，过去被称为包图的实际上仅仅包含包的 UML 类图或 UML 用例图。创建包图的目的在于：

（1）给出需求的高层概览视图。

（2）给出设计的高层概览视图。

（3）将复杂图形从逻辑上进行模块化组织。

（4）组织源代码[①]。

（5）对框架建模。

包图是一种描述系统总体结构模型的重要建模工具。包图描述各个包以及包之间的关系，展现出系统模块与普通模块之间的依赖关系。图 10-1 给出了由通用接口界面层、系统业务对象层和系统数据库层组成的三层结构的通用软件系统体系结构，每层都有自己内部的体系结构。

① 源代码（也称源程序）是指一系列人类可读的计算机语言指令。在现代程序语言中，源代码是以书籍或者磁带的形式出现，但最为常用的格式是文本文件，这种典型格式的目的是为了编译出计算机程序。

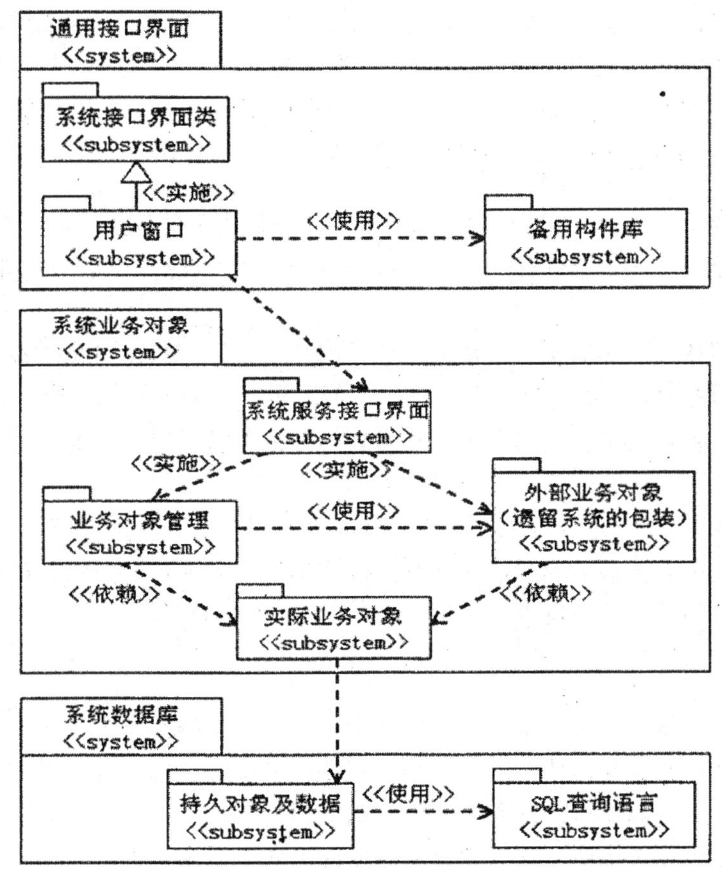


图 10-1　包图示例

#### 10.1.1.1　通用接口界面层

该层的功能是：设置连接软件系统的运行环境（如计算机设备及使用的操作系统、采用的编程语言等）的接口界面，以及设置用户窗口使用的接口界面以及支持系统。该层由系统接口界面类包、用户窗口包和备用构件包组成。

系统接口界面类包：设置连接软件系统的运行环境的接口界面类，以使开发的软件系统与运行环境进行无缝连接。

用户窗口包：设置用户窗口使用的接口界面，用户可以通过用户窗口的引导，选择合适的功能，对系统进行正确的操作。

备用构件包：备用构件指那些通过商业购买或在开发其他软件系统时创建成功的构件，据此组成备用构件包。

用户窗口是系统接口界面类的派生类，它继承了系统接口界面的特性，但是也有自己特有的操作和功能。同时，用户窗口还可以依赖和借助备用构件库中的构件搭建自己的系统。

#### 10.1.1.2　系统业务对象层

该层的功能是：设置用户窗口与实现具体功能服务的各种接口界面的连接。该层由系统服务接口界面包、业务对象管理包、外部业务对象包和实际业务对象包组成。

系统服务接口界面包：起承上启下的作用，设置用户窗口与实现具体功能的各种接口界面的连接。

业务对象管理包：根据用户窗口接口界面的要求，对系统的业务对象进行有效管理。

外部业务对象包：对于过去系统遗留下来的具有使用价值的部分进行包装。

实际业务对象包：形成能实现系统功能的实际的业务对象集，包括系统新创建的业务和外部业务对象。

#### 10.1.1.3　系统数据库层

该层的功能是：将能实现系统功能的对象集作为持久对象及数据存储在磁盘上，以便于系统在需要时将这些持久对象和数据提取出来进行处理和操作。层由持久对象及数据包①和SQL②查询语言包组成。

持久对象及数据包：将能实现系统功能的实际业务对集以及这些对象在交互过程中产生的数据和新对象，作为持久对象和数据存储在磁盘上。

SQL 查询语言包：负责处理和操作存储在磁盘上的持久对象和数据，包括

① 包（Packet）是TCP/IP协议通信传输中的数据单位，一般也称“数据包”。一个数据包分成两个部分，包括控制信息（头，header）和数据本身（负载，payload）。我们可以将一个数据包比作一封信，头相当于信封，而数据包的数据部分则相当于信的内容。

② 结构化查询语言(Structured Query Language)简称SQL(发音：/ˈes kjuː ˈel/ "S-Q-L")，是一种特殊目的的编程语言，也是一种数据库查询和程序设计语言，用于存取数据以及查询、更新和管理关系数据库系统；同时是数据库脚本文件的扩展名。结构化查询语言是高级的非过程化编程语言，允许用户在高层数据结构上工作。它不要求用户指定对数据的存放方法，也不需要用户了解具体的数据存放方式，所以具有完全不同底层结构的不同数据库系统，可以使用相同的结构化查询语言作为数据输入与管理的接口。结构化查询语言语句可以嵌套，这使它具有极大的灵活性和强大的功能。

对象的索引、查询、提取、存储、插入和删除等，所有这些操作都依赖于 SQL 查询语言进行。

事实上，每一层的每个包可以进一步展开，分成更小的包，在不可再分的包中可以使用类以及它们之间的关系进行详细描述。

### 10.1.2　包的表示方法

在 UML 中，包是将多个元素组织为语义相关组的通用机制，使用“文件夹”符号表示包，如图 10–2 所示。

包的标准图形为两个叠加的矩形，一个大矩形叠加一个小矩形，包的名称位于大矩形的中间。与其他 UML 模型元素的名称一样，每个包必须有一个能与其他包区别的名称，包的名称是一个字符串[①]。

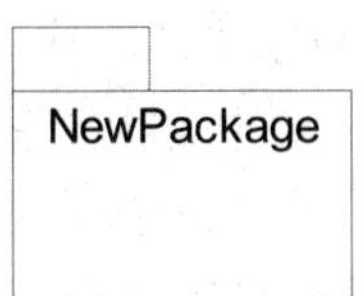


图 10–2　包的 UML 表示方法

在包中可以创建各种模型元素，如类、接口、构件、节点、协作、用例、图以及其他包。一个模型元素不能被一个以上的包所拥有。如果包被撤销，其中的元素也要被撤销。一个包形成了一个命名空间。

### 10.1.3　可见性

包对自身包含的内部元素的可见性也有定义，使用关键字 private、protected 或 public 来表示。private 定义的私有元素对包的外部元素完全不可见；protected 定义的被保护元素只对那些与包含这些元素的包有泛化关系的包可见；public 定义的公共元素对所有引入的包以及它们的后代都可见。包中元素的可见性表示方法如图 10–3 所示。

在图 10–3 中，包 NewPackage 中包含了 NewClassA、NewClassB 和

① 字符串或串 (String) 是由数字、字母、下画线组成的一串字符。一般记为 s="a1a2···an"(n>=0)。它是编程语言中表示文本的数据类型。在程序设计中，字符串( string )为符号或数值的一个连续序列，如符号串（一串字符）或二进制数字串（一串二进制数字）。

NewClassC 三个类，分别具有 public、protected 和 private 可见性。

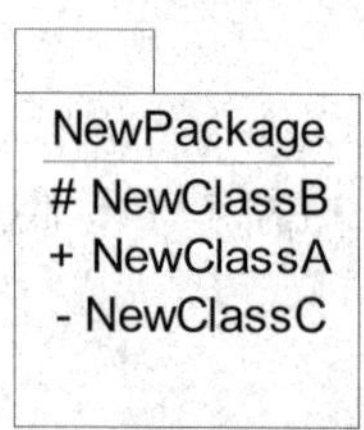


图 10-3 包中元素的可见性表示方法

通常情况下，一个包不能访问另一个包中的内容。包并不是透明的，除非它们访问或者引入依赖关系才能打开。依赖关系被直接应用到包和其他包中，在包层，访问依赖关系表示提供者包的内容可以被客户包中的元素或者嵌入客户包中的子包引用。提供者包中的元素在提供者包中要有足的可见性，从而使得客户包中的元素能够看到。一般来说，一个包只能看到其他包中被指为具有公共可见性的元素，具有受保护可见性的元素只对包含该元素的包的后代包具有可见性，可见性也可以用于类的内容（类的属性和操作）。一个类的后代可以看到具有公共可见性或受保护可见性的成员，但是其他的类则只能看到具有公共可见性的成员。对于引用元素而言，访问许可和正确的可见性都是必需的。所以，如果一个包中的元素看到另一个不相关的包中的元素，那么第一个包必须访问或引入另外一个包，并且目标元素在第二个包中必须具有公共可见性。

### 10.1.4 包之间的关系

包之间的关系有两种，分别为依赖关系和泛化关系。两个包之间的依赖关系，是指这两个包中包含的模型元素之间存在着一个或多个依赖。对于由对象类组成的包，如果两个包的任何对象类之间存在着一种依赖，这两个包之间就存在着依赖。在 UML 中，包的依赖关系和类对象之间的依赖关系都使用带箭头的虚线表示，箭头指向被依赖包，如图 10-4 所示。

图 10-4 包之间的依赖关系

在图 10-4 中，“借书”包和“图书”包之间存在依赖关系。显然，没有图书就没有借书，因此，“借书”包中包含的任何元素都依赖于“图书”包中包含的元素。

依赖关系虽然存在于独立元素之间，但是在任何系统中都应该从更高的层次进行分析。包之间的依赖关系概述了包中元素的依赖关系，即包的依赖关系可以从独立元素之间的依赖关系中导出。独立元素之间属于同一类别的多个依赖关系被聚集到包之间独立的包层次依赖关系中，并且独立元素也包含在这些包中，如果独立元素之间的依赖关系包含构造型，为了产生单一的高层依赖关系，包层依赖关系中的构造型可能被忽略。

包之间的泛化关系与类对象之间的泛化关系类似，类对象之间泛化的概念和表示方法在包图中都可以使用。泛化关系表示事物之间一般和具体的联系如果两个包之间存在泛化关系，那么其中的特殊性包必须遵循一般性包的接口。实际上，对于一般性包可以加上性质说明，表明仅定义了一个接口，该接口可以由多个特殊性包实现。

### 10.1.5　使用 Rational Rose 创建包图

#### 10.1.5.1　创建包

如果需要创建新的包，就可以通过工具栏、菜单栏或 Rational Rose 浏览器三种方式进行添加。通过工具栏或菜单栏创建包的步骤如下：

（1）在类图的图形编辑工具栏中，单击用于创建包的按钮，或者在菜单栏中选择 Tools| Create Package 菜单命令，此时的光标变为 + 符号。

（2）单击类图的任意空白处，系统会在该位置创建一个包，系统产生的默认名称为 NewPackage，如图 10-5 所示。

（3）将 NewPackage 重新命名为新的包名即可。

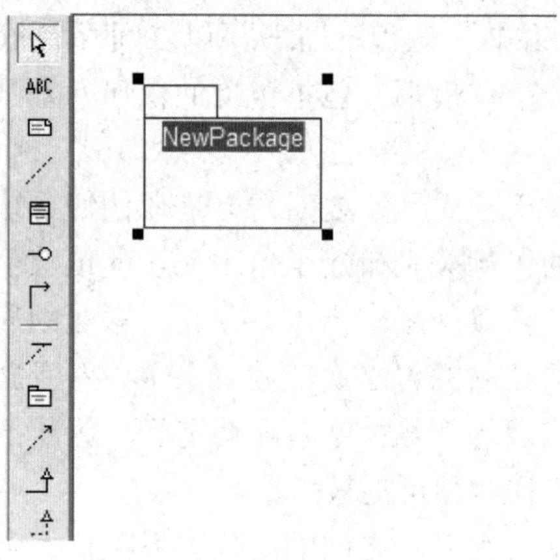


图 10-5 创建包

通过 Rational Rose 浏览器创建包的步骤如下：

（1）在 Rational Rose 浏览器中，选择需要添加包的目录并右击。

（2）在弹出的快捷菜单中选择 New| Package 命令。

（3）输入包的名称。如果需要将包添加到类图中，则将包拖入类图中即可。

如果需要对包设置不同的构造型，可以首先选中已经创建好的包，右击并选择 Open specification 命令，在弹出的规范设置对话框中，选择选项卡，在 Stereotype 下拉列表框中输入或选择构造型，如图 10-6 所示。在 Detail 选项卡中，可以设置包中包含的元素内容。

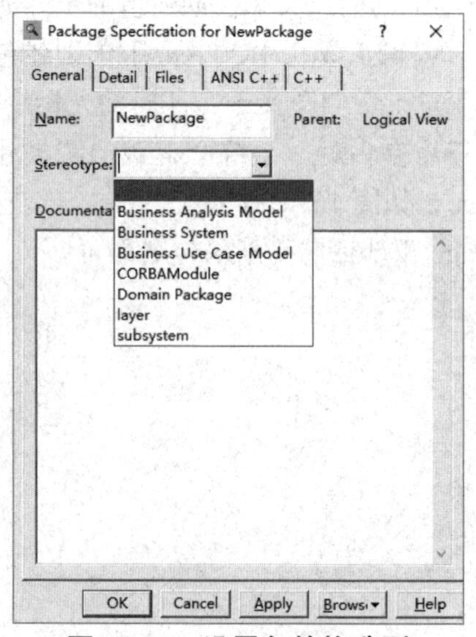


图 10-6 设置包的构造型

如果需要在模型中删除某个包，可以通过下述步骤进行：

（1）在 Rational Rose 浏览器中，选择需要删除的包并右击。

（2）在弹出的快捷菜单中选择 Delete。

上述方式会将包从模型中永久删除，包及其包含的元素都将被删除。如果只需要将包从模型图中移除，则选择相应的包，按 Delete 键。这时仅从模型图中移除包，在浏览器和系统模型中包依然存在。

#### 10.1.5.2　在包中添加信息

在包图中，模型元素可以添加在包所在的目录下。例如，在 PackageA 包所在的目录下创建两个类，分别是 ClassA 和 ClassB。如果需要把这两个类添加到包 PackageA 中，则需要通过以下步骤来进行：

（1）选中 PackageA 包的图标并右击，在弹出的快捷菜单中选择 Select Compartment Items 命令。

（2）在弹出的对话框的左侧，显示了 Package 包所在目录下的所有类，选中类，通过中间的按钮将 ClassA 和 ClassB 添加到右侧的框中。

（3）添加完毕后，单击 OK 按钮即可，效果如图 10-7 所示。

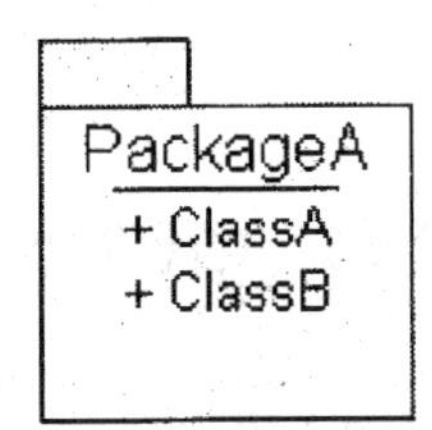


图 10-7　添加类到包中

#### 10.1.5.3　创建包之间的依赖关系

包和包之间与类和类之间一样，也可以有依赖关系，并且包的依赖关系也和类的依赖关系的表示形式一样，使用依赖关系的图标进行表示。

在创建包之间的依赖关系时，需要避免循环依赖，如图 10-8 所示。

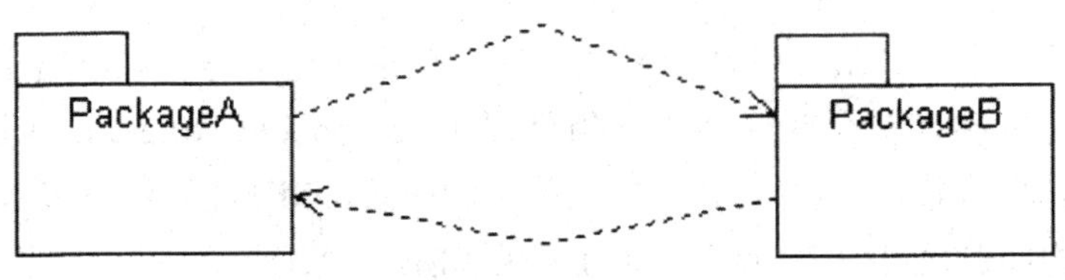


图 10-8　包之间的循环依赖关系

为解决循环依赖关系的问题，通常情况下，需要对某个包中的内容进行分解。如图 10-8 所示，PackageA 或 PackageB 包中的内容被转移到另一个包中。如图 10-9 所示，PackageA 包中依赖 PackageB 包的内容被转移到 PackageC 中。

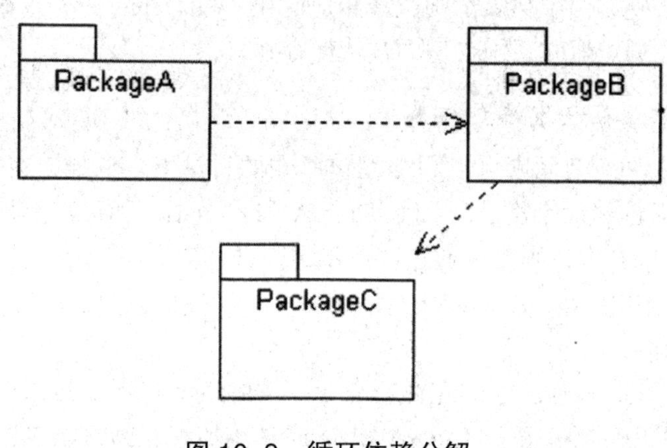


图 10-9　循环依赖分解

## 10.2　组件图

我们在前面介绍过的图都是用来对系统的用方面或逻辑方面建模，更关注系统的内部业务组成与逻辑结构，而本节将介绍的组件图则重点关注了系统的物理组成。在实际建模过程中，一般在完成了系统的逻辑设计之后，就需要考虑通过系统的物理实图描述软件系统的各个物理组件以及它们之间的关系。本节主要讲解组件图的相关内容。

### 10.2.1　组件图的概念

组件是一个软件系统设计和实现时的一个模块化部分，在宏观上作为一个有指定功能的整体被关联和使用。组件图（Component Diagram，又被译作构件图）即是用来描述组件与组件之间关系的一种 UML 图。组件图在宏观层面上显示了构成系统某一个特定方面的实现结构。

在 UML 1.x 中，组件可以表示一个文件或一个可运行的程序，这些程序构成了一个系统的某个部分。但是在之后的应用中发现组件的这种定义和其他的一些定义相冲突，所以在 UML2 中组件的定义被更详细地确定了。组件应当是一个独立的封装单位，并且需要对外提供接口。组件是把代码细节组合成封闭的逻辑黑箱，只暴露出接口的更大的设计单元。在更高层次的、涉及更多对象的表示图例中，将多个相关的类和对象组织成一个组件，可以有效地减少图示数量，从而降低阅读难度，更便于设计人员和编码人员理解系统的组织结构。

事实上，组件图的内容是非常简单的，但是在对系统建模的过程中，它的功能又是非常强大的。组件图是面向对象思想的核心体现。在面向对象程序设计中，我们首先希望被描述的事物可以对象化、模块化，其基本思想就是封装体内部的改变不应该对软件系统的其他部分造成影响。而对象化是类的特点，类或类的实例构成组件的内容；同时模块化是组件的特点，组件本身就作为一个外部不可分割的模块来呈现，在外部看来是一个带有若干接口的黑箱。在面向对象的另一重要特性——可重用性方面，由于组件和组件之间仅通过接口来连接，耦合度很低，当一个组件的功能不适用于系统了，编程人员不需要对整个系统范围内的代码进行重写，而仅仅需要把组件内部的代码加以修改，保持接口不变，就可以把这个组件重新安装回系统中协同工作。所以组件图是把整个系统以面向对象的思维来描述的强有力工具，也是沟通设计者和编程人员的桥梁，软件开发团队可以通过组件图来确定整个系统可以分成的模块情况，并基于所分的模块将团队分成不同小组。组内成员只需要完成自己组件的功能并保留外部调用接口即可。

组件图中主要包含三种元素，即组件、接口和端口。组件图通过这些元素描述了系统的各个组件及组件之间的依赖关系，还有组件的接口及调用关系，此外，组件图还可以使用来进行组织，使用注释与约束来进行解释和限定。

图 10–10 显示了某系统订单模块的简单组件图、 Product（产品）组件、Customer 顾客组件与 Account（账户）组件，都实现了自己组件的一个接口，由 Order（订单）组件使用接口。此外， Account 组件与 Customer 组件之间存在关联关系。

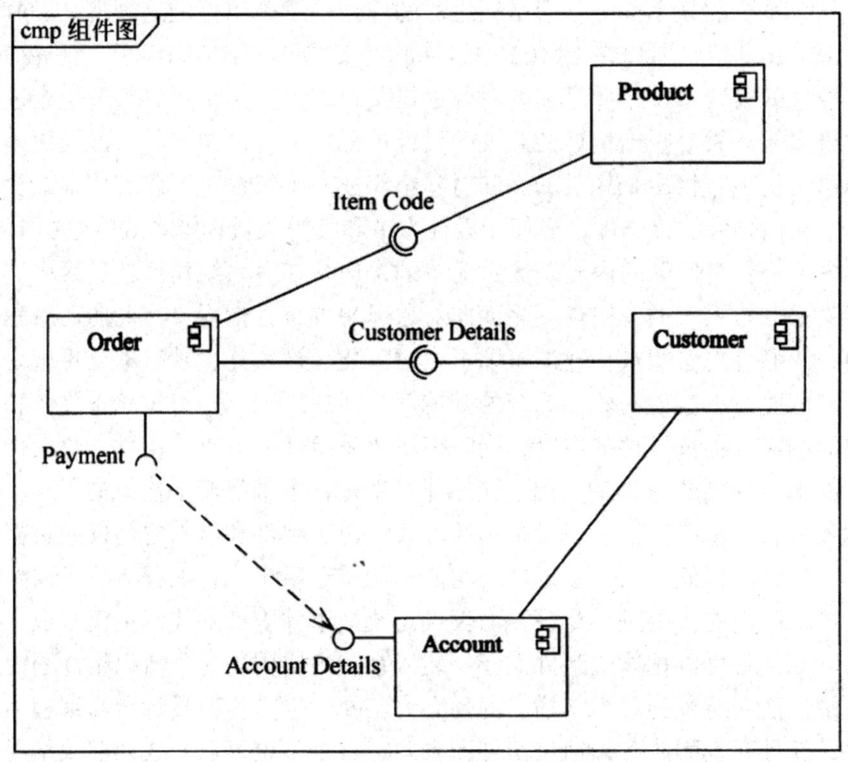


图 10-10 组件图

组件图在面向对象设计过程中起着非常重要的作用。它明确了系统设计，降低了沟通成本，而且按照面向对象方法进行设计的系统和子系统通常保证了低耦合度，提高了可重用性。可以说组件图是系统设计中不可或缺的工具。

### 10.2.2 组成元素

组件中的主要元素包括组件、接口和端口。UML.2 规范还允许表示组件的内部结构。本部分主要介绍组件图的这几种组成元素。

#### 10.2.2.1 组件

组件（component，也被译作构件）是系统设计的一个模块化部分，它隐藏了内部的实现，对外提供了一组接口。简单来说，组件是一个封装完好的物理实现单元，它具有自己的身份标识并定义了明确的接口。它对接口的实现过程与外部元素独立，所以组件具有可替换性——外部事物不关心组件内部的实现，只要组件保证提供它们所需功能的接口即可。具有相同接口但不同实现的组件，一般来说是可以互相替换的。组件通常对应于一个实现性文件，例如，源文件、动态链接库、数据库、ActiveX 控件等都可以作为系统中的一个组件。

在 UML1.x 规范中，组件表示为一个左侧带有两个小矩形的矩形元素，如图 10–11 所示（Rose 中也使用这种表示法）。在 UML2 规范中，组件元素以一个标签的形式表示在一个矩形框里，如图 10–12 所示。

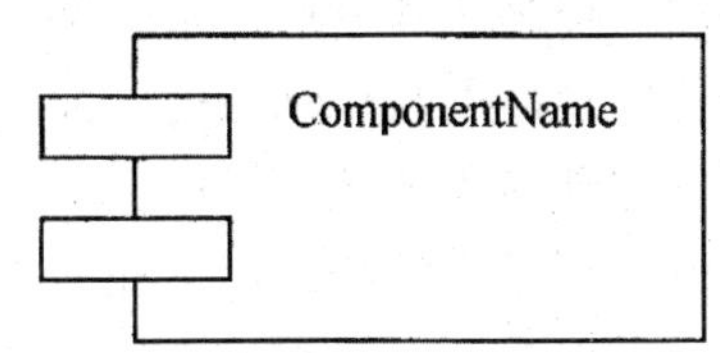


图 10–11　组件的 UML1.x 表示法

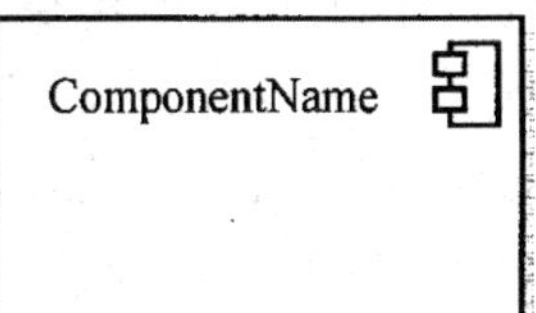


图 10–12　组件的 UML2 表示法

组件与类的概念十分相似，它们都是一个封装完好的元素，都可以通过实现接口让外部元素依赖于该元素，都可以实例化，可以参与交互等。但需要注意的是，尽管组件和类的行为和属性十分相像，但组件与类二者的抽象方式和抽象层次是不同的。类是逻辑抽象，不能单独存在于计算机中；组件是物理抽象，可以独立存在并部署在计算机上。组件的抽象层次要更高，类作为一个逻辑模块只能从属于某个组件。

组件在系统中一般存在三种类型，分别为配置组件、工作产品组件和执行组件。

配置组件（Deployment Component）是构成系统所必要的组件，是运行系统时需要配置的组件。例如，一些辅助可执行文件运行的插件和辅助控件，以及一些动态链接库、exe 文件等都属于配置组件。

工作产品组件（Work Product Component）主要是开发过程的产物，是形成配置组件和可执行文件之前必要的工作产品，也是配置组件的来源。工作产品组件并不直接参与到可执行系统中，而是用来产生系统的中间产品。例如，程序源代码或一些数据文件等都属于这一类的组件。

执行组件（Executive Component）代表可运行的系统最终运行产生的运行结果，并不十分常见。

#### 10.2.2.2　接口

关于接口的概念我们在类图中已经介绍过了。它用于描述一个服务。组件的接口也表达了同样的概念。某个组件可以实现一个接口来对外提供一个服务，外部组件通过该组件的接口来触发该组件的一个操作序列，以此达成这个外部组件的目的。

对于一个组件而言，它有两类接口：提供接口（Provide Interface）与需求接口（Required Interface）。提供接口又被称为导出接口或供给接口，是组件为其他组件提供服务的操作的集合。需求接口又被称为引入接口，是组件向其他组件请求相应服务时要使用的接口。

在组件的定义中我们强调了组件的可重用性很高，这一特性是少不了接口的功劳的。系统开发人员在开发新系统时，若发现新的需求刚好是之前某个已有项目的某个组件提供的服务，那么由于组件的环境无关性，可以很方便地把以前的组件和新系统通过接口搭建起来，从而实现了组件的重用。在另外一种情况下，开发人员认为某个功能由于算法效率低下或存在潜在的不安全性需要替换掉现有组件，那么他们可以放心地实现另外一个组件。对新的组件只需要与旧组件具有一模一样的接口即可。

在 UML1.x 中，组件的接口与类图接口的表示方法一致，都是用一个小圆圈表示。提供该接口的组件与接口通过简化的实现关系（一条实线段）相连接，而需要该接口的组件则使用依赖关系（一条虚线箭头）与组件相连接。图 10-13 显示了这种表示法。

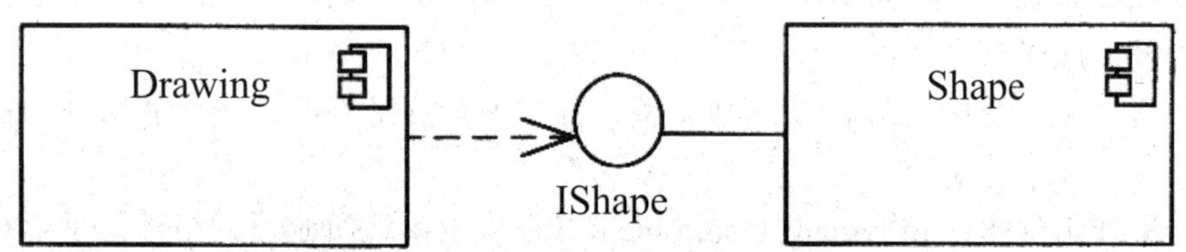


图 10-13　接口的 UML1.x 表示法

在 UML2 规范中，接口元素还提供了另一种表示法，在这种新的表示法中，接口的提供和需求两部分是分别表示的。提供接口表示为用直线连接组件的一个小圆圈，需求接口表示为用线连接组件的一个半圆，通过提供接口与需求接口的连接来表示两个组件与接口之间的关系，如图 10-14 所示，这种表示法也被形象地称为“球窝表示法”。实际上，两种表示法所表示的语义是完全相等的。

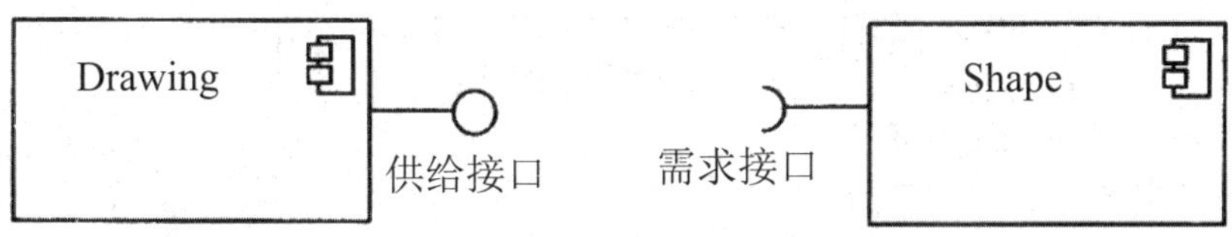


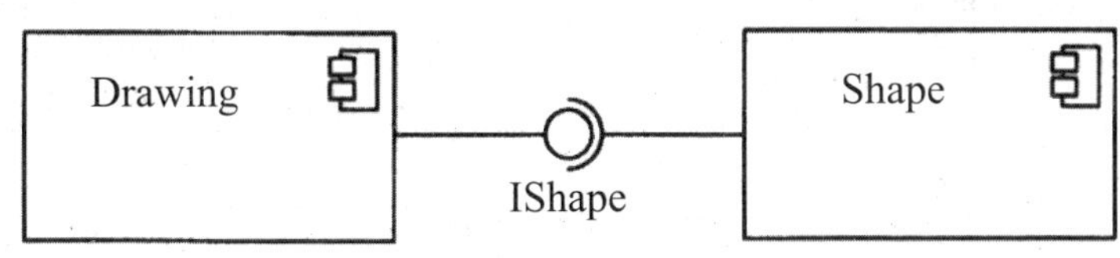


图 10–14　接口的 UML2 表示法

#### 10.2.2.3　端口

端口（Port）是 UML2 规范新增的元素。接口对组件的总体行为声明是十分有用的，但它们没有个体的标识，组件的实现只需要保证它的全部供给接口的全部操作都被实现。使用端口就是为了进一步控制这种实现。

端口是一个被封装的组件的对外窗口。在被封装的组件中，所有出入组件的交互都要通过端口。组件对外可见的行为恰好是其端口的综合，此外，端口是有标识的。别的组件可以通过一个特定端口与另一个组件通信。在实现时，组件的内部组件通过特定的外部端口来与外界交互，因此，组件的每个部件都独立于其他部件的需求。端口允许把组件的接口划分为离散的，并且可以独立使用的几部分。端口提供的封装性和独立性在更大程度上保证了组件的封装性和可替换性。

在图形中，端口被表示成跨立在组件边界上的方块，提供接口和需求接口都附着在端口符号上。每个端口都有一个名字，因此可以通过组件和端口名来唯一标识它。图 10–15 显示了一个带有端口的组件，每个端口有一个名字。这个组件有用于售票、节目和信用卡收费的端口。

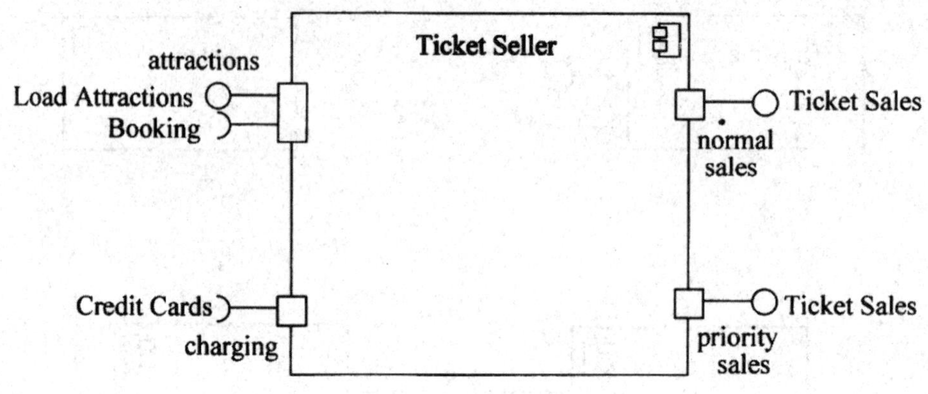


图 10–15 端口

图 10–15 中有两个用于售票的端口：一个供普通用户使用，另一个供 VIP 用户使用。它们都有相同的名为 Ticket Sales 的供给接口。信用卡处理端口有一个需求接口，任何提供该服务的组件都能满足它的要求。节目端口既有供给接口也有需求接口，使用 Load Attractions 接口可以让剧院把戏剧表演等节目录入售票数据库，以便售票。利用 Booking 接口，组件可以查询剧院是否有票并真正售票。

#### 10.2.2.4 组件的内部结构

组件可以作为一个最小单元存在和实现。但在一些大型系统中，理想的做法是用一些小的部分来组成大的组件。组件的内部结构是一些小的部件，这些部件和它们之间的连接一起组成了组件的实现。在 UML1.x 规范中，组件是不可嵌套的元素；而在 UM2 规范中，组件可以通过嵌套部件来表现其内部结构。

部件（Part）是组件的实现单元。在大多数情况下部件实际上是较小的组件的实例，它们静态地连接在一起，通过端口提供必要的行为而不需要建模者额外地描述逻辑。部件有名字和类型，也有多重性。

图 10–16 展示了一个旅行系统组件的内部结构。组件内部包含三个部件。Scheduler 部件用于时间表安排，Planner 部件用于旅行规划，TripGUI 部件用于显示用户界面。组件内部对外提供两个使用端口， Booking 端口用于提供预定功能，User Console 端口提供用户控制功能。

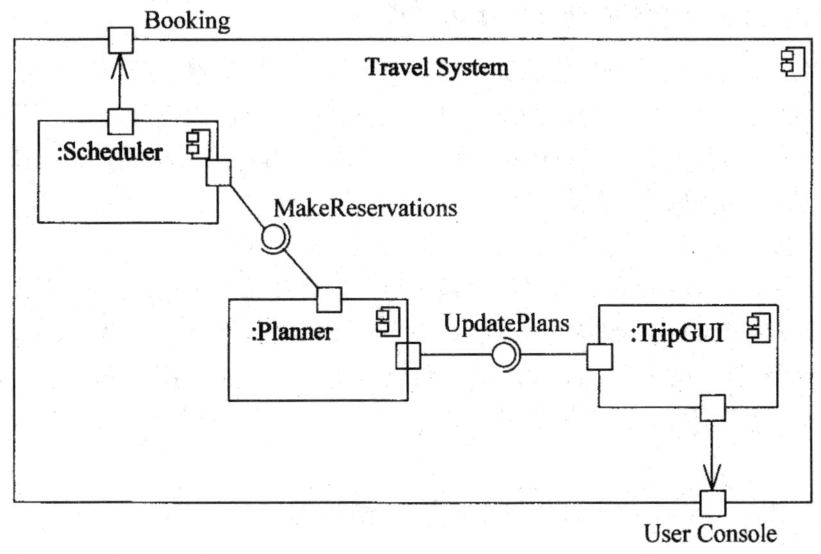


图 10-16　组件的内部结构

### 10.2.3　组件图的建模技术

总的来看，组件图表现的是系统的物理层次或实现层次上的静态结构，能够帮助开发团队加深对系统组成的理解。组件图经常用于对源代码、可执行程序等结构建模。

#### 10.2.3.1　对源代码结构建模

对采用某一个面向对象的编程语言开发软件系统时，源程序往往会保存在许多源文件中。这些文件往往会相对独立地完成某一功能，并且还要与其他源文件之间建立联系，以相互合作。使用组件图可以清晰地表示出各个源文件之间的关系，有助于开发人员确立源文件的优先级及依赖关系等。使用组件图对源代码结构建模时，应遵循以下策略：

识别出感兴趣的源代码文件集合，并将之建模为组件。

如果系统规模较大，使用包对组件进行分组。

可以使用约束或注释来表示源代码的作者、版本号等信息。

使用接口和依赖关系来表示这些源代码文件之间的关系。

检查组件图的合理性，并识别源代码文件的优先级以便进行开发工作。

#### 10.2.3.2 对可执行程序结构建模

组件图也可以用来清楚地表示出各个可执行程序文件、链接库和资源文件等运行状态物理组件之间的关系。对可执行程序结构的建模可以帮助开发团队规划系统的工作成品。在对可执行程序结构进行建模时，要遵循以下策略：

识别出相关的运行组件集合。

考虑集合中每个组件的类型。

如果系统规模较大，可以使用包对组件进行分组。这里包的使用可以对应于相应文件的文件存储结构。

分析组件之间的关系，使用接口和依赖关系对这些关系建模。

考量建模结果是否实现了组件的各个特性，对建模的结果进行细化。

### 10.2.4 绘制“机票预订系统”的组件图

本部分以机票预订系统为例，介绍组件图的创建及绘制过程。

#### 10.2.4.1 确定系统组件

通过对系统的工作产品的规划和设计可以确定系统的主要组件。在本部分的例子中，可以确定系统的主要组件，包括用户交互、管理员交互、机票预订、登机验证、航班安排和数据库操作组件。将这些组件添加到组件图中，如图10-17所示。

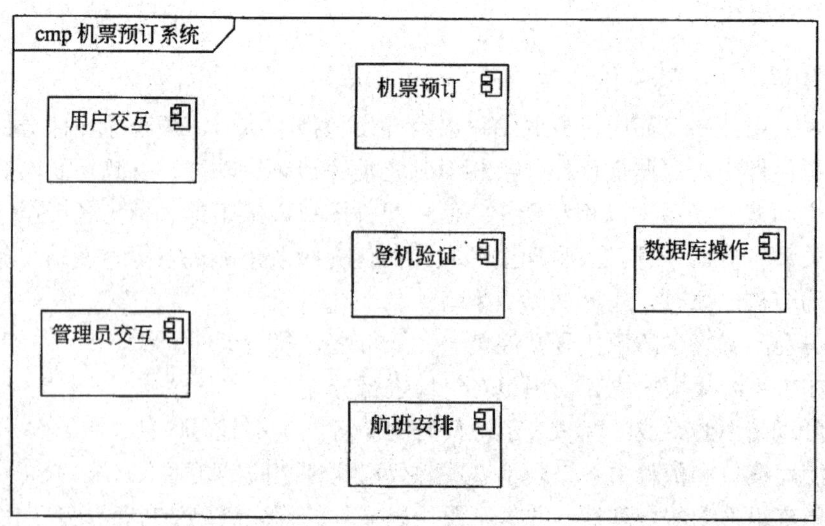


图 10-17　确定系统组件

### 10.2.4.2　确定组件接口与依赖关系

在确定了系统组件之后，就需要考虑组件可以对外部提供什么服务，也即组件的接口和组件之间的相互依赖。在此例中，航班安排组件提供航班信息接口供机票预订组件使用，机票预订组件提供机票校验接口，供登机验证组件使用。另外按需要添加组件间的依赖关系。

按照以上分析确定组件间的接口与依赖关系，建立完整的组件图，如图 10-18 所示。

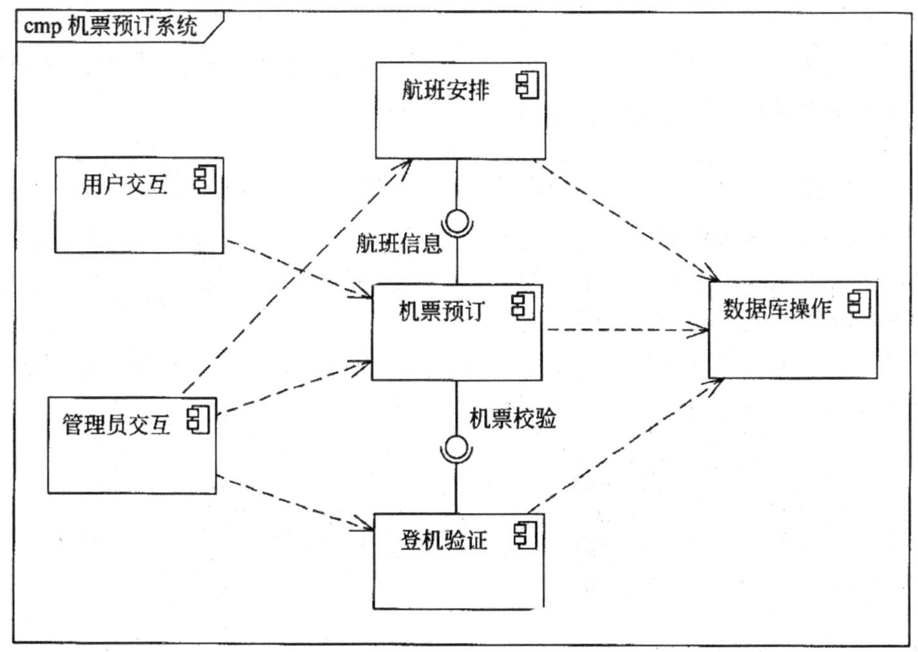


图 10-18　确定组件接口与依赖关系

## 10.3　部署图

部署图（Deployment Diagram）也称为配置图、实施图，是对面向对象系统物理方面建模的两个图之一（另一个图是组件图），它可以用来显示系统中计算结点的拓扑结构和通信路径与结点上运行的软组件等。一个系统模型只有一个部署图，部署图常用于帮助理解分布式系统。

部署图由体系结构设计师、网络工程师、系统工程师等描述。

部署图包括的建模元素有结点、连接。

### 10.3.1 结点

结点是存在于运行时的代表计算资源的物理元素，结点一般都具有一些内存，而且常常具有处理能力。

结点可以代表一个物理设备以及运行该设备上的软件系统，如UNX主机、PC、打印机、传感器等。结点之间的连线表示系统之间进行交互的通信路径，这个通信路径称为连接（Connection）。

部署图中的结点分为两种类型：处理机（Processor）和设备（Device）。

处理机是可以执行程序的硬件组件。部署图可以说明处理机中有哪些进程、进程的优先级与进程调度方式等。其中进程调度方式分为抢占式（Preemptive）、非抢占式（Non-PreemPtive）、循环式（Cyclic）、算法控制方式（Executive）和外部用户控制方式（ Manual）等。图 10-19 是部署图中处理机的表示符号。

设备是无计算能力的硬件组件，如调制解调器、终端等。图 10-20 是部署图中设备的表示符号。

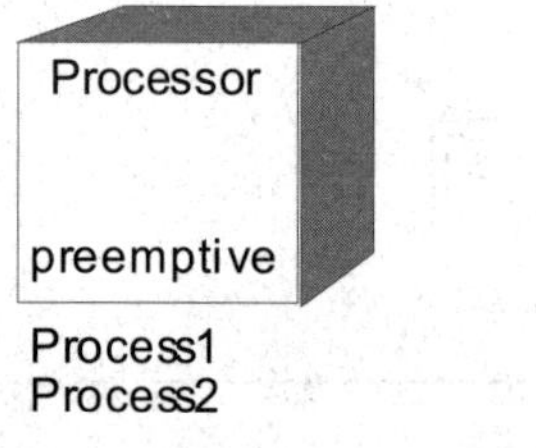


图 10-19 部署图中的处理机

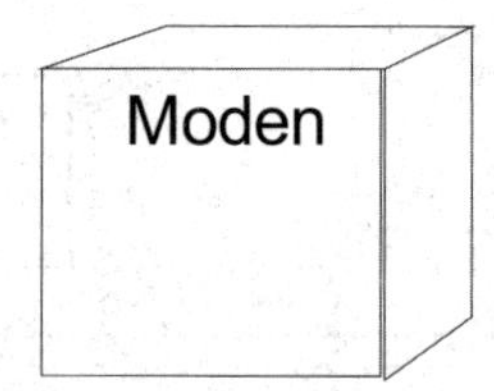


图 10-20 部署图中的设备

尽管结点和组件经常在一起使用，但两者是有区别的。

（1）组件是参与系统执行的事物，而结点是执行组件的事物。

（2）组件代表逻辑元素的物理打包，而在结点上表示组件的物理部情况。

一个结点可以有一个或多个组件，一个组件也可以部署在一个或多个结点上。

### 10.3.2 连接

结点通过通信关联相互连接。连接表示两个硬件之间的关联关系，它指出结点之间只存在着某种通信路径，并指出通过哪条通信路径可使这些结点交换对象或发送消息。连接关系是关联的，所以可以像类图中那样在关联上加角色、多重性、约束、版型等。

在连接上可附加诸如 <<TCP/IP>>，<<DeeNet>> 等符号，以指明通信协议或所使用的网络。一些常见的连接有以太网连接、串行口连接、共享总线等。如图 10-21 所示，计算机和显示设备之间采用 RS-232 串行口连接。

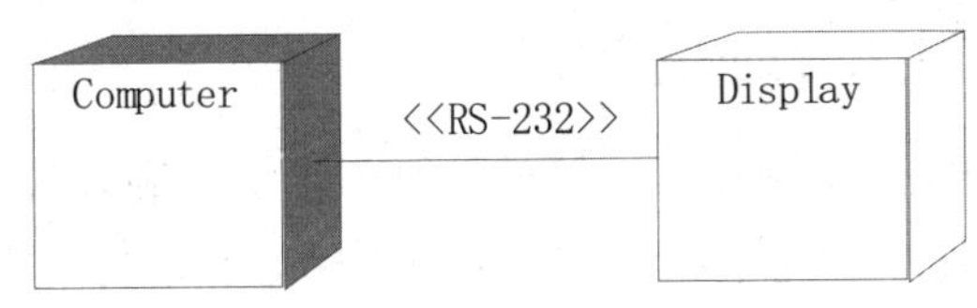


图 10-21　部署图中的连接

### 10.3.3　部署图介绍

面向对象系统的物理方面的建模是绘制组件图和部署图。物理方面建模也是系统的物理体系架构的设计，其目的是尽可能实现软件的逻辑体系架构。

部署图描述了软件系统是如何部署到硬件环境中的，显示了该系统不同的组件将在何处物理地运行，以及它们将如何彼此通信。也就是说，部署图描述了处理机、设备和软件组件运行时的体系架构。从这个体系结构上可以看到某个结点在执行哪个组件，在组件中实现了哪些逻辑元素（类、对象、协作等）。最终可以从这些元素追踪到系统的需求分析。

例如，同时将 SQL Server、Internet Information Server 和 ASP.NET 安装在单个计算机上，以实现应用。但是，这样做，既不可靠，效率也不高。如果将系统的不同逻辑部件分布安装在不同的计算机上，则可使应用具有更好的可靠性、可维护性和可扩展性。因此，可以采取以下这样的方案（当然，也可以采取其他形式的方案）：在由 3 个 Web 服务器组成的簇上部署 Web 软件，在两个应用服务器上部署 ASP.NET 组件集合，在两个故障恢复模式的数据库服务器上部署 SQL Server。这样产生的部署图将 7 个 Windows 服务器包含在 3 个主要组中，即 Web 簇、组件簇和数据库簇。

部署图涉及系统的硬件和软件，它显示了硬件的结构包括不同的结点和这些结点之间如何连接。它还图示了软件模块的物理结构和依赖关系，并展示了对进程、程序组件等软件在运行时的物理分配。

在进行部署图建模时应考虑以下几个问题：

（1）类和对象在物理上位于哪个程序或进程。

（2）程序和进程在哪台计算机上执行。

（3）系统中有哪些计算机和其他硬件设备，它们如何相互连接。

（4）不同的代码文件之间有什么依赖关系。如果一个指定的文件被改变，那么哪些文件需要重新编译。

### 10.3.4 分布式系统的物理建模

具体应用都应该绘制部署图。例如，对单机式、嵌入式、客户/服务器、分布式系统拓扑结构中的处理机和设备都可以用结点进行建模。

下面就分布式系统的物理建模进行进一步阐述。

分布式系统指的是将不同地点，具有不同功能或拥有不同数据的多个结点用通信网络连接起来，在控制系统的统一管理控制下，协调完成信息处理任务。分布式系统要求各结点之间用网络连接，系统中的软件组件要物理地分布在结点上。

图 10-22 是超市购买商品系统的部署图。这是一个分布式系统，涉及 GUI 服务器、应用服务器和数据库服务器几个结点。这些结点是能够执行程序、处理资源的硬件组件。

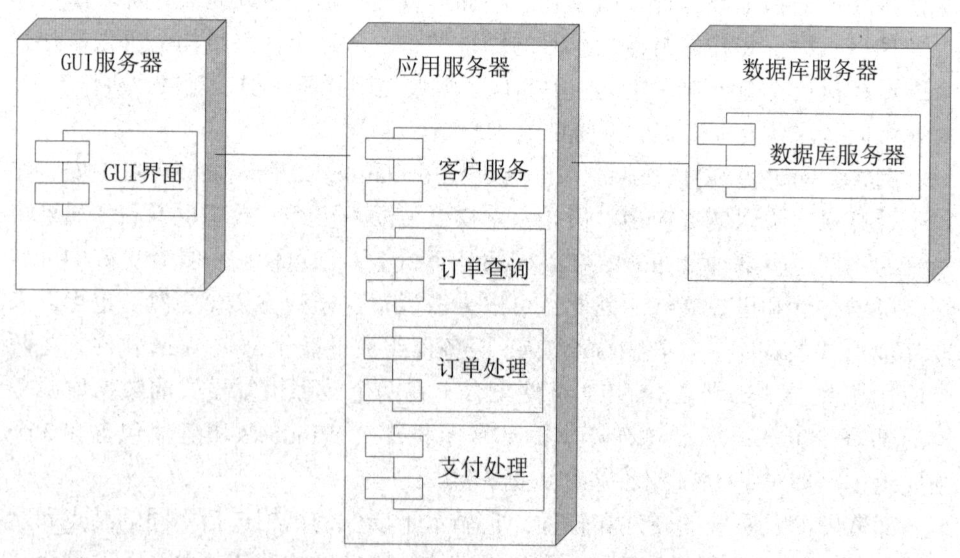


图 10-22 超市购买商品系统的部署图

# 第 11 章　面向对象设计探索

面向对象设计是在面向对象分析的基础上进行的。它以面向对象分析模型为输入，根据实现的要求对分析模型做必要的修改与调整，或补充几个相对独立，并且隔离了具体实现条件对问题域部分影响的外围组成部分。它们分别是根据具体的界面支持系统而设计的人机交互部分；根据具体的硬件、操作系统和网络设施而设计的控制驱动部分；根据具体的数据管理系统（如文件系统或数据库管理系统）而设计的数据接口部分。这些外围组成部分将问题域部分包围起来，从不同的方面隔离了实现条件对问题域部分的影响。

从宏观上看，面向对象设计过程包括以下四个大的活动：问题域子系统的设计；人机交互子系统的设计；控制驱动子系统的设计和数据接口子系统的设计。这些活动将分别建立面向对象设计模型的四个组成部分。面向对象设计模型的每个组成部分的设计活动主要是围绕类图进行的，通常不需要对用例模型做更多的开发工作，而主要是使用它。所有的设计决策最终都将在类图中通过面向对象的概念来表达，同时在必要时也常常需要使用包图、顺序图、活动图、状态图、构件图和部署图等作为辅助模型。

## 11.1　问题域子系统的设计

前文中有提及，OOD 的问题域部分设计以 OOA 的结果作为输入，按实现条件对其进行补充与调整。进行问题域部分设计，要继续运用 OOA 方法，包括概念、表示法及一部分策略。不但要根据实现条件进行 OOD 设计，而且由于需求变化或新发现了错误，也要对 OOA 的结果进行修改，以保持不同阶段模型的一致性。本节的重点是对 OOA 结果进行补充与调整，要强调的是这部分工作主要不是细化，但 OOA 未完成的细节定义要在 OOD 完成。如下文要讲述用于问题域设计的主要技术。

### 11.1.1 复用类

如果在 OOA 阶段识别和定义的类是本次系统开发中新定义的，且没有可复用的资源，则需要进一步设计和编程。

如果已存在一些可复用的类，而且这些类既有分析、设计时的定义，又有源程序，那么复用这些类显然可以提高开发效率与质量。例如，如果存在通用的类“图书”，在零售书店领域，可设立较特殊的类“零售图书”来继承它；而在图书馆领域，可设立类“馆藏图书”来继承它。如果有可能，要尽量寻找相同或相似的具有特定结构的一组类进行复用，以减少新开发的成分。既然可复用的类可能与 OOA 模型中的类完全相同，也可能只是相似，这就要区分如下几种情况，分别进行处理。

当前所需要的类（问题域原有的类）的信息与可复用类的信息相比：

（1）如果完全相同，就把可复用的类直接加到问题域，并用{复用}标记所复用的类，即把它写在类名前。

（2）如果多于，就把可复用的类直接加到问题域，并用{复用}标记所复用的类，所需要的类再继承它。

（3）如果少于，就把可复用的类直接加到问题域，删除可复用类中的多余信息，并用{复用}标记所复用的类。

（4）如果近似，按如下的方法处理。

把要复用的类加到问题域，并标以{复用}。

去掉（或标出）复用类中不需要的属性与操作，建立从复用类到问题域原有的类之间的继承关系。

由于问题域的类继承了复用类的特征，所以前者中能继承来的属性和操作就不需要了，应该把它们去掉。

考虑修改问题域原有类与其他类间的关系，必要时把相应的关系移到复用类上。

例如，问题域中有一个类“车辆”，其中的属性有序号、颜色、样式和出厂年月，还有一个操作为“序号认证”。现在找到了一个可复用的类“车辆”，其中的属性有序号、厂商和样式，也有一个操作为“序号认证”。首先把可复用的类“车辆”标记为复用去掉其中不需要的属性“厂商”，把类“车辆{复用}”作为类“车辆”的一般类，再把类“车辆”中的属性“序号”和“样式”

以及操作“序号认证”去掉，因为一般类中已经有了这些特征，类“车辆”从中继承即可。

若要使用类库中的类（如 Java 的 Vector[①] 和 Hashtable[②] 这样的包容器 / 集合类），一般只需把所需要的那个特殊类画在类图中，并标上“{复用}”。若复用类是特殊类，它就要继承祖先类的操作和属性，这样就出现了在图上看不到祖先类的操作和属性。解决问题的方法是，把所需要的祖先类的操作和属性，在标有“{复用}”的类中重新列出来，并加上标记，如“{继承自 ×× 类}”，表明这些属性和操作是继承而来的，不需要在本系统中实现，这样做仅仅是为了使用方便。

### 11.1.2　增加一般类以建立共同协议

在 OOA 中，将多个类都具有的共同特征提升到一般类中，考虑的是问题域中的事物的共同特征。在 OOD 中再定义一般类，主要是考虑到一些类具有共同的实现策略，因而用一般类集中地给出多个类的实现都要使用的属性和操作。如下为需要增加一般类的几种情况：

（1）增加一般类，将所有具有相同属性和操作的类组织在一起，提供通用的协议。例如，很多非抽象类都应该具有创建、删除和复制对象等操作，可把它们放在一般类中，特殊类从中继承。

（2）增加一般类，提供局部通用的协议。例如，很多持久类都应该具有存储和检索功能，可对这样的类设立一般类，提供这两种功能，持久类从中继承。

上述两种情况都是通过建立继承，把若干类中定义了的相同操作提升到一般类中，特殊类再从中继承。然而，在不同类中的操作可能是相似的，而不是相同的，有时需要对这种情况进行处理。

（3）对相似操作的处理。

若几个类都具有一些语义相同、特征标记相似的操作，则可对操作的特征标记做小的修改，以使得它们相同，然后再把它们提升到一般的类中。如下为两个策略。

---

① Vector 类是在 Java 中可以实现自动增长的对象数组，是 C++ 标准模板库中的部分内容。它是一个多功能的，能够操作多种数据结构和算法的模板类和函数库。

② 类实现一个哈希表。该哈希表将键映射到相应的值。任何非 null 对象都可以用作键或值。为了成功地在哈希表中存储和获取对象，用作键的对象必须实现 hashCode 方法和 equals 方法。Hashtable 的实例有两个参数影响其性能：初始容量和加载因子。

若一个操作比其他的操作参数少，要加入所没有的参数，但在操作的算法中忽略新加入的参数。这种方法存在缺点，即对参数的维护和使用有些麻烦。

若在一个类中不需要一般类中定义的操作，则该类的这样操作的实现中就不含任何语句。

### 11.1.3 提高性能

为了提高性能，需要对问题域模型做一些处理。影响系统性能的因素有很多，下面给出一些典型的性能改进措施。

（1）调整对象的分布

把需要频繁交换信息的对象，尽量地放在一台处理机上。

（2）增加保存中间结果的属性或类

对经常要进行重复的某种运算，可通过设立属性或类来保存其结果值，以避免以后再重复计算，例如对于商品销售系统可设立一个类“商品累计”，用它的对象分门别类地记录已经销售出去的商品累计数量，以免以后每次都从头重新计算。

（3）为提高或降低系统的并发度，可能要人为地增加或减少主动类

若把一个顺序系统变为几个并发进程，在执行时间上应该缩短但若并发的进程过多且需要频繁的协调，也需要额外的时间。也就是说，并发进程的设置和数量要适度。

（4）合并通信频繁的类

若对象之间的信息交流特别频繁，或者交流的信息量较大，可能就需要把这些对象类进行合并，或者采用违反数据抽象原则的方式允许操作直接从其他对象获取数据。

例如，在某个实时控制系统中，要对一种液体的流速进行自动控制。用一个流速探测器不断地探测液体的流速，同时流速调节器根据探测结果及时对流速进行调节，使其稳定在一个流速范围内。最初的设计如图 11-1（a）所示，用类“流速探测器”的对象中的操作“流速探测”不断地刷新属性“当前流速”的值，用类“流速调节器”的对象中的操作“流速调节”反复地调用类“流速探测器”的对象中的操作“取当前流速”，并把读取的当前流速与属性“流速范围”的值比较，根据比较结果对设备进行调节。如果两个对象间的频繁消息传送成为影响性能的主要原因，则可以把两个类合并为一个类“速调节器”，如图 11-1（b）所示。

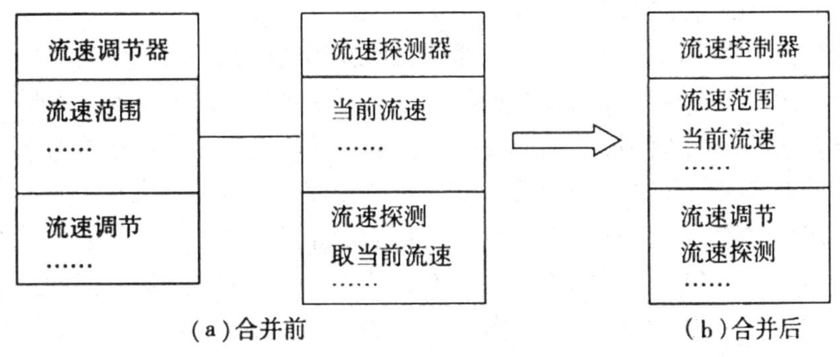

图 11-1　合并消息传送频繁的类

合并后的类的对象的执行取消了合并前调用操作“取当前流速”这个环节，取消的原因是调用它过于频繁了。

（5）用聚合关系描述复杂类

如果一个类描述的事物过于复杂，其操作也可能比较复杂，因为其中可能要包括多项工作内容。处理这种情况，可考虑用聚合关系描述复杂类。

例如，在一个动画播放系统中，每帧都被定义为一个对象。这样在显示时，既要显示背景，又要显示前景。由于相对来说背景变化较少，一些连续的帧的背景是相同的，而前景往往是变化的。把每个帧都作为一个对象来处理，显然不容易针对背景和前景的不同特点设计出高效的算法。如果把每帧分解，形成如图 11-2 所示的结构，则能提高每帧的显示速度。

图 11-2 中的每个帧由一个背景和一个前景构成，但一个背景可用于多个帧。

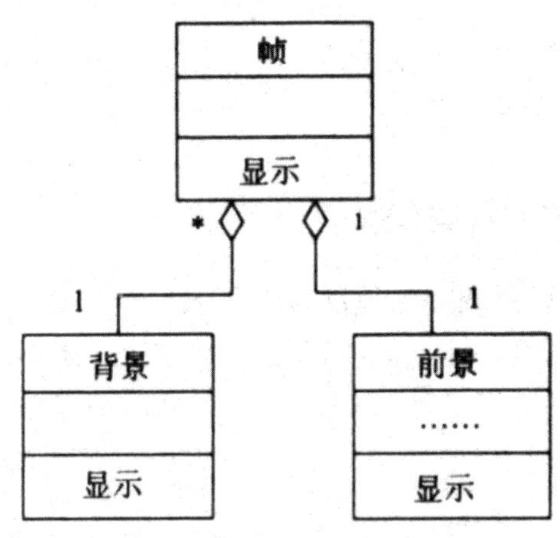

图 11-2　提高操作的执行效率示例

（6）细化对象的分类

如果一个类的概念范畴过大，那么它所描述的对象的实际情况可能就有若干差异。为了使这样的类的一个操作能够定义一种对所有对象都适合的行为，就要兼顾多种不同的情况，从而使得操作的算法较为复杂，影响执行效率。一种解决的办法是把类划分得更细一些，在原先较为一般的类之下定义一些针对不同具体情况的类。在每个特殊类中分别定义适合各自对象的操作。

例如，有一个类“几何图形”，为其编写一个通用的绘制几何图形的操作肯定是比较复杂的，现在对几何图形进行细分，现假设分成了多边形、椭圆和扇形，再分别进行处理。几何图形如图 11-3 所示。

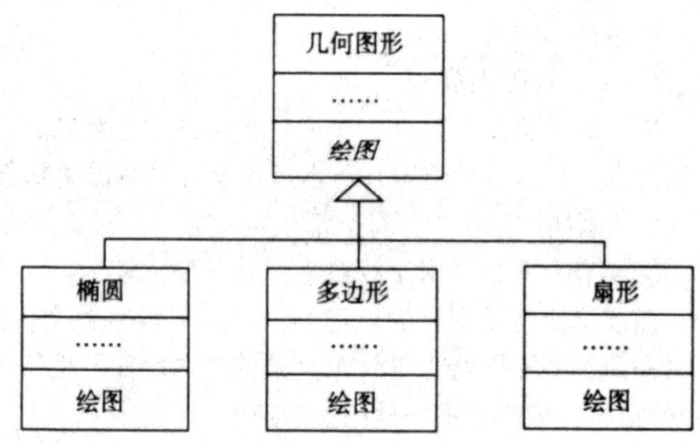


图 11-3　细化对象的分类示例

图 7-3 分别按多边形、椭圆和扇形设计绘图操作，而不必考虑通用性，所以设计出来的绘图算法相对来说是简单和高效的。类“几何图形”中的抽象操作“绘图”由它的子类实现。

### 11.1.4　按编程语言调整继承

由于在 OOA 阶段强调如实地反映问题域，而在 OOD 阶段才考虑实现问题，这可能出现这样的情况：在 OOD 模型中出现了多继承[①]，而所采用的编程语言不支持多继承，甚至不支持继承。这就需要根据编程语言对 OOA 模型进行调整。

① 多继承即一个子类可以有多个父类，它继承了多个父类的特性。

#### 11.1.4.1 对多继承的调整

若编程语言支持单继承，但不支持多继承，则可按如下方法进行调整。

方法 1：采用聚合把多继承换为单继承[①]。

图 11–4 给出了一个示例。

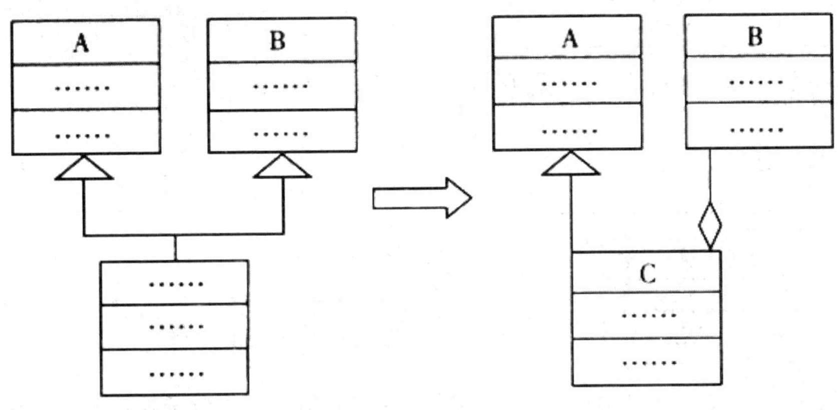


图 11–4 多继承中的一个继承换为聚合示例

因为聚合和继承是不同的概念，这种方法并不是通用的。例如，类 B 拥有一个约束（如它仅能创建一个对象），通过继承类 C 也拥有该约束，但换为聚合后，仅类 B 拥有该约束。在大多数情况下，需要考虑形成多继承的原因。

图 11–5 给出的模型中有一个多继承，现假设编程语言不支持多继承，仅支持单继承。

图 11–5 所示的模型是按人员身份对一般类“人员”进行分类的，并形成了其下的两个特殊类“研究生”和“教职工”，现在用身份作为一个类，依据它对原模型进行调整。调整后的结构如图 11–6 所示。

① 继承时一个类只有一个直接父类，也就是单继承。

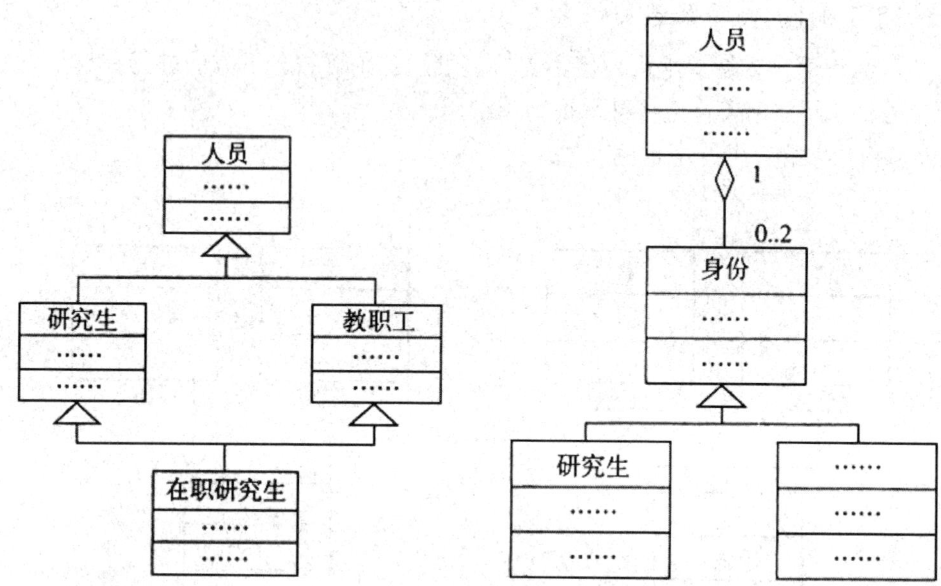


图 11-5　多继承示例　　图 11-6 采用聚合把多继承转换为单继承示例

在图 11-6 中，创建研究生对象时，使用类“人员”和类“身份”以及自身的信息，类“身份”那端的多重性为 1，即类“研究生”创建一个对象，作为类“人员”对象的成分对象。创建教职工对象也与此类似。创建在职研究生对象时，要使用类图中的四个类的信息类“身份”端的多重性为 2，即类“研究生”和“职员”分别创建一个对象，作为类“人员”创建的那个对象的成分人员对象是用类“人员”创建的，只是类“身份”那端的多重性为 0。经过这样的转换后，新旧模型的语义不能改变。

采用聚合把多继承转换为单继承还有其他方式，如图 11-7 所示。

在图 11-7 中，创建研究生对象时，使用类“人员”“研究生”和“身份”的信息，在这种情况下，类“研究生”那端的多重性取值为 1，创建教职工的对象与此类似。创建在职研究生的对象时，要使用类图中的四个类的信息，只是类“研究生”和“教职工”那端的多重性均取值为 1。创建人员对象的用意不变，只是类“研究生”和类“教职工”那端的多重性均取值为 0。

方法 2：采用压平的方式。

一种简单的方法可把多继承转换为单继承。图 11-8 把类“在职研究生”直接提升为类“人员”的特殊类。

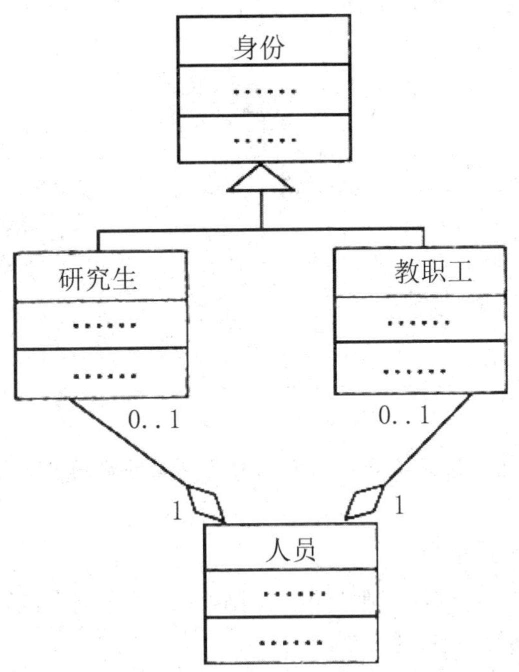


图 11-7　采用聚合多继承转换为单继承示例

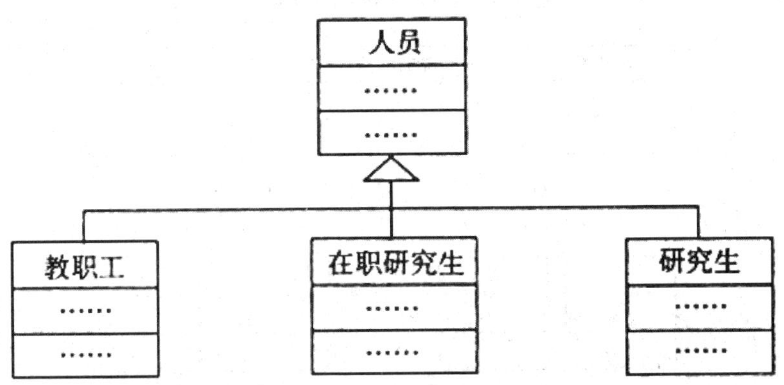


图 11-8　采用压平的方式把多继承转换为单继承

使用这种方法，使得类“教职工”和“研究生”中的一些特征要在类“在职研究生”中重复出现，导致信息冗余。采用图 11-9 所示的方法，可解决该问题。

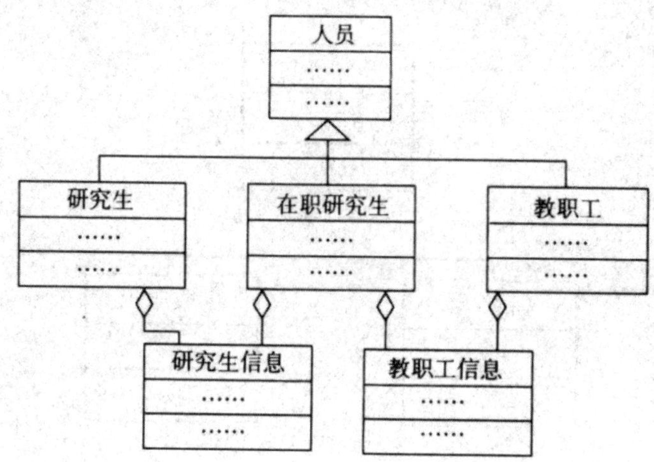


图 11-9　采用压平和聚合的方式把多继承转换为单继承

#### 11.1.4.2　取消继承

若编程语言不支持继承，则只能取消继承。其方法有两种：

方法 1：把继承结构展平

图 11-5 中的结构要转化成如图 11-10 中所示的三个类。

方法 2：采用聚合的方法

图 11-11 给出的示例把多继承转化为两个聚合。

图 11-10　完全取消继承示例

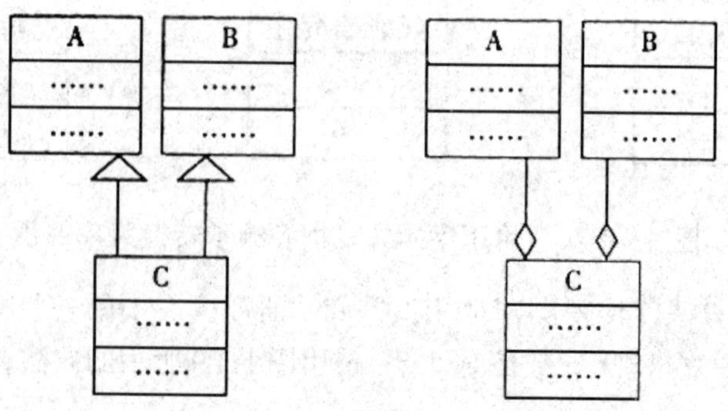


图 11-11　采用聚合的方式取消继承

### 11.1.4.3　对多态性的调整

在继承结构中，具有相同名字的属性和操作，在不同的类中可以具有不同的类型和行为，这种在继承结构中对同一命名具有不同含义的机制，就是继承中的多态。注意这与重载是不同的，重载是指相同的操作名在同一个类中可以被定义多次，按参数的个数、类型或次序等的不同来对它们进行区分。

如果编程语言不支持多态，就需要把与多态有关的属性和操作的名字分别赋予不同的含义，即明确地把它们视为不同的东西。换行有时还要按实际需要，重新考虑对象的分类，并对属性和操作的分布进行调整。图 11–12（a）中的继承结构使用了多态。

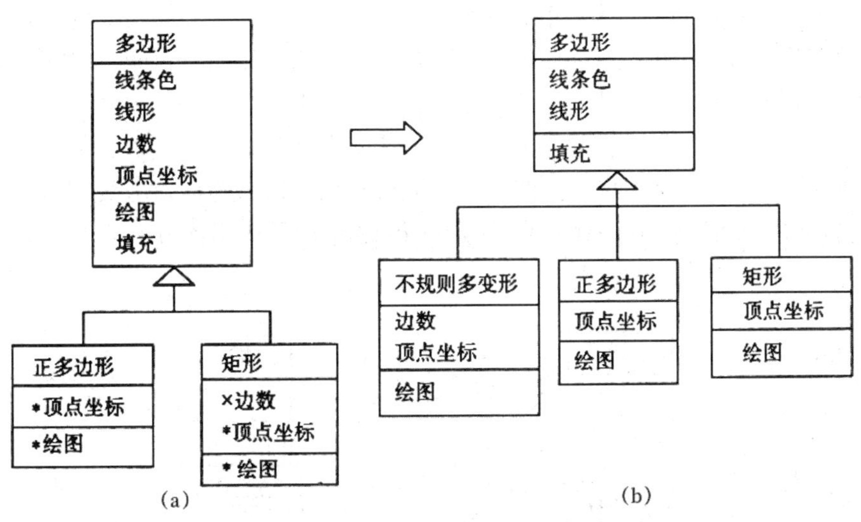


图 11–12　对多态性的调整示例

图 11–12（a）中的特殊类继承了一般类的操作“绘图”和属性“顶点坐标”，但都进行了重新定义（这样的属性和操作前都标有符号），因为它们的数据结构和算法比一般类中的要简单特殊类“矩形”没有使用一般类中的属性“边数”（其前标有符号 ×），因为矩形的边数为 4 是一个常量。在编程语言不支持多态的情况下，进行重新分类的思路是：既然属性“边数”“顶点坐标”和操作“绘图”不能被所有的特殊类继承或不加修改的继承，就说明它们只能适合多边形集合的一个子集，把这个子集定义为一个特殊类“不规则多边形”，并把这些属性和操作下降到该特殊类中这样类“正多边形”和“矩形”也不再继承那些不适合自己的属性和操作，而是要自己进行定义，对图 11–12（a）调整后的结果如图 11–12（b）所示。

### 11.1.5 转化复杂关联并决定关联的实现方式

#### 11.1.5.1 转化复杂关联

在 OOA 阶段建立的模型中，可能含有关联类和 N 关联，目前的编程语言并不支持这样的关系。这就需要把它们转化为二元关联。此外，对于多对多的二元关联，从实现的角度考虑，有时也需要把它转化为一对多的二元关联。

（1）把关联类和 N 元关联转化为二元关联

（2）把多对多关联转化为一对多关联

对于像 C++ 这样的语言来讲，多对多的关联对实现可能带来的麻烦是，无论是哪一端类的对象用指针指向另一端的类的对象，类中所设立的指针数目都是不定的。使用指针链表可解决该问题。若不想使用指针链表，且不需要关联两端的类的对象都要用指针指向对方，解决此类问题的一个方法是，考虑在多对多关联之间加入一个类，让它与原来的两个类分别建立关联，并在多重性为多的那端的类中设立两个指针，在该类的对象中用它指向对方类的对象，这就把多对多关联转化为一对多关联。图 11–13 给出了运用该方法的一个示例。

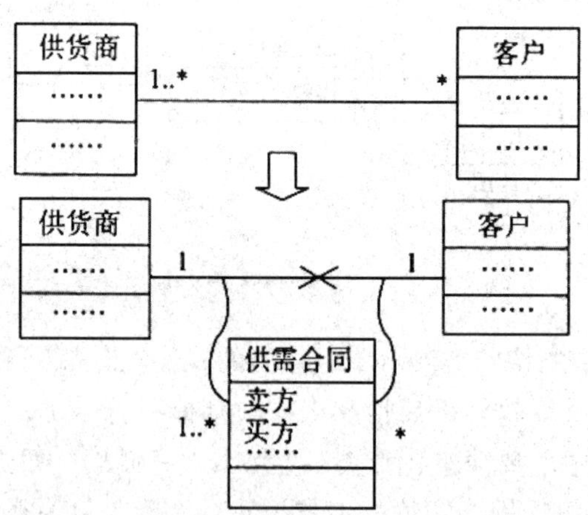


图 11–13 把多对多关联转化为一对多关联

在图 11–13 中，类“供需合同”设立了两个属性“卖方”和“买方”，在实例化后分别用于记录类“供货商”和“客户”的对象的标识。若不仅仅需要从类“供需合同”的对象访问其他对象，还存在着按相反方向或其他对象间的访问，例子中的做法不一定合适。

### 11.1.5.2　决定关联的实现方式

#### 11.1.5.2.1　聚合

若需要用部分类来定义整体类，要决定是用部分类直接作为整体类中的属性的数据类型，还是把部分类用作指针变量[①]（C++）或引用变量[②]（Java）的基类型，再用这样的指针变量或引用变量作为整体类的属性。对于组合，可用第 1 种方式，若采用第 2 种方式就需要在整体类的相应操作中保证整体对象要管理部分对象，以满足组合的定义。

#### 11.1.5.2.2　关联

通常，通过在对象中设立指针变量或引用变量以指向或记录另一端的对象的方法，来实现关联。如果是单向关联，就在源端的类中设立属性，在实例化后用其记录另一端的类创建的对象。如果是双向关联，就在两端类中各设立属性，在实例化后用其记录对方创建的对象。

如果关联中对方类处的多重性是 1，那么可在本方设立一个指向对方对象的指针变量，或设立一个记录对方对象标识的引用变量。

如果对方类处的多重性大于 1，那么可在本方设立一个指向对方对象的指针变量集或引用变量集。

若关联的某端有角色名，建议把其作为另一端类的属性名，在实例化后用其记录与角色名相邻的类的对象。

图 11–14 给出了一个用 C++ 实现关联的示例。

---

①　指针变量同普通变量一样，使用之前不仅要定义说明，而且必须赋予具体的值。未经赋值的指针变量不能使用，否则将造成系统混乱，甚至死机。指针变量的赋值只能赋予地址，绝不能赋予任何其他数据，否则将引起错误。

②　引用变量来源于数学，是计算机语言中能储存计算结果或能表示值抽象概念。变量可以通过变量名访问。在指令式语言中，引用变量通常是可变的；但在纯函数式语言中，变量可能是不可变的。

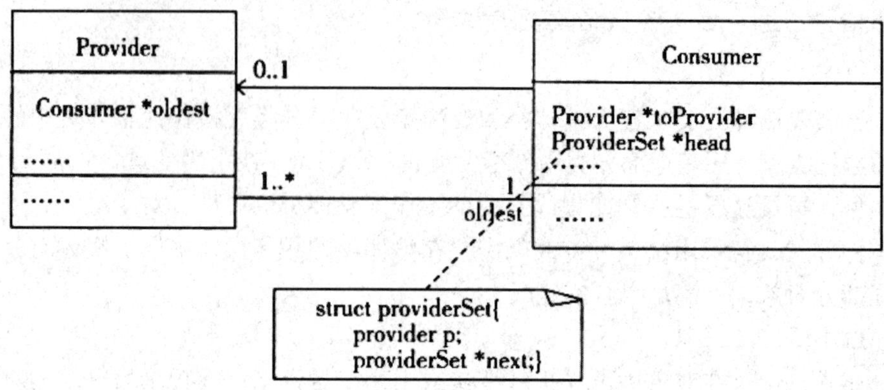


图 11-14　用 C++ 实现关联的示例

图 11-14，中类 Provider 的指针 oldest（关联角色名）用于指向类 Consumer 的对象；类 Consumer 的指针 toProvider 用于指向类 Provider 的对象，指针 head 的基类型是自定义的指针链表（见注释图符中的文字），用于指向类 Provider 的一组对象。

### 11.1.6　调整与完善属性

由于在 OOD 阶段要考虑具体的编程语言，此阶段要对 OOA 模型中定义的属性进行调整，为实现做准备，同时也要考虑完善属性的定义。

按照语法：

[ 可见性 ] 属性名 [' : '类型 ][' – '初始值 ]

对属性的定义进行完善。

对需要明确但在 OOA 还没有确定可见性的属性进行标记。按照 OO 的信息隐蔽原则，要尽可能地保持数据私有化。

每一个属性或者包含单个值，或者包含作为一个整体的密切相关的一组值。也就是说，属性可以是单数据项（例如年龄、工资或重量）变量，也可以是组合数据项（例如，人员的受奖情况、通信地址或学习简历）变量。根据具体的编程语言，考虑其支持与不支持的属性类型，对不支持的类型进行调整在一些情况下，需要把组合数据项用另一个类描述，即把组合数据项中的各项分别用新增类的属性描述，并把这个新增的类作为成分类，与原有的类建立聚合关系，图 11-15 给出了一个示例。

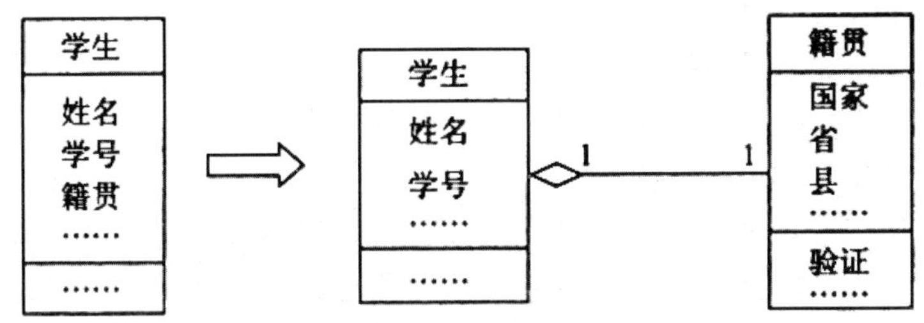


图 11-15　对编程语言不支持的属性类型进行调整的示例

类似的上述问题，也可以简化处理。例如，如果不需要籍贯的细节，则可把属性“籍贯”的类型作为字符串。

若属性需要初始值，这时也要给出，否则要尽可能地在创建对象时对属性进行初始化。

若要给出对属性的约束，如“工龄 < 60”或“0 ≤英语成绩≤ 100”等，也要看语言是否对其直接支持，否则要在操作中考虑如何实现。

在完善属性时，还要考虑需要一起更新数据的多个有着依赖性的属性。例如，“现在的日期减去出生日期为现在的年龄”就是这样的例子当基本属性的数据发生变化时，必须更新导出属性。通过下列方法可以做到这一点：

（1）显式的代码。因为每一个导出属性最终是根据一个或多个基本属性定义的，更新导出属性的一种方法是，在更新基本属性的操作中插入更新导出属性的代码。这种附加的代码将明确地更新依赖基本属性的导出属性，使得基本属性与导出属性的值同步。

（2）批处理性的重计算。当基本属性的数据以批处理的方式改变时，可能在所有的基本数值改变之后，再重新计算所有的导出属性的值。

（3）触发器。凡是依赖基本属性的导出属性，都必须将它自己向基本属性注册。当基本属性的值被更新时，由专门设置的触发器更新导出属性的值。

### 11.1.7　构造及优化算法

如果一个操作不是抽象的，它应该有一个实现算法，用来说明产生操作结果的过程。操作的实现与传统程序中的函数相似，但有一些很重要的区别：只能通过消息访问实现操作的算法，每一种算法可以使用它自己的局部数据消息传递过来的数据，拥有它的对象的特征以及拥有它的对象可以访问的其他对象中的可见特征。

对于操作，要进行如下的详细定义：

（1）按照定义操作的格式

[ 可见性 ] 操作名 [' ('参数列表 ') '] [':'返回类型 ]

完善操作的定义。

（2）从问题域的角度，根据其责任，考虑实现操作的算法，即对象是怎样提供操作的。在 UML 中，把具有了实现算法的操作称为方法（method）；其实在该阶段对 OOD 模型中的每个操作都应考虑如何实现，即最终 OOD 模型中的每个操作都是有实现算法的。

（3）若操作有前、后置条件或不变式，考虑编程语言是否予以支持。若不支持，在操作的算法中要予以实现。

（4）一个对象所要响应的每个消息都要由该对象的操作处理，有些操作也可能要使用其他操作。通过所建立的交互图，可根据消息和操作规约找到设计操作的信息。通过所建立的状态机图，可根据内部转换以及外部转换上的动作，设计算法的详细逻辑。

可用自然语言或进行了一定结构化的自然语言描述算法，也可以使用活动图或程序流程图描述算法。

在算法中还要考虑可能出现的异常以及对异常的处理。若异常的情况较为复杂，可针对其进行建模。在 UML 中，可以用信号对异常建模，图 11-16 给出了一个示例。

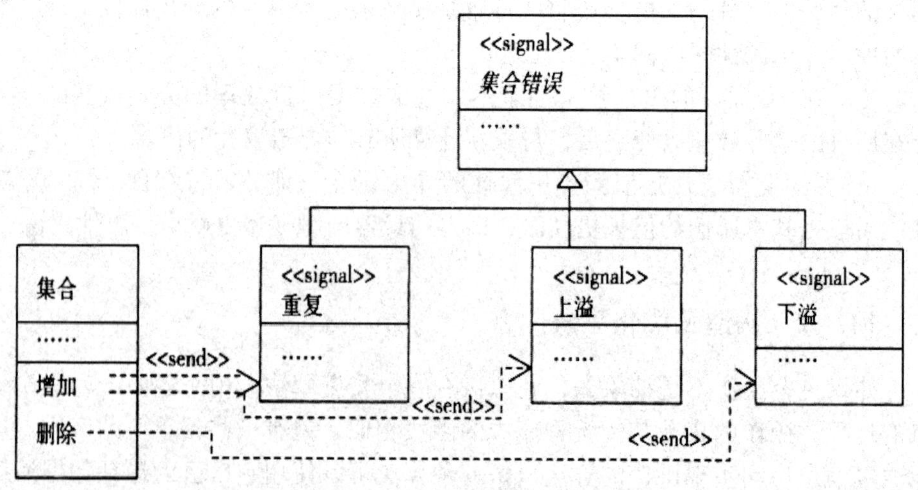


图 11-16　用信号对异常建模示例

在图 11–16 中，使用信号把可能出现的异常建模为一个继承结构，这些异常可由类“集合”中的操作引发。这个继承结构以抽象信号“集合错误”为根，它分为 3 种特殊信号：“重复”“上溢”和“下溢”，操作“增加”可能引发信号“重复”和“上溢”操作“删除”仅引发信号“下溢”。

遵循如下的策略对异常建模：

（1）考虑类和接口中的每个操作可能引发的异常情况，并把它们建模为信号。

（2）考虑把这些信号组成继承结构。

（3）对于每个操作，通过使用从操作到相应信号的 end 依赖关系，可以显式地表示它可能引发的异常信号。

在系统较为复杂或需要处理大批量的数据的情况下，若系统在性能上有要求，就要对系统的体系结构和算法进行优化。

## 11.2　人机交互子系统的设计

人机交互部分是 OOD 模型的外围组成部分之一，其中所包含的对象构成了系统的人机界面，称为界面对象。

### 11.2.1　人机交互子系统的设计原则

人机交互界面质量的好坏，很难用一些量化的指标来衡量。但是人们对人机界面的长期研究与实践也形成了一些大家公认的评价准则。

（1）使用简便。人通过界面完成一次与系统的交互所进行的操作应尽可能少，包括把敲击键盘的次数和点击鼠标的次数减到最少。另一方面，界面上供用户选择的信息（如菜单的选项、图标等）也要数量适当、排列合理、意义明确，使用户容易找到正确的选择。

（2）一致性。界面的各个部分及各个层次，在术语、风格、交互方式操作步骤等方面应尽可能保持一致。此外，要使自己设计的界面与当前的潮流一致。

（3）启发性。能够启发和引导用户正确、有效地进行界面操作。界面上出现的文字、符号和图形具有准确而明朗的含义或寓意，提示信息及时间明确，总体布局和组织层次合理，加上色彩、亮度的巧妙运用，使用户能够自然而然地想到为完成自己想做的事应进行什么操作。

（4）减少人脑记忆的负担。使用户在与系统交互时不必记忆大量的操作规则和对话信息。

（5）减少重复的输入。记录用户曾经输入过的信息，特别是那些较长的字符串当另一时间和场合需要用户提供同样的信息时，能够自动地或通过简单的操作复用以往的输入信息，而不必人工重新输入。

（6）容错性。对用户的误操作有容忍能力或补救措施。

（7）及时反馈。对那些需要较长的系统执行时间才能完成的用户命令，不要等系统执行完毕时才给出反馈信息，系统应及时给出反馈信息，说明工作正在进展。当预计执行时间更长时，要说明工作进行了多少。

还有其他的评价原则，例如艺术性、风格、视感等，这里不再一一列举。

### 11.2.2 人机交互子系统的设计

人机交互的设计，一般是以一种选定的界面支持系统为基础，利用它所支持的界面构造成分，设计一个可满足人机交互需求、适合使用者特点的人机界面设计模型。

#### 11.2.2.1 界面支持系统

人机界面的开发效率与支持系统功能的强弱有密切关系。仅在操作系统和编程语言的支持下进行图形方式的人机界面开发工作量是很大的。现今应用系统的人机界面设计，大多依赖窗口系统、GUI或可视化编程环境等更有效的界面支持系统。

（1）窗口系统

窗口系统是控制位映像显示器与输入设计的系统软件，它所管理的资源有屏幕、窗口、像素映像，色彩表、字体、光标、图形资源及输入设备。窗口系统的特点是：屏幕上可显示重叠的多个窗口，采用鼠标器确定光标位置和各种操作，屏幕上用弹出式或下拉式菜单、对话框、滚动条等交互机制供用户之间操作。窗口系统通常包括图形库、基窗口系统、窗口子程序、用户界面工具箱等组成层次。

（2）图形用户界面

图形用户界面指在窗口系统之上提供层次更高的界面支持功能，具有特定的视感和风格，支持应用系统用户界面开发的系统。典型的窗口系统一般不为用户界面规定某种特定的视感及风格，而在它之上开发的图形用户界面则通常要规定各自的界面视感与风格，并为应用系统的界面开发提供比一般窗口系统层次更高、功能更强的支持。

窗口系统和图形用户界面这两个概念至今还没有形成统一、严格的定义。因此很难截然区分哪些系统是窗口系统，哪些系统是图形用户界面。

（3）可视化编程环境

目前，在人机交互的开发中，最受欢迎的支持系统是将窗口系统、图形用户界面和可视化开发工具、编程语言和类库结合为一体的可视化编程环境。

可视化的编程能让程序员用一些图形元素直接地在屏幕上绘制自己所需要的界面，并根据观察到的实际效果直接地进行调整。工具（代码生成器）将把以这种方式定义的界面转化为源程序将来程序执行时产生的界面，就是现在绘制的界面。“所见即所得”是这种开发方式的主要特点。

#### 11.2.2.2 界面元素

人机交互的开发是用选定的界面支持系统所能支持的界面元素来构造系统的人机界面。在设计阶段，选择满足交互需求的界面元素，并策划如何用这些元素构成人机界面当前流行的窗口系统和图形用户界面中，常见的界面元素主要包括：窗口、菜单、对话框、图符、滚动条和其他的元素，例如控制面板、剪贴板、光标、按钮等。

#### 11.2.2.3 设计过程与策略

面向对象的人机交互设计是在交互需求的基础上，以选定的界面支持系统为背景，选择实现人机交互所需的界面元素来构造人机界面，并用面向对象的概念和表示法来表示这些界面元素以及它们之间的关系，从而形成整个系统的 OOD 模型的人机交互部分。主要的设计过程与策略主要包括以下部分。

（1）选择和掌握界面支持系统及界面元素。选择实现人机界面的支持系统及界面元素主要从硬件、操作系统、编程语言、界面实现的支持级别和界面的风格与视感等方面考虑。

（2）用面向对象概念表示界面元素。在选定了界面支持系统，并且明确了要用它提供的哪些界面元素来构成人机界面之后，剩下的工作就是用面向对象的概念及表示法来表示这些界面元素。

①对象和类：每一个具体的界面元素都是一个对象，每一种具有相同特征的界面对象用一个类来描述，称为界面类。用这个类创造的每一个对象实例就是一个可在人机界面上显示的界面元素。

②属性和操作：界面对象的属性用于描述界面元素的各种静态特征，例如位置、尺寸、颜色等，以及状态、内容等逻辑特征。界面对象的操作用来描述界面元素的行为。

③整体—部分结构：整体—部分结构在人机界面设计中的应用十分普遍，可从以下两个角度来识别界面对象之间的整体—部分结构。一方面是直接观察界面元素之间的构成关系；另一个方面是根据命令的组织结构来建立界面对象之间的整体—部分结构。

④一般—特殊结构：在人机界面的设计中常常要用一般—特殊结构表示较一般的界面类和较特殊的界面类之间的关系，使后者能够继承前者的属性与操作，从而减少开发工作的强度。

⑤关联：如果两类对象之间存在着一种静态联系，即一个类的界面对象需要知道它与另一个类的哪个(或哪些)界面对象相联系，而且难以区分谁是整体、谁是部分，则应该用关联来表示它们之间的这种关系。

## 11.3 控制驱动子系统的设计

### 11.3.1 控制驱动子系统的基本概念

控制驱动部分是 OOD 模型中的一个外围部分，该部分由系统中全部主动类构成，这些主动类描述了整个系统中所有的主动对象，每个主动对象是系统中的一个程序和一个控制流的驱动者。

控制流是一个在处理机上顺序执行的动作序列。在用面向对象方法构造的程序中，每个控制流开始执行的源头，是一个主动对象的主动操作。在运行时，当一个主动对象被创建时，它的主动操作将被创建为一个进程或者线程，并开始作为一个处理机资源分配单位而开始活动。从它开始，按照程序中描述的控制逻辑层调用其他对象的操作，在 OOD 中就形成了一个控制流，把系统中描述的所有的主动对象表示清楚。这抓住了系统中每个控制流的源头，就可以把并发执行的所有的控制流梳理出清晰的脉络，所有的主动对象都用主动类描述，所有的主动类构成 OOD 模型的控制驱动部分。

控制驱动部分的设计关系到许多技术问题，主要包括以下几个方面。

#### 11.3.1.1　系统总体方案

要开发一个较大的计算机应用系统，首先要制订一个系统总体方案。其内容包括：项目的背景、目标与意义，系统的应用范围，对需求的简要描述，采用的主要技术，使用的硬件设备、网络设施和各种商业软件（包括操作系统、DBMS 等），选择的软件体系结构风格，规划中的网络拓扑结构，系统分布方案，子系统划分，费预算，工期估计，风险分析，售后服务措施，对用户的培训计划等。

对于一个 OOD 模型中控制驱动部分的设计而言，总体方案中所决定的下述问题是它的基本实现条件。

（1）计算机硬件：它的性能、容量和 CPU。

（2）操作系统：对并发和通信的支持，包括对多进程和多线程的支持，对进程之间通信和远程过程调用的支持等。

（3）网络方案：所采用的网络软硬件设施、网络拓扑结构、通信速率、网络协议等。

（4）软件体系结构。

（5）编程语言：对并发程序设计的支持，特别是对进程和线程的描述能力。

（6）其他商业软件：如数据库管理系统、界面支持系统等 OOD 系统总体方案中所决定的，上述实现条件或技术决策，将作为 OOD 模型中控制驱动部分的设计所考虑的主要实现因素。

#### 11.3.1.2　软件体系结构

尽管目前对软件体系结构还没有完全一致的定义，但是仍可总结出一些共识：软件体系结构是关于整个软件系统的全局性结构。决定软件系统全局性结构的关键因素是用什么成分来构造系统，以及这些成分之间是如何相互连接和相互作用的。用什么成分构成软件放在系统，以及这些成分之间如何相互连接、相互作用决定了不同的软件体系结构风格，在 OOD 模型中，很显然要选择面向对象风格的软件体系结构。但是，如果系统中采用了分布式处理技术，还需要结合分布式系统的软件体系结构的风格。

### 11.3.2　控制驱动子系统的设计原则

在控制驱动子系统的设计中，关键问题是识别系统中所有并发执行的任务，然后用主动对象来表示这些任务。然而在网络环境下，系统中需要哪些并发执行的任务，其答案与软件体系结构风格和系统分布方案等问题有关。因此，控制驱动部分设计首先应该确定软件体系结构风格，然后确定系统的分布方案，最后才能确定系统中的并发任务。

#### 11.3.2.1 选择软件体系结构风格

一个面向对象方法开发的系统，其软件体系结构风格当然是面向对象的。但是这种风格只是体现了系统的基本构成元素以及它们之间的关系是基于面向对象概念的。对于分布式系统而言，分布在不同处理机上的系统成分之间的通信方式则是由其他体系结构风格决定的。因此，在分布式系统的设计中，除了采用面向对象风格以外，还需要结合分布式系统的体系结构风格，例如对等式客户—服务器体系结构、二层客户—服务器体系结构、三层客户—服务器体系结构等。

#### 11.3.2.2 确定系统分布方案

软件体系结构风格的确定，对系统分布方案具有决定性的影响。随着软件体系结构风格的选择，系统中的每个结点采用何种计算机，以及它们之间如何连接，也都将逐一明确被开发的软件将分布到这些结点上。

通常要从两个方面考虑系统的分布方案，即数据分布和功能分布，分别决定如何将系统的数据和功能分布到各个结点上。在一个面向对象方法开发的系统中，数据分布和功能分布都将通过对象的分布来实现，因为所有的数据和功能都是以对象为单位结合在一起的，因此，设计者考虑的焦点问题是如何把对象分布到各个结点上。由于在 OOD 模型中对象是通过类来表示的，所以对象分布情况需要在类图中给出恰当的表示。

##### 11.3.2.2.1 对象的分布

一个面向对象方法开发的应用系统，其功能与数据紧密地结合在一起，形成若干对象。因此，数据分布和功能分布都将通过对象的分布体现。在大部分情况下，通过把对象分布到各个结点上，可以使数据分布和功能分布得到一致的解决。一般的对象分布策略包括以下几个方面：

（1）由功能决定对象分布。在面向对象的系统中，系统的所有功能都是由对象通过其操作提供的。有些对象直接向系统边界以外的参与者提供了外部可见的功能，有些对象只是提供了可供系统内部的其他对象调用的内部功能。对于提供外部可见功能的对象，可直接将这些对象分布到相应的计算机上。与这些对象通信频繁或者相互关联的其他对象也将受这些对象分布位置的影响，基本原则是把通信频繁、关联紧密的对象分布在同一个结点或者传输到距离较近的结点上，尽可能减少网络上的通信频度和传输量。

（2）由数据决定对象分布。系统中有许多数据要求集中保存和管理，这种要求一方面来自用户需求，另一方面来自宏观的设计决策。首先可以根据上述要求决定一部分对象的分布，把通过书信保存上述数据的对象分布到相应的结点上；其次，考虑把对这些数据操作频繁，并且向其他对象提供公共服务的对象分布在同一个结点上。

（3）参照用例。在 OOA 中定义的每个用例，系统中将有一组紧密合作的对象来完成这个用例所描述的功能。原则上，这组对象应该分布到提供该项功能的那个结点上。这个结点也就是用例的参与者直接使用的那台计算机。

（4）追踪消息。通过在一个集中式的类图追踪控制流内部的消息，也可以帮助决定如何分布系统中的对象。凡是通过控制流内部的消息相联系的对象，原则上应分布到同一个结点上。

11.3.2.2.2　类的分布

由于一个系统中所有的对象实例都是用它们的类来描述的，所以当一些对象实例分布到某台计算机上时，它们的类通常也应该在这台计算机上出现，以使用这些类创建所需要的对象实例。如果一个类的不同对象实例分布在不同的计算机上，那么每一台计算机上都需要有这个类存在。

11.3.2.2.3　类图的划分

为了表明对象和类在各个结点上的分布情况，需要在类图上采取相应的组织措施具体策略有以下两种：

第一种策略是把每个结点上的包看成一个独立的子系统，用一个定义完整的类图表示，图中不但要包括所有在这个结点上直接创建对象实例的类，也要把这些类所要引用的其他类表示出来。

第二种策略是把每个结点的包看成是从整个系统的类图划分出来的一个局部，它是整个类图的一部分，而不是一个独立存在的类图。在一个包中只需把直接创建对象实例的类显式地表示出来，其中在多个结点重复出现的类采用副本表示法，但是副本的祖先就不再以副本的形式出现。

11.3.2.3　识别控制流

在选定了软件体系结构和系统分布方案的基础上，需要确定系统中要设计哪些控制流。

具体的策略介绍如下。

（1）以结点为单位识别控制流

在系统分布方案确定之后，分布在不同结点上的程序之间的并发问题便已经解决了。因为它们将在各自的计算机上运行，彼此之间自然是并发的剩下的问题是，以每个结点为单位考虑在每个结点上运行的程序还需要如何并发，需要设计哪些控制流，以及各个结点之间如何相互通信。以结点为单位识别控制流是各项策略的基础。

（2）从用户需求出发认识控制流

用户要求系统中有哪些任务并发执行，这个问题已经在系统分布方案中得到了部分解决，因为分布在各个结点上的功能是通过在不同的计算机上执行而达到并发的。现在需要考虑的是，每一个结点所提供的系统功能，还有哪些任务必须在同一台计算机上并发地执行。

（3）从用例认识控制流

OOA 阶段定义的每一个用例都描述了一项独立的系统功能。从需求的角度看，它描述了一项系统功能的处理流程；从系统构造的角度看，它很可能暗示着需要通过一个控制流来实现业务处理流程。通常，在以下几种情况下应考虑针对一个用例设计相应的控制流：

①用户希望一个用例所描述的功能在必要时能够与其他功能同时进行处理。这是系统固有的并发要求，对这样的用例设计相应的控制流才便于实现并发。

②对一个用例所描述的功能，用户可以在未经系统提示下随时要求执行。这样的用例一般应由一个专门的控制流去处理，很难融合在其他控制流中。

③一个用例所描述的功能是对系统中随机发生的异常事件进行异常处理的。这种情况也不能在程序的某个可预知的控制点上开始相应的处理。这种用例一般也应该由一个专门的控制流去处理。

（4）参照 OOA 模型中的主动对象

在 OOA 阶段发现的主动对象是问题域中一些具有主动行为的事物的抽象描述。主动对象的一个主动操作，是在创建之后不必接收其他对象的消息就可以主动执行的操作。从系统运行的角度看，这意味着主动对象的一个主动操作是一个控制流的源头。在 OOD 中，通过考察 OOA 模型中的主动对象可帮助确定这些控制流。

除了满足系统固有的并发要求之外，在这几种情况下也需要识别和设置控制流：为改善性能而增设的控制流、实现并行计算的控制流、实现结点之间通信的控制流和对其他控制流进行协调的控制流。

#### 11.3.2.4 控制流的表示

确定了系统中需要设立哪些控制流之后，剩下的问题就是如何表示这些控制流。在面向对象的系统模型中，控制流不是一种模型构造元素，更没有显式的图形表示符号。系统的一切行为都是通过对象的操作以及它们之间的消息来表示的。控制流在这种由代表类的方块和它们之间的各种关系连线所构成的类图中，实际上并没有被显式地表示，而是被隐含地表示。即使在专门用于表现系统行为的顺序图中，也没有可表示一个完整的控制流的模型元素。

但是从逻辑上讲，类图是能够表示控制流的。一个控制流就是主动对象中一个主动操作的一次执行。它的执行可能要调用其他对象的操作，后者又可能调用另外一些对象的操作，这就是一个控制流的运行轨迹。

## 11.4　数据接口子系统的设计

### 11.4.1　数据接口子系统的基本概念

数据接口部分是 OOD 模型中负责与具体的数据管理系统衔接的外围组成部分，它为系统中需要长久存储的对象提供了在选定的数据管理系统中进行数据存储与恢复的功能。

大部分实用的系统都要处理数据的永久存储问题。凡是需要长期保存的数据，都需要保存在永久性存储介质上，而且一般是在某种数据管理系统的支持下进行数据的存储、读取和维护的。目前，最常用的数据管理系统主要包括文件系统和数据库管理系统。

#### 11.4.1.1　文件系统

文件系统通常是操作系统的一部分。它采用统一、标准的方法对辅助存储器上的用户文件和系统文件的数据进行管理，提供存储、检索、更新、共享和保护等功能。在文件系统的支持下，应用程序不必直接使用辅助存储器的物理地址和操作指令来实现数据的存取，而是把需要永久存储的数据定义为文件，利用文件系统提供的操作命令实现上述各种功能与数据库管理系统相比，文件系统的特点是廉价，容易学习和掌握，对被存储的数据没有特别的类型限制。但它提供的数据存取与管理功能远不如数据库管理系统丰富。局限性主要体现在以下几个方面：

（1）各个文件中的数据是相互分离和独立的，不易直接体现数据之间的关系。

（2）容易产生数据冗余，并因此为数据完整性的维护带来很大困难。

（3）应用程序依赖于文件结构，当文件结构发生变化时，应用程序也必须变化。

（4）不同的编程语言（或其他软件产品）产生的文件格式互异，互不兼容。

（5）难以按用户视图表示数据。当用户需要表现数据之间的关系时，难以把来自不同文件的数据结合成自然地表现它们之间关系的表格，并且难以保持数据完整性。

#### 11.4.1.2 数据库管理系统

数据库管理系统（Database Management System，DBMS）是用于建立、使用和维护数据库的软件，它对数据库进行统一的管理和控制，以保证数据库的安全性和完整性。

数据库中的数据有逻辑和物理两个侧面。对数据的逻辑结构的描述称为逻辑模式（外模式），逻辑模式分为描述全局逻辑结构的全局模式（简称为模式）和描述某些应用的局部逻辑结构的子模式。对数据的物理结构的描述称为存储模式（内模式）。数据库提供了逻辑模式与存储模式之间、子模式与模式之间的映射，从而保证了数据库中的数据具有较高的物理独立性和一定的逻辑独立性。

数据库中的数据包括：数据本身、数据描述（即对数据模式的描述）、数据之间的联系和数据的存取路径。数据库中的数据是整体结构化的数据不再面向某一程序，从而大大减小了数据余度和数据之间的不一致性。同时，对数据库的应用可以建立在整体数据的不同子集上，使系统易于扩充。

数据库的建立、使用和维护必须有 DBMS 的支持，DBMS 能提供如下的功能。

（1）模式翻译：提供数据定义语言。用它书写的数据库模式被翻译为内部表示。

（2）应用程序的编译：把含有访问数据库语句的应用程序，编译成在 DBMS 支持下可运行的目标程序。

（3）交互式查询：提供易使用的交互式查询语言如 SQL。DBMS 负责执行查询命令，并将查询结果显示在屏幕上。

（4）数据的组织与存取：提供数据在外围存储设备上的物理组织与存取方法。

（5）事务运行管理：提供事务运行管理及运行日志，事务运行的安全性监控和数据完整性检查，事务的并发控制及系统恢复等功能。

（6）数据库的维护：为数据库管理员提供软件支持，包括数据安全控制、完整性保障、数据库备份、数据库重组以及性能监控等维护工具。

数据库管理系统克服了文件系统的许多局限性，它使数据库中的数据具有如下特点：

（1）数据是集成的，数据库不但保存各种数据，也保存它们之间的关系，并由 DBMS 提供方便、高效的检索功能。

（2）数据冗余度较小，并由 DBMS 保证数据的完整性。

（3）程序与数据相互独立。所有的数据模式都存储在数据库中，不是由应用程序直接访问，而是通过 DBMS 访问并实现格式的转换。

（4）易于按用户视图表示数据。

数据库按照一定的数据模型组织其中的数据。自 20 世纪 60 年代中期以来，先后出现了层次模型、网状模型、关系数据模型和面向对象数据模型。根据数据模型的不同，数据库分为层次数据库、网状数据库、关系数据库和面向对象的数据库。各个 DBMS 的具体内容，在此不过多赘述，请参阅相关文献。

### 11.4.2　对象存储方案和数据接口的设计策略

下面针对文件系统、关系型数据库管理系（Relational Database Management System，RDBMS）两种不同的数据管理系统，分别讨论相应的对象存储方案和数据接口部分的设计策略。

#### 11.4.2.1　针对文件系统的设计

文件系统与数据库管理系统各有优点和缺点，各有不同的应用范围因此，即使在数据库技术广泛应用的今天，仍然有许多系统需要采用文件系统来进行数据存储。

（1）对象在内存空间和文件空间的映像

文件系统作为底层的支撑软件，其作用只是为应用层的对象保存数据，对于在应用层上运用面向对象的概念和原则构造系统并无本质性影响。应用系统仍然是面向对象的，它只是通过一个接口（也可以由对象构成）来利用文件系统保存其对象的数据，如图 11–17 所示。

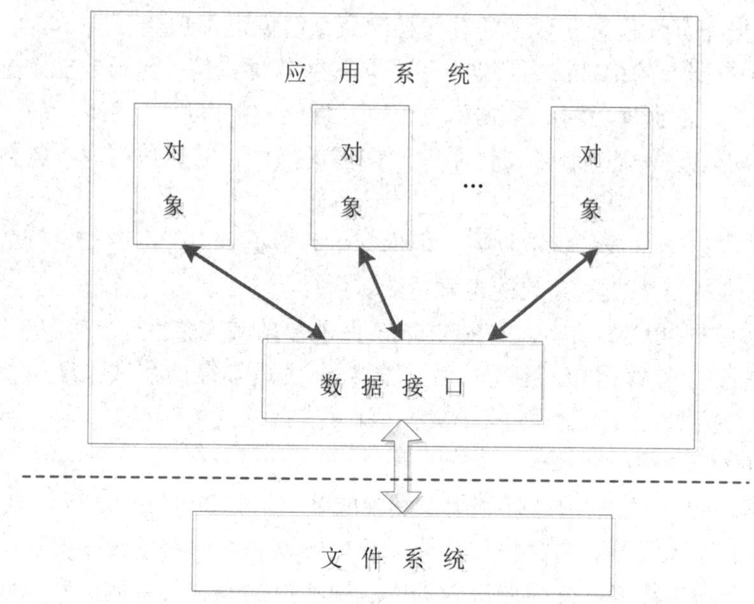


图 11-17 对象在内存空间和文件空间的映像

应用系统的对象实例在内存空间和文件空间的存储映像可以采用不同的映射方式。即每个需要永久存储的对象，都在内存空间（通过程序中的静态声明和动态创建语句）建立一个对象实例，同时又在文件中保存一个记录，即对象实例在内存和文件空间的映像是一一对应的。在这种映射方式下，对象在内存空间的映像，是一组属性和一组操作的封装体，文件只是被用来长期存储对象的属性每个对象在内存空间和外存空间同时保存其属性数据，并通过必要的技术措施维持二者的一致性。

另一种常见的映射方式是：一个类的每个（需要永久存储的）对象都在文件中对应着一个记录，但是在内存空间却只是根据算法需要创建一个或少量几个对象实例。当需要对某个对象的数据进行操作时，才将文件中相应记录的数据恢复成内存中的对象，进行相应的操作；在操作完成之后，该对象的数据又被保存到文件中。就是说，对象在内存空间和文件系统中的映像并不是一一对应的。这种映射方式在文件系统的开发中是很常见的。

（2）对象存放策略

用文件系统存放对象的基本策略是：把由每个类直接定义并需要永久存储的全部对象实例，存放在一个文件中；其中每个对象实例的全部属性作为一个存储单元，占用该文件的一个记录。

（3）设计数据接口部分的对象类

采用文件系统时，数据接口部分应该设计一个类，其作用是为所有（需要在文件中存储数据的）其他对象提供基本保存于恢复功能的类。在这个类中的属性是文件名对照表，从这里可以查到每个类用哪个文件存储自己的对象。它提供两个操作：一个是“对象保存”，其入口参数指明要求保存的对象、该对象的关键字的值，以及该对象属于哪个类；其功能是从类名—文件名对照表中查知该对象由哪个文件保存，并根据关键字记录位置，然后将对象保存到该文件的相应记录中。另一个操作是“对象恢复”，它与“对象保存”操作类似，差别只是数据的流向相反，是把文件中相应记录的数据恢复到对象中这两个操作都是多态的，在不同的特殊类中将有不同的算法。

### 11.4.2.2　针对 RDBMS 的设计

RDBMS 是目前应用最广泛的数据库管理系统。采用 RDBMS 和采用文件系统有许多问题是类似的，因此对共同问题只做简单的讨论，重点讨论使用 RDBMS 时的特殊问题。

（1）对象及其对数据库的使用

与文件系统类似，RDBMS 也不是面向对象的，但是可以这样理解：应用系统中定义的对象仍然是属性和操作的封装体，只是在必要时借助关系数据库长久地保存其属性数据；而关系数据库是在 RDBMS 的支持下建立，并在它的管理下工作的。

与使用文件系统的情况类似，对象实例在内存空间和关系数据库中的存储映像也有两种不同的方式。

（2）对象在数据库中的存放策略

用关系数据库存放对象的基本策略是：把由每个类直接定义并需要永久存储的全部对象实例存放在一个数据库表中。每个这样的类对应一个数据库表，经过规范化之后的类的每个属性对应数据库表的一个属性（列），类的每个对象实例对应数据库表中的一个元组（行）与使用文件系统的情况类似，也可以把一个一般特殊结构中所有的类对应到一个数据库表，但是同样也会带来空间浪费、操作复杂等问题。

（3）数据接口部分的对象设计

在采用 RDBMS 的情况下，系统需要经常执行的操作，是把内存中的对象保存到数据库中，以及把数据库中的数据恢复成内存中的对象。因此数据接口部分的设计可以有两种策略。一种可以把这些操作分散到各个类中去设计和实现，即在每个需要长期保存其对象实例的类中定义一对进行对象保存和对象恢复操作的操作，使这些类的对象实例能够自我保存和自我恢复。但是这种分散解决策略将使问题域部分与具体的数据库管理系统及其数据操作语言紧密地联系在一起，最终影响在不同实现条件下的可复用性。另一种是集中解决策略，即把这些操作集中在一个类中，由这个类为所有需要永久存储的对象提供相应的操作。这个类就是数据接口部分的类。这个类提供“对象保存”和“对象恢复”两种操作。“对象保存”是将内存中一个对象保存到数据库表中；“对象恢复”是从数据库表中找到要求恢复的对象所对应的元组，并将它恢复成内存中的对象。执行这些操作需要知道被保存或被恢复的对象的下述信息：

①它在内存中是哪个对象（从而知道从何处取得被保存的对象数据，或者把数据恢复到何处）。

②它属于哪个类（从而知道该对象应保存在哪个数据表中）。

③它的关键字（从而知道该对象对应数据库表的哪个元组）。

# 第 12 章　面向对象开发示例

本章通过对现实世界中的应用类和对象进行简单叙述，加之以小型网上书店、保险索赔系统以及汽车服务管理系统的相关实例的描述，希望读者能够运用在设计给定问题时涉及的各种设计文档；通过识别不同的设计表示法将 OOD 应用到问题域来开发系统模型；在研究系统开发时领会 OOD；运用不同的设计图创建新设计文档，来使用 OOAD 显示系统的逻辑和物理模型。

## 12.1　在现实世界中应用类和对象

为了使用 OO 开发软件，必须注意完成两个重要的基本阶段，即面向对象的分析（Object Oriented Analysis，OOA）和面向对象的设计（Object Oriented Design，OOD）。这两个阶段在从给定问题域识别类和对象的过程中扮演着重要的角色，因此在现实世界中应用类和对象也是重要的任务。为了开发面向对象的设计图，本章做了不同的案例研究，这将进一步帮助分析师、设计师和开发人员理解这些图并将它们应用到问题域。

## 12.2　小型网上书店系统

本节主要介绍一个小型网上书店系统的具体建模案例。读者可以通过此案例模型和建模过程加深对 UML 的理解和认识。

## 12.2.1 “小型网上书店系统”的需求分析

### 12.2.1.1 项目背景描述

随着互联网时代的到来，相对于实体书店，很多人选择网络购书。某公司计划建立一个网上书店，需要本软件团队来为公司开发一款“小型网上书店系统”。系统主要实现用户通过互联网购买图书的功能。未注册的用户（以下称为游客）可以通过本系统搜索图书，并可以查看图书的书名、作者、价格等一系列基本图书信息，还可以通过注册来成为网上书店的会员（注册用户）。会员仍然具有游客除了注册之外的所有功能，还可以进行图书的购买操作。购买行为又称作交易，每一次交易对应着一张订单。为了方便，本系统拟提供会员对已下订单的管理功能。

一个典型的会员购买流程如下：

用户（注册并）登录；

用户在浏览图书时选择其中一本；

填写姓名、收货地址、手机号等必要信息；（在这一步生成订单）

用户确认订单，并通过第三方支付平台进行支付；

支付成功，通知书店发货；

书店发货；

用户收货，并确认收货。（订单生命周期结束）

考虑到网络交易的非实时性，订单的处理情况可能比较复杂（尤其是涉及取消订单和退货问题时），在实现时需要注意这一点。

### 12.2.1.2 系统需求分析

使用以下包含三个步骤的建模方法进行该项目的需求分析。

#### 12.2.1.2.1 参与者的确定

根据参与者确定其对系统有何需求，把这些需求转化成用例。

小型网上书店系统最明显的主要业务参与者就是游客和会员。系统的书单需要管理员来维护，所以管理员也是这个系统的参与者。参与者包括游客、会员、管理员三者。

#### 12.2.1.2.2 用例的获取

在描述中可以看到，游客可以浏览和搜索网上的书目，可以查看某种书的详细信息，并且可以注册成为会员，所以起初可以将这三个需求加以转化；会员具有游客的全部功能，并且还可以登录以及进行购书操作，还可以修改和取消订单（均纳入订单管理）；管理员可以对书目进行管理，并且在使用管理员功能时也应当事先登录。

12.2.1.2.3　系统的模块划分

系统存在一定的复杂程度，考虑将其划分成以下几个模块：

用户管理模块；

订单管理模块；

书目管理模块。

12.2.1.2.4　系统的非功能需求考查

由于背景中给出的信息很少，考虑到未来可能添加更多的功能，应当适当地提高系统的可扩展性。因此该系统应采用分层设计，把各个功能模块横向划分为显示层、接口层、实现层，在本项目中这些层次对应着以下组件。

显示层：界面层；

接口层：业务动作层；

实现层：业务实现层；

其他实用组件：数据库。

### 12.2.1.3　用户管理模块

用户管理模块的核心任务是提供用户的注册、登录、个人信息添加和修改等功能。

本模块涉及的参与者包括游客、会员和管理员。三种不同的参与者分别存在以下功能。

游客可以通过本模块进行注册和登录。

会员可以通过本模块添加个人信息、修改个人信息；个人信息包括昵称、密码、个人描述、常用收货地址等。

管理员通过本模块对已注册用户（会员）进行管理，包括对一些常常非法操作的账号进行封禁和销号等。

### 12.2.1.4　订单管理模块

订单管理模块的主要任务是管理用户的订单，即已确认和未确认的购买记录。

本模块涉及的参与者主要为会员。会员可以通过本模块对指定图书进行购买操作，生成订单；可以对已有的订单进行管理；可以取消一份未确认的订单。

#### 12.2.1.5 书目管理模块

书目管理模块的主要功能是管理网上书店的书目信息。

本模块设计的参与者为管理员。管理员可以通过本模块进行图书上新、下架、信息修改等工作。

### 12.2.2 系统的 UML 基本模型

本部分主要介绍小型网上书店系统的一些基本模型。

#### 12.2.2.1 需求分析阶段模型

小型网上书店系统的整体用例图如图 12-1 所示。通过对项目背景进行需求分析可知，用户管理模块的主要业务参与者有游客、会员和管理员。另外一个外部服务参与者为第三方支付系统。

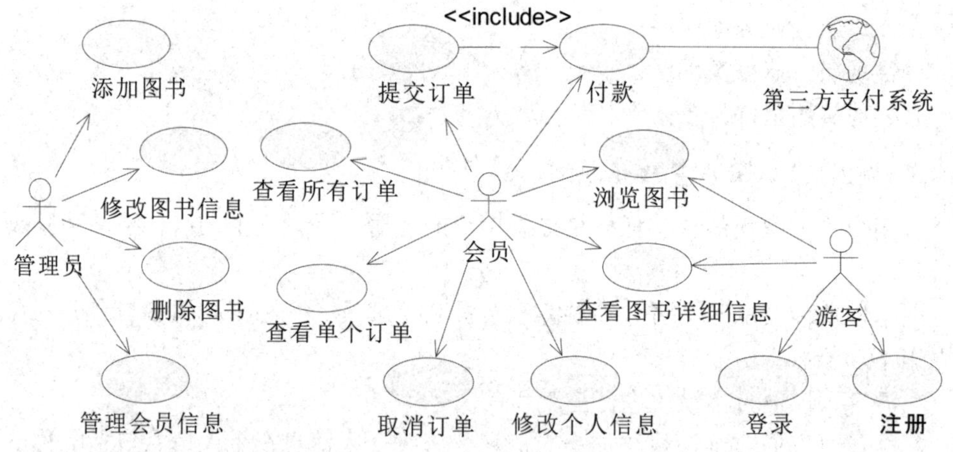


图 12-1 小型网上书店系统用例图

各用例的详细描述如下。

12.2.2.1.1 书目管理模块

添加图书：管理员通过本用例进行网上书店新书信息的录入；

删除图书：管理员通过本用例进行网上书店下架图书的删除；

修改图书信息：管理员通过本用例进行某条图书信息的修改。

12.2.2.1.2 用户管理模块

注册：游客通过本用例进行注册，并成为网上书店的会员；

登录：游客通过本用例登录，从而可以用会员身份访问网站；

修改个人信息：会员通过本用例进行个人信息管理——个人信息包含的很多子项均在此用例中统一修改，故将其结合在同一用例中；

管理会员信息：管理员可以通过本用例进行用户信息管理，并且对某些用户进行封禁 / 解除封禁操作。

对于封禁用户还需要进行进一步说明：封禁会员的意义在于当有会员多次进行恶意操作（如大量提交购买操作但不确认订单等），系统管理员可以及时地查明情况并对恶意账号进行封禁。被封禁的账号不可以再进行购买。

12.2.2.1.3　订单管理模块

在本系统的设计中，认为一个订单具有很多状态，每一个状态对应着购买过程的一个时段，订单的状态图在下文中有所体现。

查看所有订单：会员通过本用例查看所有与自己相关的订单；

查看单个订单：会员通过本用例查看某一订单的详细信息；

取消订单：会员通过本用例取消一个未结束的订单（此用例可能发生退款过程，但不在系统考虑范围内）；

提交订单：会员通过本用例提交订单，并且进入付款过程；

付款：会员通过本用例付款，此用例的具体实现需要与第三方支付系统进行交互。

### 12.2.2.2　基本动态模型

12.2.2.2.1　用户登录活动图

用户登录的主要过程为：

用户进入登录界面；

输入用户名、密码、验证码；

单击登录；

系统对输入信息进行验证；

验证成功则用户以会员身份进入网站，否则返回错误页面。

使用活动图来表达整个过程，如图 12-2 所示。

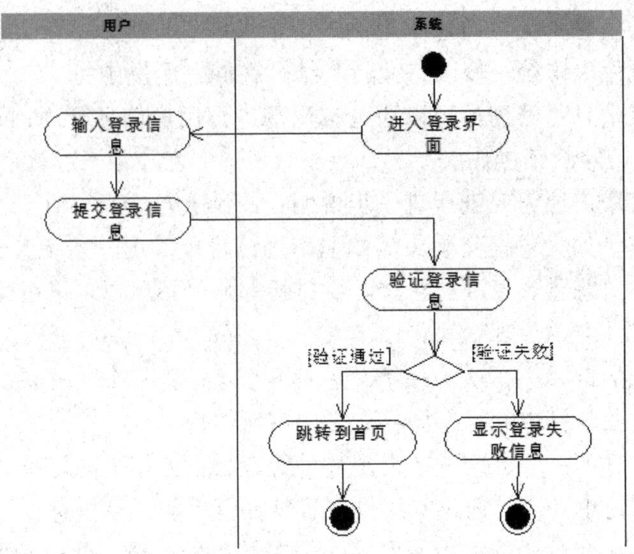


图 12-2 “用户登录”用例活动图

12.2.2.2.2 取消订单活动图

在本系统中，取消订单是一个比较复杂的用例。在订单处于不同状态时，取消订单的用例事件流有比较大的变化，对经常根据条件变化的事件过程适宜建立活动图。

取消订单用例的活动图如图 12-3 所示。

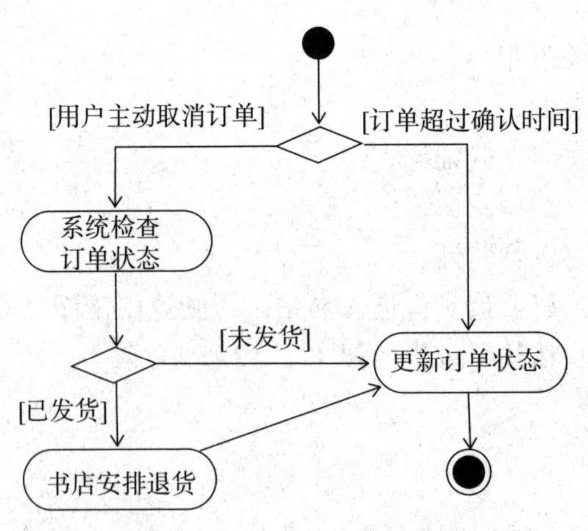


图 12-3 “取消订单”用例活动图

12.2.2.2.3 提交订单协作图

提交订单用例涉及用户界面、订单控制、数据库管理三个对象，以及一个数据库组件。会员通过用户界面来新建订单、填写必要信息并提交；订单提交到订单控制对象时需要经过信息校验，校验成功后通过数据库管理类来向数据库中记录订单信息，数据库将成功消息沿着各个类反向传递回用户界面。

提交订单用例的协作图如图 12-4 所示。

12.2.2.2.4　订单实体状态机图

订单实体在本系统中存在未确认已确认、已发出、取消、已收货五个状态，不同状态的语义如下。

未确认：用户选择了购买商品，输入了必要的信息（如收货地址等），但没有确认购买；

已确认：用户确认购买并付款，网站正在对订单进行处理或刚刚处理完毕，书店方面没有发货；

已发出：书店已经发货，此时不支持从网站退货，若退货则需要另行和工作人员联系；

已取消：未发货的订单被取消，交易结束；

已收货：用户确认收到了商品，交易结束。

状态在发生指定事件的时候发生转移，表达为订单实体状态机图，如图 12-5 所示。

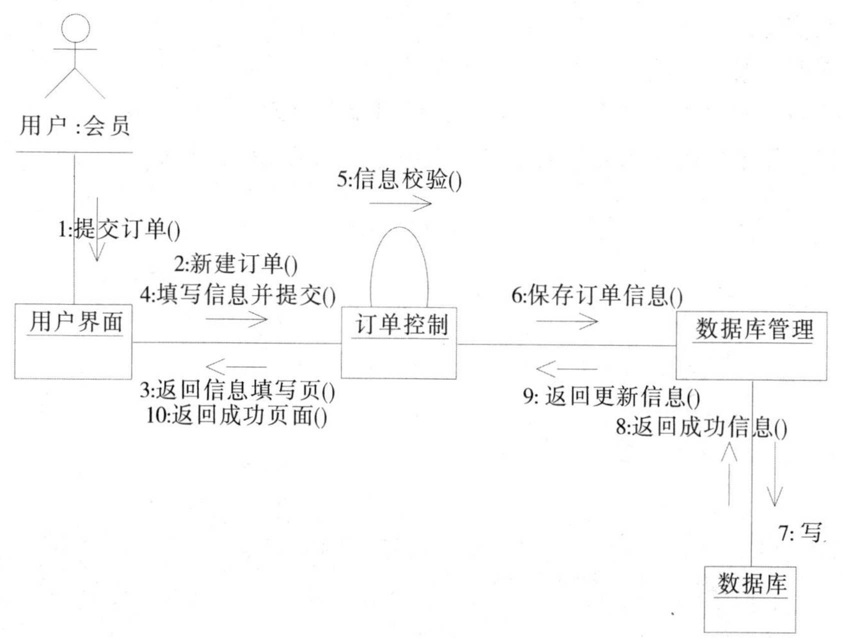


图 12-4　“提交订单”协作图

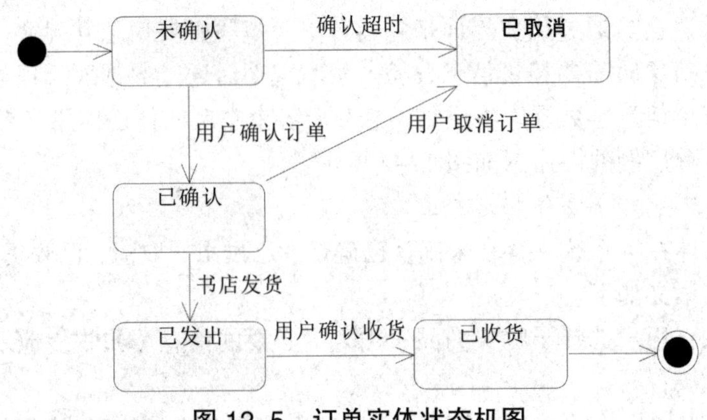


图 12-5 订单实体状态机图

12.2.2.2.5 添加图书顺序图

添加图书的基本步骤如下。

管理员在图书管理界面中选择“添加图书”；

界面类返回一个添加图书的操作界面；

管理员录入新图书的各个信息并单击“提交”按钮；

界面类向图书管理控制类发出添加图书请求，并将图书信息传给控制类；

控制类收到添加图书请求，执行一定方法，通过图书数据管理类向数据库中录入信息；

图书数据管理类录入成功，向控制类返回成功信息；

控制类返回成功信息，由界面类向管理员呈现最终的成功界面。

将全部过程转化成类与类之间的顺序图，如图 12-6 所示。

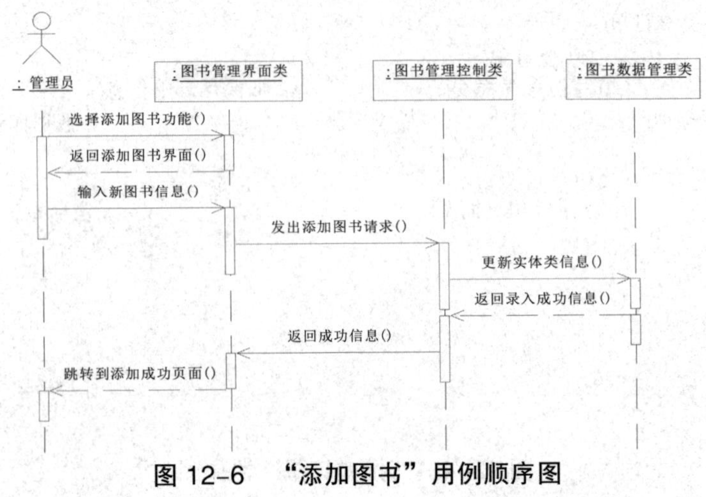


图 12-6 “添加图书”用例顺序图

## 12.3　保险索赔管理系统

保险索赔[①]管理系统（Insurance Claim Management System，ICMS）是一个基于 Web 的应用程序，它覆盖了大范围的保险公司和管理流程。它是一个集成的端到端的保险索赔管理系统，提供跨保险公司的相关信息，无缝支持有效的客户、保险管理、索赔和财务会计决策。

ICMS 为保险公司的业务而设计和开发。

这个 ICMS 由以下模块集成：

申请索赔；

生成唯一 ID；

注册用户；

创建文件夹；

生成报告；

转发文件和转发金额数。

ICMS 为四类用户提供服务：

客户；

管理员；

客户经理[②]；

财务经理[③]。

---

① 保险索赔（Insurance Claim）指当被保险人的货物遭受承保责任范围内的风险损失时，被保险人向保险人提出的索赔要求。在国际贸易中，如由卖方办理投保，卖方在交货后即将保险单转让给买方或其收货代理人，当货物抵达目的港（地），发现残损时，买方或其收货代理人作为保险单的合法受让人，应就地向保险人或其代理人要求赔偿。

② 客户经理既是银行与客户关系的代表，又是银行对外业务的代表。（以银行为例）客户经理的职责包括：全面了解客户需求并向其营销产品、争揽业务，同时协调和组织全行各有关专部门及机构为客户提供全方位的金融服务，在主动防范金融风险的前提下，建立和保持与客户的长期密切联系。

③ 一般来说，财务经理负责组织制定企业年度财务预算和绩效考核体系，建立健全财务核算体系和内控制度，建立成本控制体系，准备月度经营分析报告，完善现金流管理，为公司重大投融资等经营活动提供财务决策支持。良好的财务状况和健康的财务体系，对于一个公司而言，往往起着至关重要的作用。

### 12.3.1 功能需求

管理员的功能需求如下：

（1）管理员将使用他们的有效用户名和密码进入系统。

（2）他/她可查看所有用户细节。

（3）他/她可授权给用户。

（4）他/她可注册客户经理（CM）和财务经理（FM）。

（5）他/她可基于特定日期查看用户细节。

（6）他/她可为每个客户创建文件夹来存储其细节。

客户的功能需求如下：

（1）客户可申请索赔。

（2）他/她将使用其用户名和密码进入系统。

（3）他/她可查看 CM、FM 和管理员发送的消息。

（4）他/她可上传扫描的文档。

（5）他/她可查看和编辑其配置文件。

（6）他/她可查看自己的当前状态。

（7）他/她可下载自己的索赔报告。

索赔经理（Claim Manager，CM）的功能需求如下：

（1）CM 将使用他们的用户名和密码进入系统。

（2）他/她可查看消息和客户。

（3）他/她可下载扫描的文档。

（4）他/她可查看和编辑其配置文件。

（5）他/她可查看特定用户的配置文件。

（6）他/她可验证和转发文件给 FM。

财务经理的功能需求如下：

（1）FM 将使用他们的用户名和密码进入系统。

（2）他/她可查看消息和客户。

（3）他/她可为特定客户估算金额。

（4）他/她可查看和编辑其配置文件。

（5）他/她可查看特定客户的配置文件。

（6）他/她可验证并转发金额细节给客户。

## 12.3.2 用例图

### 12.3.2.1 主用例图

保险索赔管理系统的主用例图如图 12-7 所示。

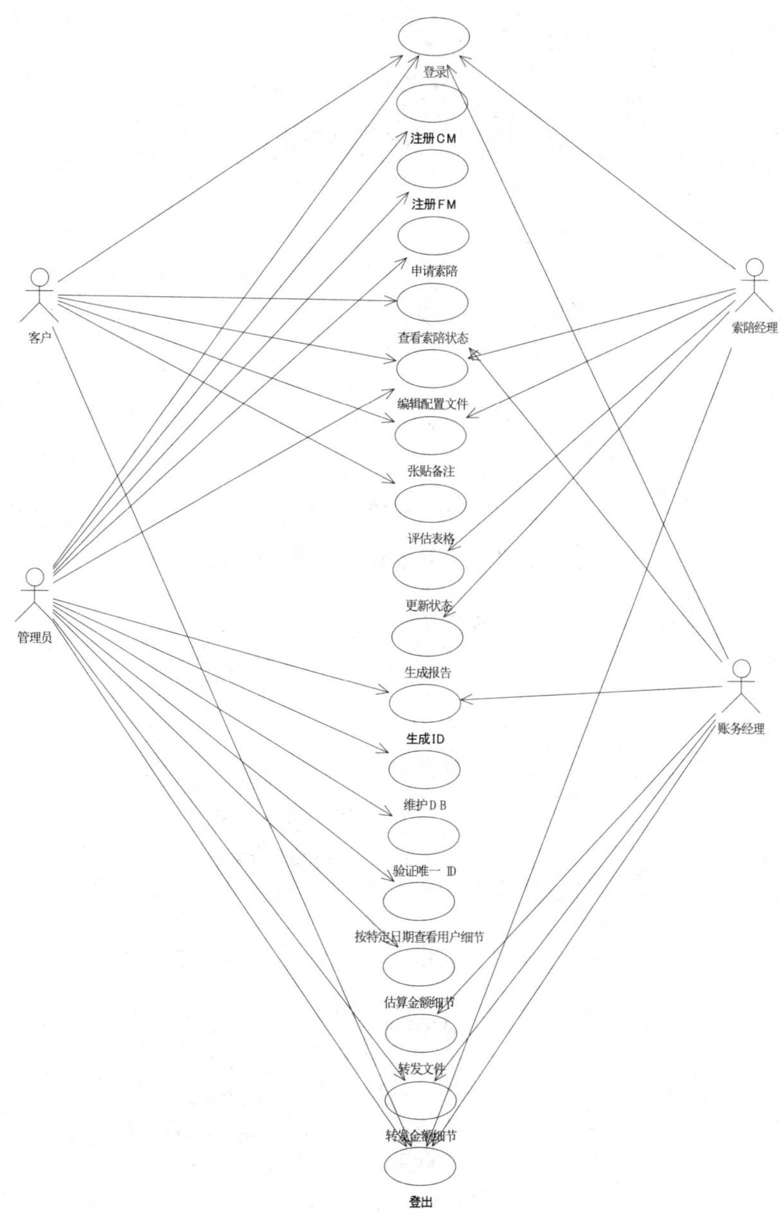


图 12-7 保险索赔管理——主用例图

#### 12.3.2.2 次用例图

“申请索赔”次用例图如图 12-8 所示。

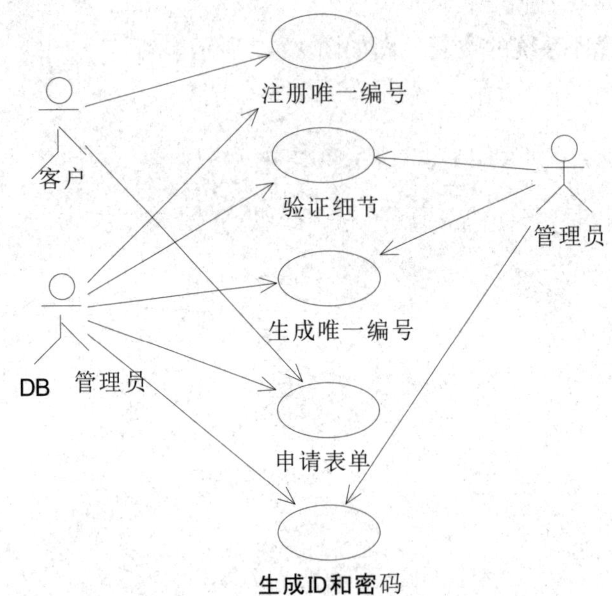


图 12-8 “申请索赔”次用例图

“登录”次用例图如图 12-9 所示。

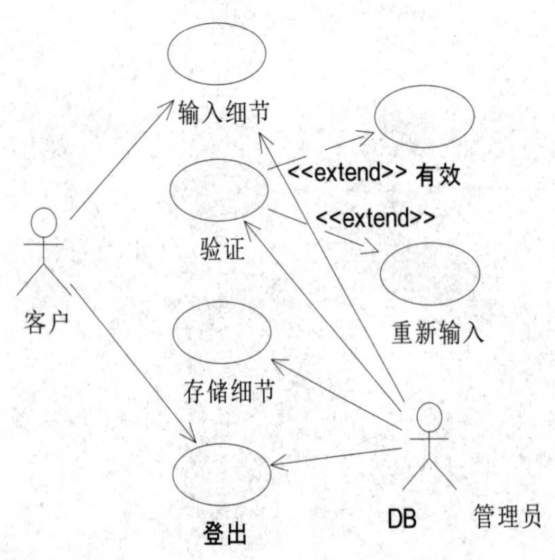


图 12-9 “登录”次用例图

“客户表单的验证”次用例图如图 12–10 所示。

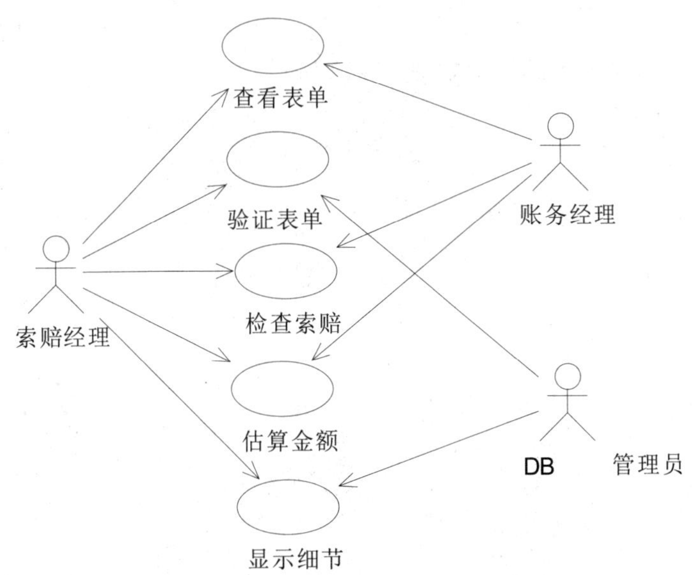


**图 12–10　“客户表单的验证”次用例图**

“更新状态”次用例图如图 12–11 所示。

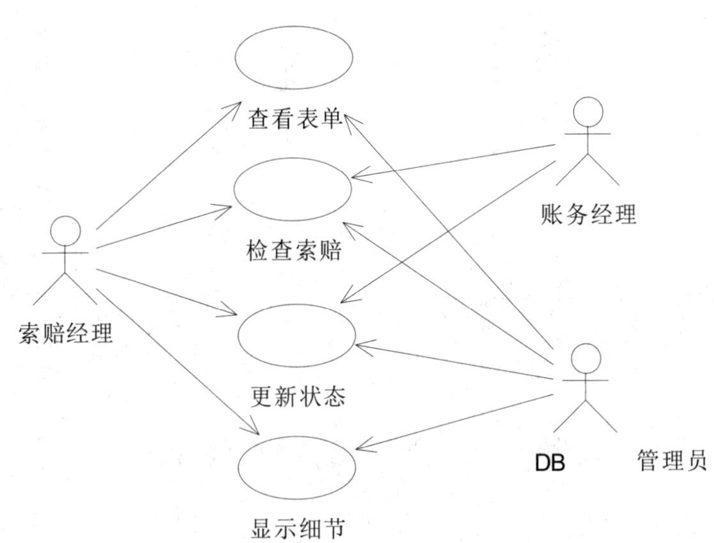


**图 12–11　“更新状态”次用例图**

## 12.3.3 使用 UML 的逻辑设计

### 12.3.3.1 类图

保险索赔管理系统的类图如图 12-12 所示。

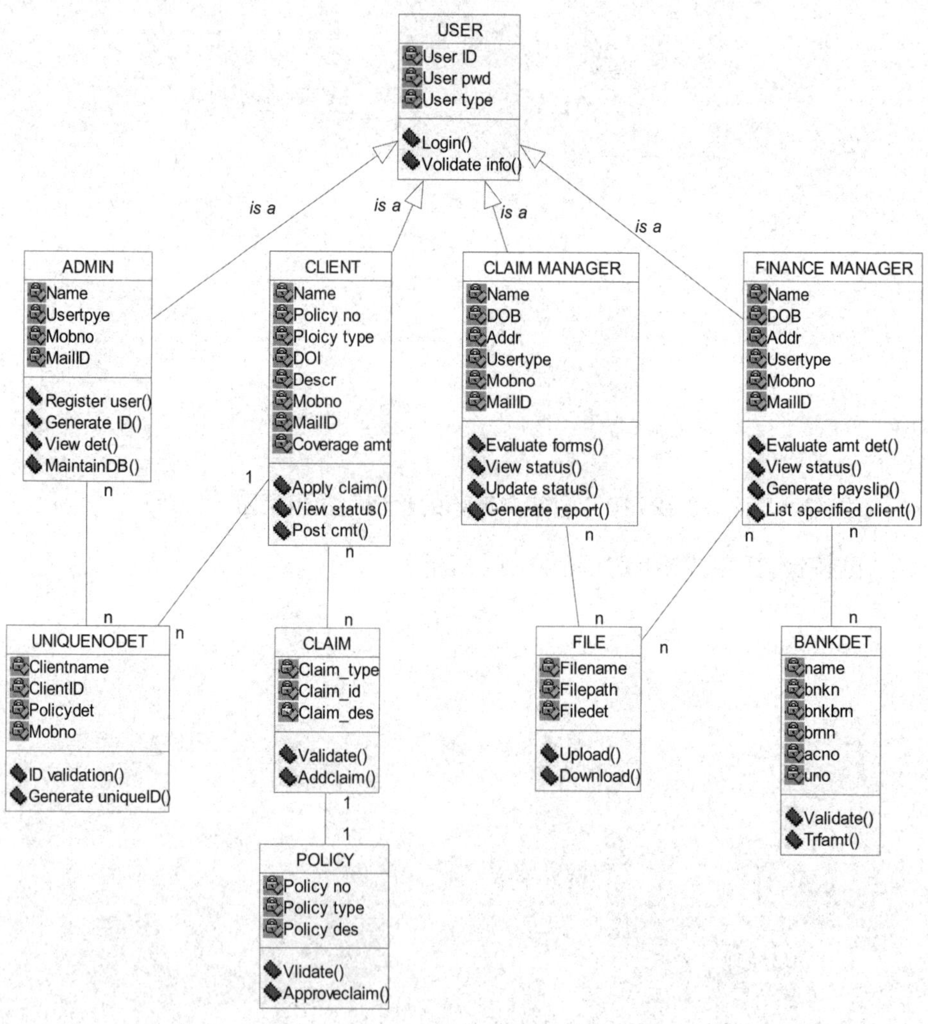


图 12-12 保险索赔管理——类图

### 12.3.3.2 序列

保险索赔管理系统的顺序图如图 12-13 所示。

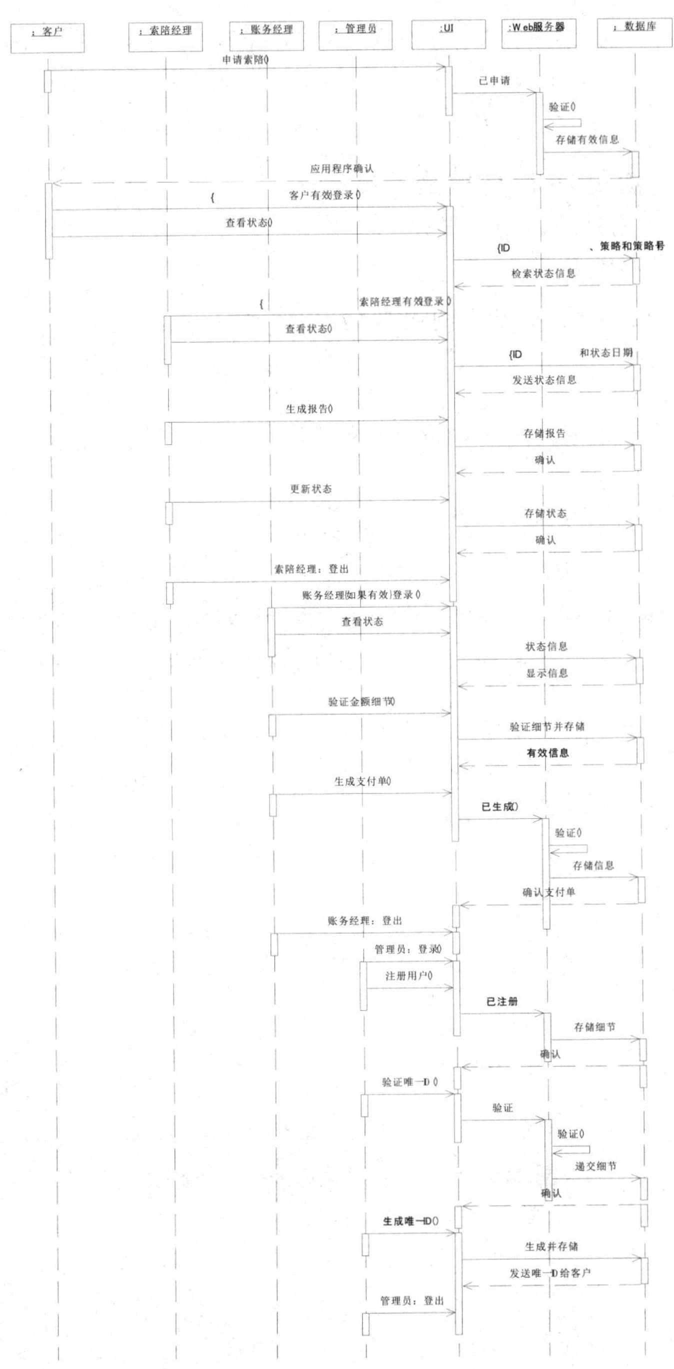


图 12-13　保险索赔管理——顺序图

### 12.3.4 使用 UML 的行为设计

#### 12.3.4.1 状态图

保险索赔管理系统的状态图如图 12-14 所示。

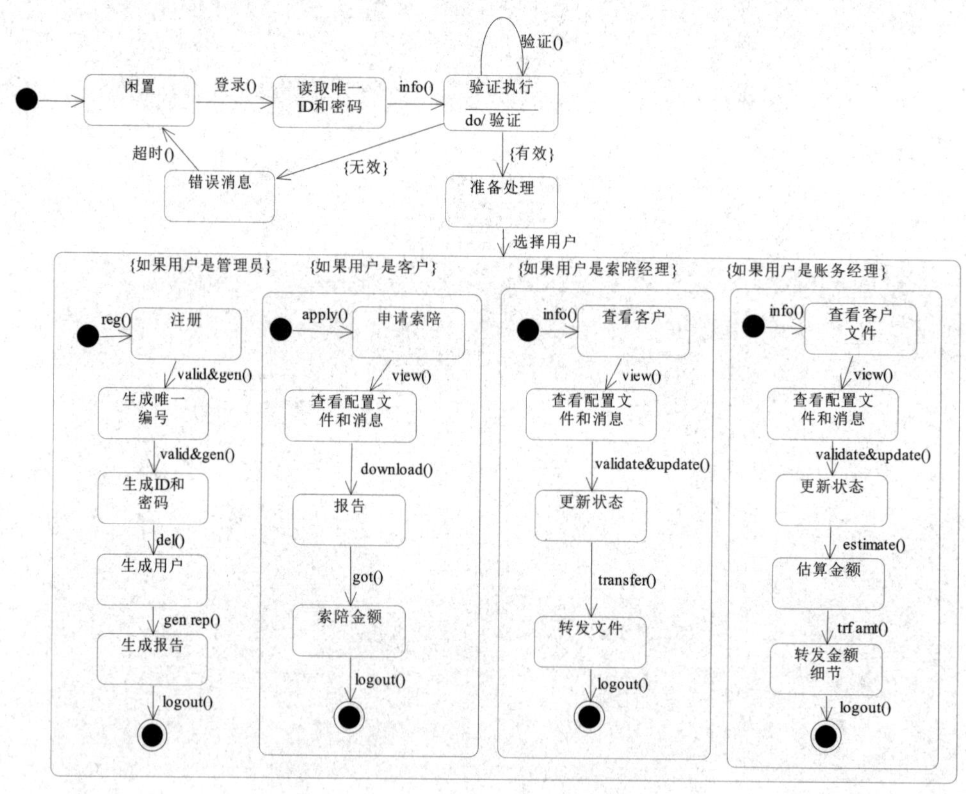


图 12-14 保险索赔管理——状态图

### 12.3.4.2　活动图

“登录”活动图如图 12–15 所示。

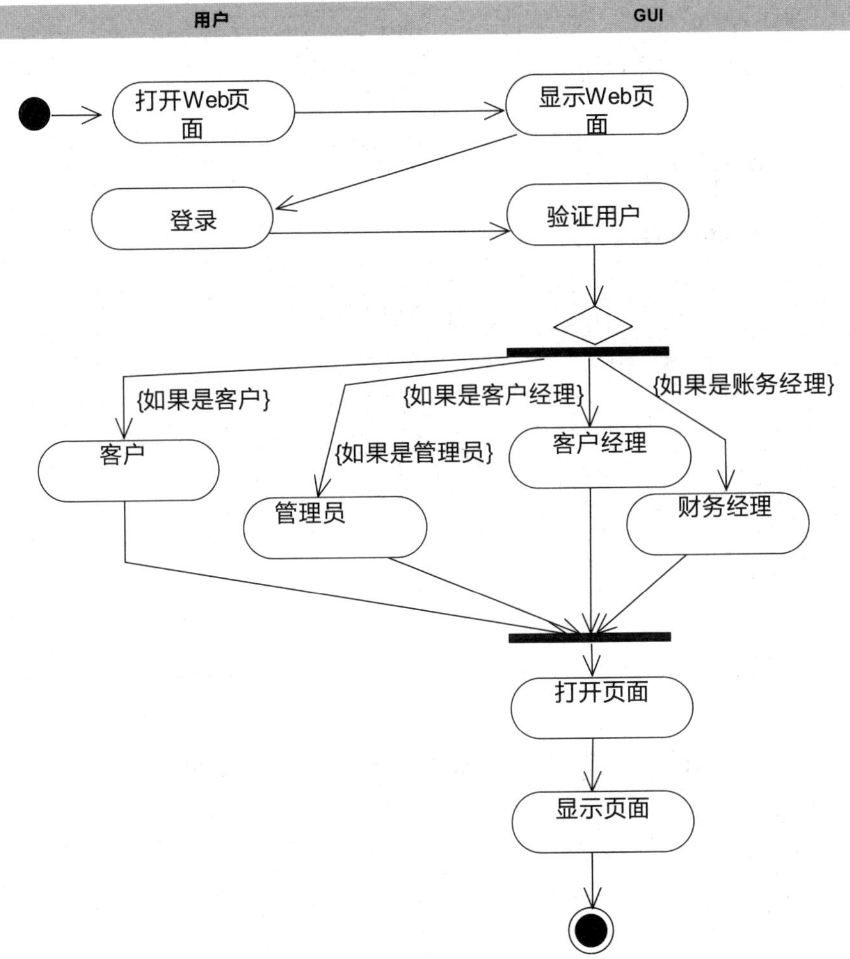


图 12–15　保险索赔管理——“登录”活动图

“客户”活动图如图 12-16 所示。

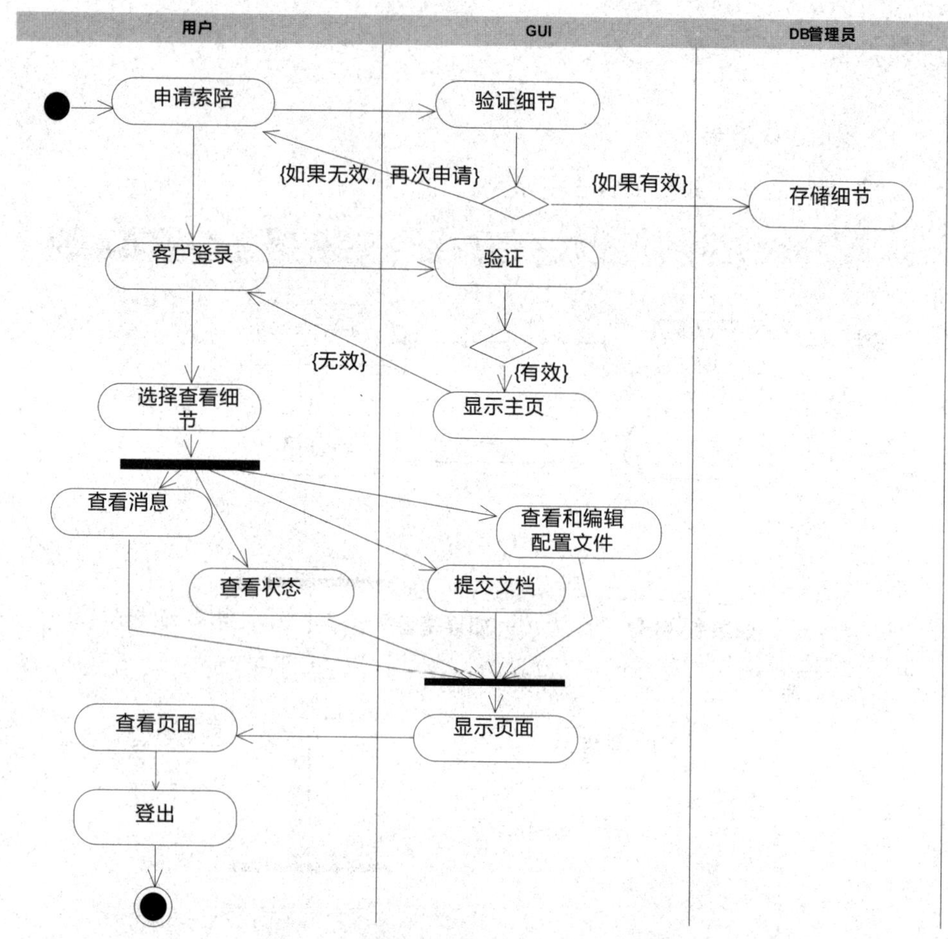


图 12-16　保险索赔管理——“客户”活动图

“索赔经理”活动图如图 12-17 所示。

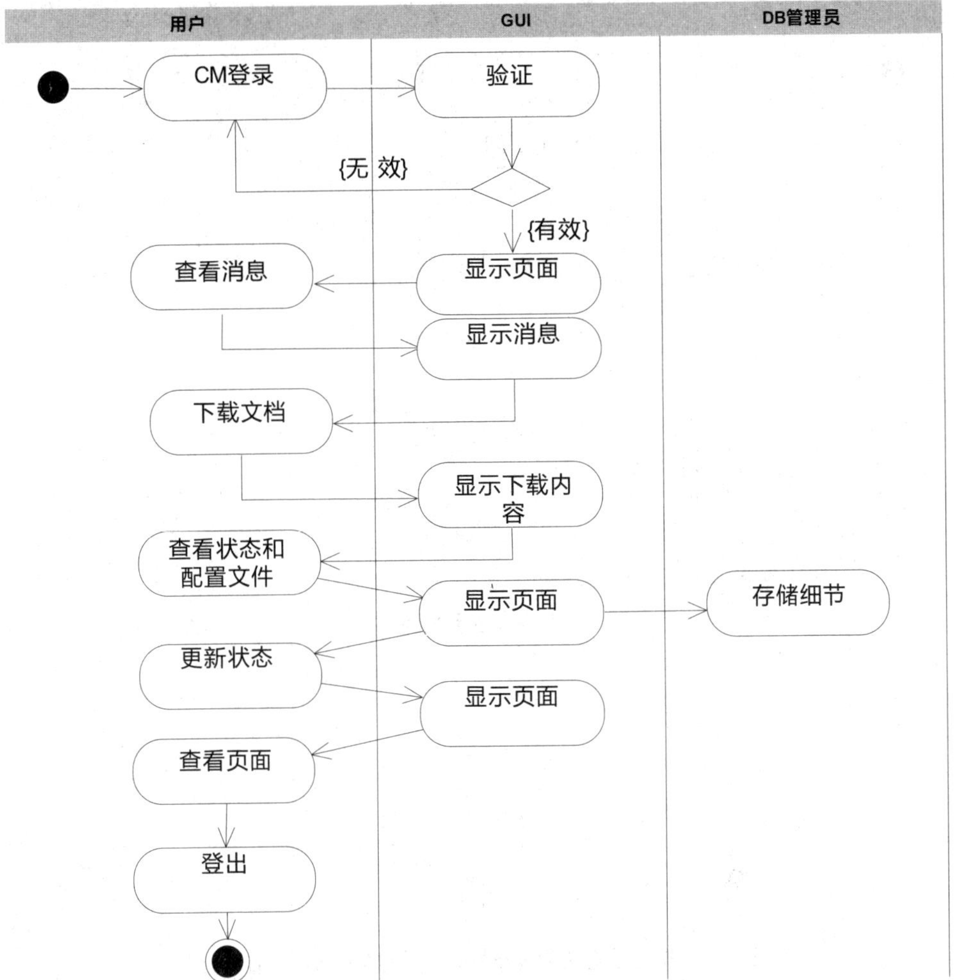


图 12-17　保险索赔管理——“索赔经理”活动图

“财务经理”活动图如图 12-18 所示。

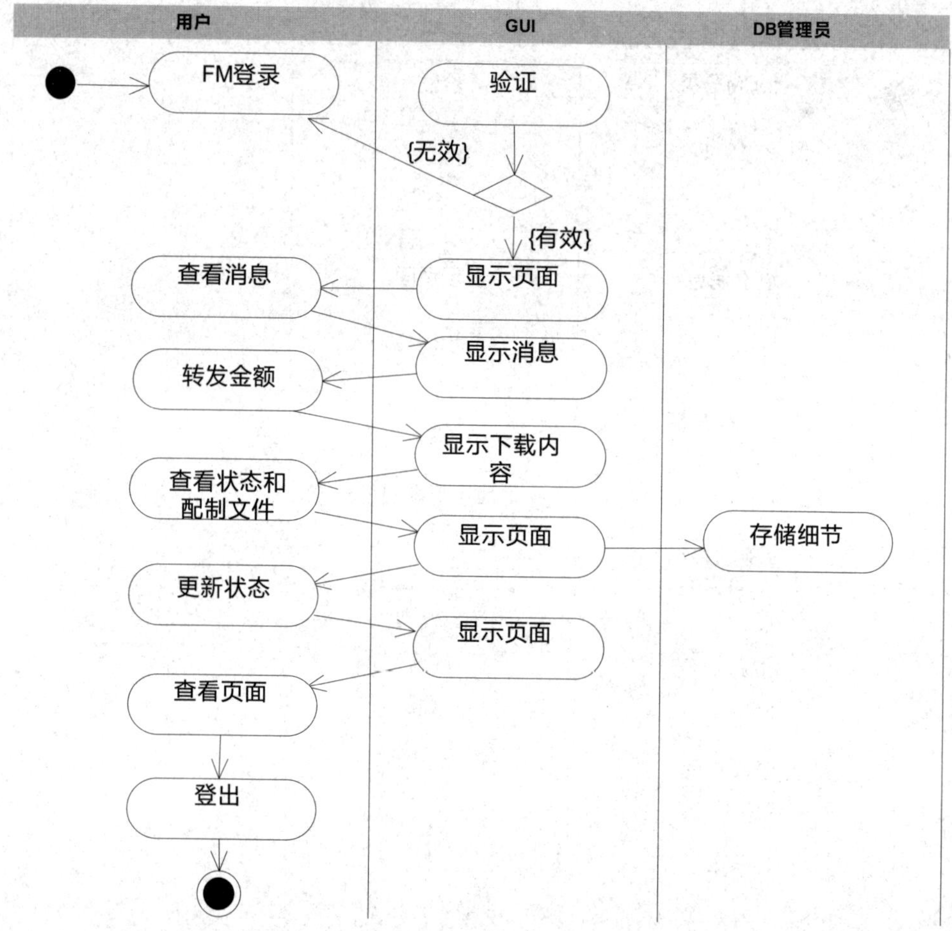


图 12-18　保险索赔管理——“财务经理”活动图

#### 12.3.4.3　包图

保险索赔管理系统的包图如图 12-19 所示。

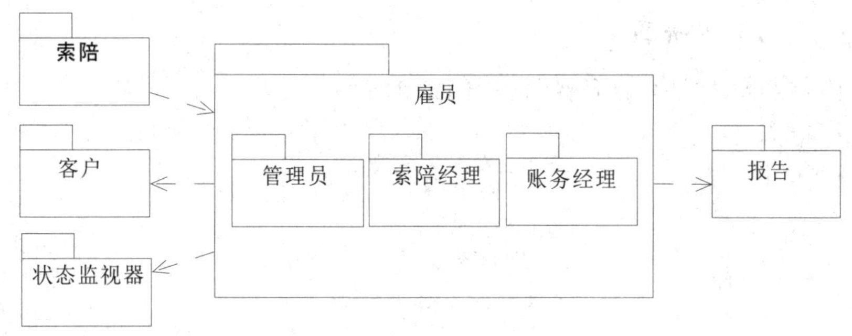


图 12-19　保险索赔管理系统的包图

#### 12.3.4.4　组件图

保险索赔管理系统的组件图如图 12-20 所示。

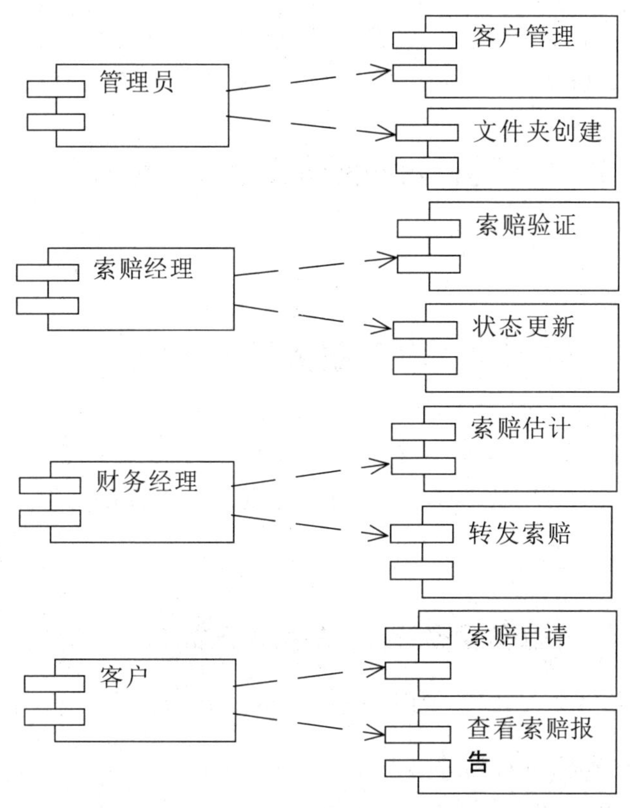


图 12-20　保险索赔管理系统的组件图

#### 12.3.4.5 部署图

保险索赔管理系统的部署图如图 12-21 所示。

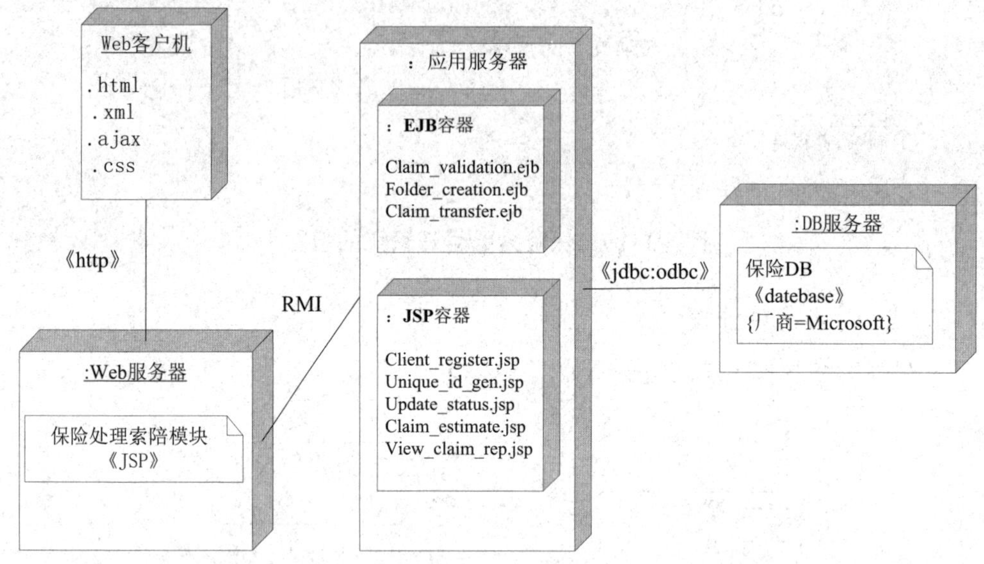


图 12-21 保险索赔管理系统的部署图

## 12.4 汽车服务管理系统

本节介绍一个汽车服务管理系统的具体建模案例。通过该例，读者可以进一步了解到在实际工程中如何使用 UML 来辅助软件产品的开发，加深对 UML 的理解和掌握。

### 12.4.1 “汽车服务管理系统”的需求分析

本部分主要介绍汽车服务管理系统在需求分析阶段所要做的工作。

#### 12.4.1.1 系统功能需求

本汽车服务管理系统的项目背景如下：

某汽车公司的主要业务是面向校内学生的校车业务。公司拥有 40 辆汽车，服务对象是 1600 名学生。汽车日常行驶的路线有 30 条，在节假日等特殊时间里可能会临时增加新的路线。每条路线上还设有一些站牌，乘坐校车的学生们可以在这些站点上下车。目前公司雇用了 20 个全职司机和 30 个兼职司机。汽车公司设有一个调度员，专门负责司机和路线的安排。当路线变更或增添新路线时，调度员必须将这些信息传达给司机、学生和家长。公司经常会收到学生或家长们对司机的投诉。如果投诉的情况相当严重，司机有可能会被停职甚至被解雇。另外，公司也可能会招募新员工，以替代被解雇和退休的员工，或配备新的路线。

根据汽车公司业务的基本需求，确定以下几个系统主要任务。

（1）校车、路线、司机的调度管理

在公司对外提供服务时，确认服务所用车辆、指定车辆的行驶路线、为车辆指定司机（负责人）等是非常重要的管理任务。本系统应当负责校车的车牌、车型、指定乘坐人数等基本信息的登记，路线、路牌（站点）位置的记录，且应当存有某时间某路线上某一车辆对应的司机与负责人是谁等信息，以便于公司对下属的人力、物力资源进行管理。

（2）司机、调度员人员管理。

在项目背景中，我们了解到在司机遭到严重投诉的时候可能会被停职或解雇，并且一些老员工可能面临着退休的情况，公司也会在恰当的时候招募新员工。所以为该汽车服务公司维护一份人员信息是恰当的，这也防止了在实际应用系统进行调度时产生系统记录信息与实际员工信息不一致的情况。

（3）与学生和家长通信，协商问题和传达消息。

在公司对外提供服务的时候，时常需要与司机，学生和家长进行通信一方面是在节假日汽车更换或增添新路线的时候应当告知客户（学生及学生家长）；另一方面评定现有员工的工作能力和职业素养，如项目背景所述，主要依靠学生和家长的反馈。基于以上两个原因可以得出，与学生和家长通信应该是本系统的一个重要功能需求。

#### 12.4.1.2　车辆及路线管理模块

车辆及路线管理模块的核心功能是提供并维护如下几种信息：

服务所用车辆信息。即在某次服务中使用了哪一辆车，行驶过程中是否发生了某些情况。

指定车辆的行驶路线信息。即在非节假日的时间里，某一辆车是否有固定的行驶路线。

车辆的负责人信息。是否有某个司机（负责人）对某一次服务或某一辆车、某一条路线负责。

#### 12.4.1.3 人员管理模块

人员管理模块的核心功能是维护公司的人员信息，在人事变动时使数据库中的数据保持最新。根据项目背景，我们只考虑“司机”这一类员工的人事变动。严格来说，可以细分成全职司机和兼职司机两种员工的雇佣和停职、解雇情况。

#### 12.4.1.4 信息管理模块

信息管理模块的一个重要的功能部分是负责管理和记录车辆、路线的临时变更信息，以及客户对员工的服务质量的反馈信息。另外一个重要部分是向客户递送消息，以及提供客户向公司发送消息的途径。总体来说，信息管理模块的功能类似于一个电子邮箱。根据项目背景叙述，在汽车行驶路线发生更改或出现其他突发情况的时候，调度员需要（通过该信息模块）告知学生及家长最新的情况；在学生或家长对于服务质量有质疑的时候，应该可以经由该模块发送反馈信息，如投诉等；服务人员应当通过该系统及时获取反馈，并在反馈已被处理后对消息进行管理。

### 12.4.2 系统的 UML 基本模型

本部分主要介绍汽车服务管理系统的一些基本模型。

#### 12.4.2.1 需求分析阶段模型

经过需求分析阶段，得出“汽车服务管理系统”的整体用例图（如图 12-22 所示）图中存在四种主要业务参与者，分别为管理员、调度员、人事管理[①]、客户和服务人员五种，这些业务参与者对应用例的详细描述如下。

① 人事管理（外文名：Personnel Management），是人力资源管理发展的第一阶段，是有关人事方面的计划、组织、指挥、协调、信息和控制等一系列管理工作的总称。通过科学的方法、正确的用人原则和合理的管理制度，调整人与人、人与事、人与组织的关系，谋求对工作人员的体力、心力和智力作最适当的利用与最高的发挥，并保护其合法的利益。

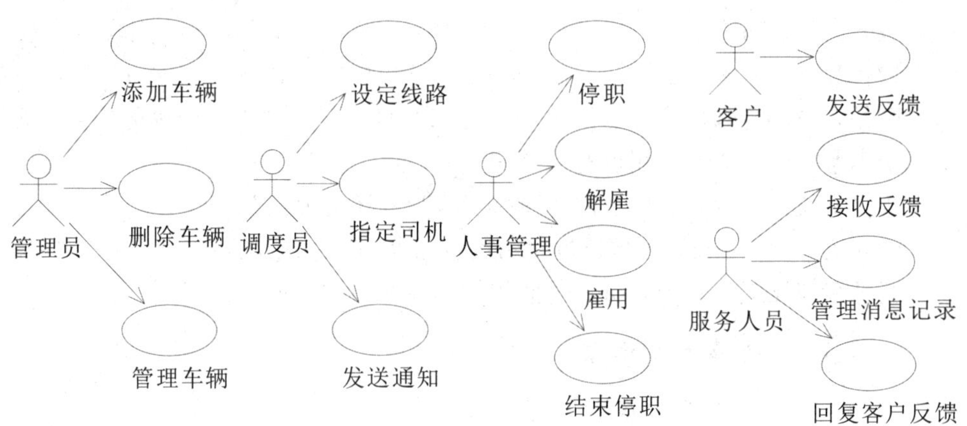


图 12-22　汽车服务管理系统用例图

12.4.2.1.1　管理员

管理员在本系统中主要负责车辆管理相关的业务，在整个系统中管理员可以触发三个用例。

添加车辆：管理员通过此用例对新的汽车进行信息登录；

删除车辆：管理员通过此用例对已不存在的汽车进行删除；

管理车辆：管理员通过此用例维护车辆信息，及时更新车辆公里数、养护时间等重要信息。

12.4.2.1.2　调度员

调度员在本系统中负责指定出车信息和将出车情况变动通知到客户，在系统中调度员可以触发三个用例。

设定路线：调度员使用此用例为每次出车（按时间、按车辆）指定路线；

指定司机：调度员使用此用例为车辆指定司机；

发送通知：调度员通过此用例将服务信息变更通知给学生和家长。

12.4.2.1.3　人事管理

人事管理负责对司机进行管理，在本系统中人事管理可以触发四个用例。

解雇：人事管理通过此用例对被解雇的司机信息进行清除；

雇佣：人事管理通过此用例对新雇佣的司机信息进行录入；

停职：人事管理通过此用例对收到投诉过多的司机进行停职，并记录停职状态；

结束停职：人事管理通过此用例恢复一个停职司机的工作状态。

12.4.2.1.4　客户

客户代表接受公司服务的学生和家长，客户通过本系统的“发送反馈”用例与服务人员进行交流。

12.4.2.1.5　服务人员

服务人员的主要职责是收取客户意见，并且对于反馈进行合理的回复。在本系统中有关服务人员的用例有三个。

接收反馈：服务人员通过此用例查看客户发送的反馈；

管理消息记录：服务人员通过此用例对已处理或垃圾消息进行管理和删除；

回复客户反馈：服务人员通过此用例回复客户的反馈。

### 12.4.2.2　基本动态模型

12.4.2.2.1　添加车辆顺序图

添加车辆的过程涉及调度员与车辆管理类、数据库管理类之间的交互。首先调度员进入系统的车辆管理模块，之后在跳转到的车辆管理界面选择添加车辆，在返回的信息添加界面中填写新车辆信息，车辆管理类将车辆信息保存入数据库。

添加车辆用例的顺序图如图 12-23 所示。

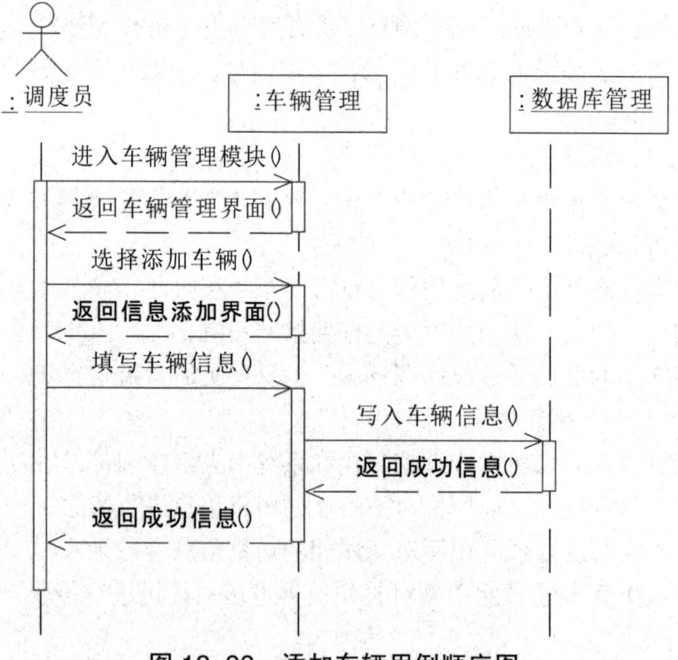


图 12-23　添加车辆用例顺序图

12.4.2.2.2　回复客户反馈顺序图

回复客户反馈的核心步骤分为三个：

服务人员通过信息处理类得到一条未读消息；

服务人员对信息进行回复；

短信发送类将回复信息发给客户。

在这三个步骤之下还隐藏着一些其他类与类之间的详细交互，这些交互可以通过顺序图来详细描述。回复客户反馈的顺序图如图 12-24 所示。

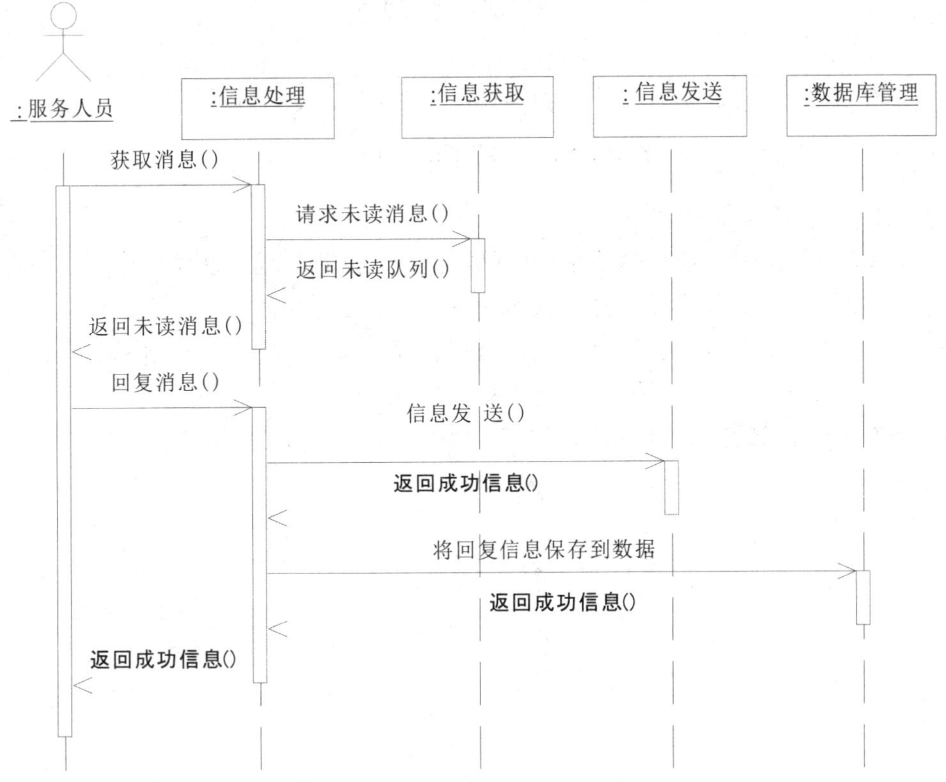


图 12-24　回复客户反用例顺序图

12.4.2.2.3　发送通知协作图

发送通知用例一共需要调度员与三个类进行协作。调度员通过信息处理类创建消息，信息处理类使用信息发送类发送消息，并且通过数据库管理类保存发送信息的记录。信息发送类和数据库管理类返回成功信息给信息处理类，信息处理类收到成功信息后向调度员呈现成功信息。

发送通知用例的协作图如图 12-25 所示。

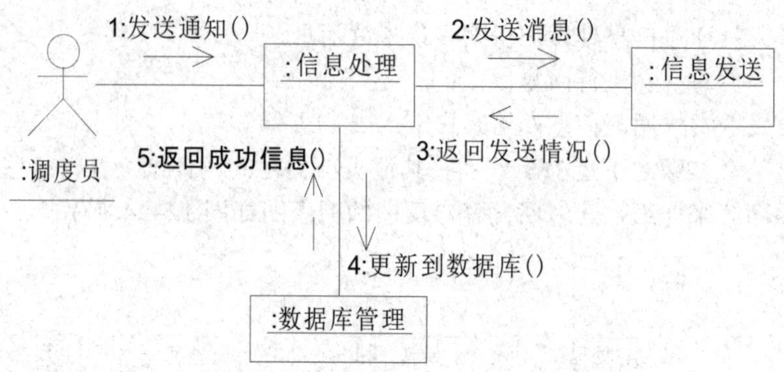


图 12-25　发送通知用例协作图

12.4.2.2.4　解雇司机活动图

解雇司机用例实质上是从系统中删除信息的过程，任何从系统中删除信息的事务都需要对操作者权限做细致的检查。在解雇司机用例中，管理员选择解雇操作，然后系统对管理员权限进行检查，若有权限，则管理员可以选择指定员工来删除其数据，过程中需要经过反复确认。

解雇司机用例的活动图如图 12-26 所示。

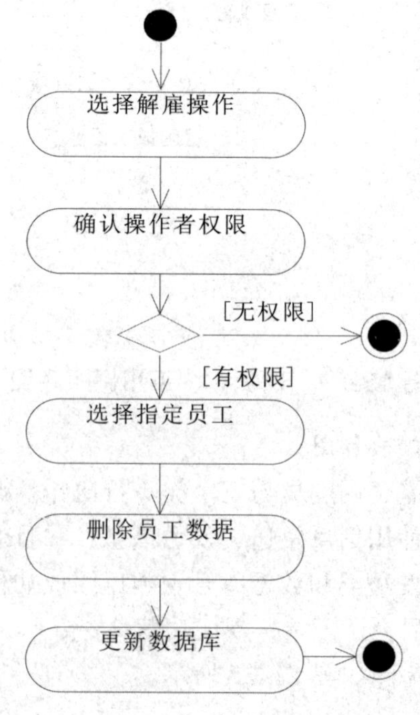


图 12-26　解雇司机用例活动图

12.4.2.2.5　信息模块状态图

信息管理模块每隔一段时间监听一次，当有新消息到达时将其转存到消息队列[①]和数据库并且提示“有新消息”，当服务人员获取一条未读消息后，从未读队列中删除这条消息，如果未读队列已空则提示“无新消息”。

信息管理模块的状态图如图 12-27 所示。

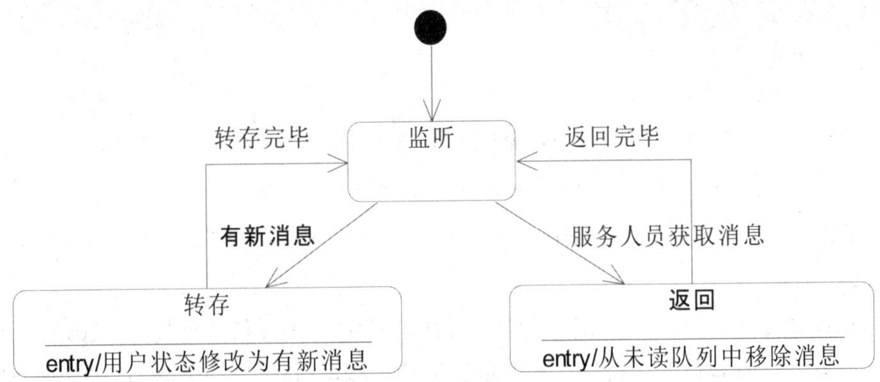


图 12-27　信息管理模块状态图

① 消息队列是在消息的传输过程中保存消息的容器

# 参考文献


[1] 田林琳，李鹤 .UML 软件建模 [M]. 北京：北京理工大学出版社，2018.

[2] 吕云翔 . 软件工程实用教程 [M]. 北京：清华大学出版社，2015.

[3] 侯爱民，欧阳骥，胡传福 . 面向对象分析与设计（UML）[M]. 北京：清华大学出版社，2015.

[4] 邹盛荣 .UML 面向对象需求分析与建模教程 [M]. 北京：科学出版社，2015.

[5] 年福忠，庞淑侠，朱红蕾 . 面向对象技术（C++）[M]. 北京：清华大学出版社，2015.

[6] Hassan Gomaa. 软件建模与设计：UML、用例模式和软件体系结构 [M]. 北京：机械工业出版社，2014.

[7] 薛均晓，李占波 .UML 系统分析与设计 [M]. 北京：机械工业出版社，2014.

[8] 胡智喜，唐学忠，殷凯 .UML 面向对象系统分析与设计教程 [M]. 北京：电子工业出版社，2014.

[9] 唐晓君 . 软件工程过程、方法及工具 [M]. 北京：清华大学出版社，2013.

[10] 麻志毅 . 面向对象分析与设计 [M]. 第 2 版 . 北京：机械工业出版设计，2013.

[11] 王欣，张毅 .UML 系统建模及系统分析与设计 [M]. 北京：中国水利水电出版社，2013.

[12] 谭火彬 .UML2 面向对象分析与设计 [M]. 北京：清华大学出版社，2013.

[13] 邵维忠，杨清 . 面向对象的分析与设计 [M]. 北京：清华大学出版社，2013.

[14] 张传波 . 火球：UML 大战需求分析 [M]. 北京：中国水利水电出版社，2012.

[15] 杨弘平 .UML 基础、建模与设计实战 [M]. 北京：清华大学出版社，2012.

[16] 吴建，郑潮，汪杰 .UML 基础与 Rose 建模案例 [M]. 北京：人民邮电出版社，2012.

[17] 胡荷芬 .UML 面向对象分析与设计教程 [M]. 北京：清华大学出版社，2012.

[18] 骆斌 . 软件过程与管理 [M]. 北京：机械工业出版社，2012.
[19] 余永红，陈晓玲 .UML 建模语言及其开发工具 Rose[M]. 北京：中国铁道出版社，2011.
[20] 谢星星 .UML 基础与 Rose 建模实用教程 [M]. 北京：清华大学出版社，2011.
[21] 张燕，王泽芳 . 基于目标达成度的《C# 程序设计》课程评价研究 [J]. 电脑知识与技术，2020(01).
[22] 林蔚，李晓生，张雪娟，李莉，王超会 . 基于混合式教学模式下课程目标达成度分析 [J]. 高师理科学刊，2020(01): 96–99.
[23] 张薇薇，苑明海，楼力律，彭利平 . "三闭环" 持续改进机制下毕业要求达成度多样性评价实践 [J]. 教育教学论坛，2020(05): 124–125.
[24] 徐进友，穆浩志，李彬 . 基于成果导向教育的课程目标达成度评价方法研究及实践 [J]. 中国现代教育装备，2020(05): 94–97.
[25] 仇志坚，代颖，王爽 . 基于目标达成度的电机与拖动基础课程教学质量分析 [J]. 中国教育技术装备，2019(14): 55–57.
[26] 董洁，李擎，彭开香，崔家瑞，鲁亿方 . 工程教育专业认证中课程目标达成评价方法研究——以北京科技大学自动化专业 "过程控制" 课程为例 [J]. 高等理科教育，2019(04): 121–125.
[27] 李照奎，吴杰宏，王岩，赵亮，范纯龙，刘芳 . 工程教育专业认证背景下数据结构课程改革探索与分析 [J]. 计算机教育，2019(08): 110–113.
[28] 赵亚妮，闫刚印，张春玉 . 面向工程教育的电子信息专业课程体系建设及课程达成度评价方法设计 [J]. 智能计算机与应用，2019(03): 163–167.
[29] 韩玉敏，初红霞，王希凤，曲贵波 . "可视化程序设计" 的课程达成度分析和持续改进方法研究 [J]. 黑龙江工程学院学报，2019(02): 61–64.
[30] 阚运奇 . "面向对象程序设计" 教学方法研究 [J]. 无线互联科技，2018(23): 151–152.
[31] 孙强，赵杰，樊持杰，高巍，葛翠茹，司巧梅 . 普通高校计算机本科专业实践教学改革研究 [J]. 牡丹江师范学院学报（自然科学版），2014(04): 67–69.
[32] 樊持杰，孙强，司巧梅 . 产学研合作教育下的大学生创新能力培养 [J]. 教育与职业，2013(15): 173–174.
[33] 郭艳燕，任满杰，李淑艳 . "面向对象技术与 UML" 课程教学探索 [J]. 计算机教育，2013(02): 58–62.

[34] 孙强 . 面向对象与 C++ 语言程序设计课程双语教学探索 [J]. 牡丹江师范学院学报 ( 自然科学版 )， 2012(02): 58-59.

[35] 吴含前，吉逸 .《面向对象技术 &UML》教学改革与实践 [J]. 计算机工程与科学，2011(S1): 23-26.

# 后记

不知不觉间，本书的撰写工作已经接近尾声，颇有不舍之情。因为本书是作者在研究面向对象分析与设计以及诸多案例的一部投入大量精力与数据调研后的作品，倾注了作者的全部心血。但是想到本书的出版能够为面向对象分析与设计的发展以及理论研究方面提供一定的帮助，为面向对象分析与设计教育方面做出贡献，作者颇感欣慰。同时，本书在创作过程中得到社会各界的广泛支持，在此表示深深的感激与感谢！

自 20 世纪 40 年代计算机问世以来，计算机在人类社会的各个领域得到了广泛应用。为了解决长期以来计算机软件开发的低效率问题，计算机业界提出了软件工程的思想和方法。面向对象技术是一种系统开发方法，是软件工程学的一个重要分支。

本书在撰写与研究的过程中，作者一是通过科学的研究，确定了该论题的基本概况，并设计出研究的框架，从整体上确定了论题的走向，随之展开层层论述；二是，对面向对象分析与设计的论述有理有据，先提出问题，多角度进行解读，进而给出合理化的建议；三是，深度解析眼下面向对象分析与设计方面以及策划理论基础方面所遇到的问题，通过各章节鞭辟入里的分析，试图构建关于该方面的系统的研究体系。通过理论与案例分析，作者找到最具特色的面向对象分析与设计方面的问题，使读者能够更为深刻地理解面向对象行业以及该论题的模式创新。

感谢创作过程中给予帮助的多位同僚，因为有了他们的不懈努力与精益求精的专业精神以及对作者的鼓励，才使《面向对象分析与设计——应用导向与任务驱动》成书，并呈现在读者面前。但文章中难免存在不足之处，希望各位同行及专家批评指正。

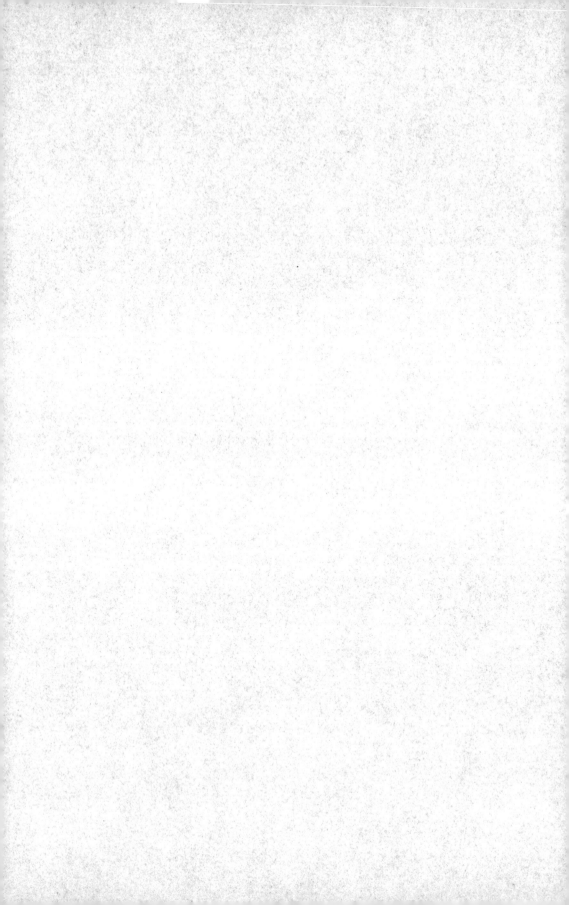